我從未見過如此深入淺出拆解概念的書籍——完美洞悉比特幣和區塊鏈的關鍵概念，以及它們在現實世界裡的意義。

— 詹儂‧卡普隆（Zennon Kapron）

卡普隆亞洲公司（Kapronasia）董事總經理

這是一本實用的加密貨幣入門指南。

— 提姆‧史旺森（Tim Swanson），

星毛櫟實驗室（Post Oak Labs）創辦人以及

《數字長城》（The Great Wall of Numbers）部落格作者

這本書海明燈沒有講得天花亂墜，讀來卻樂趣無窮，從頭讀到尾都很精彩。

— 約翰‧柯林斯（John Collins），金融科技顧問

這本引人入勝、講解清楚、具公信力的書，為認識區塊鏈的應用與意義指引一盞明燈。

— 葛雷格‧沃夫森（Greg Wolfson），

元素集團（Element Group）業務開發部負責人

如果你想找的是一本大力吹捧區塊鏈的書，那請你另尋高明。這本書沒有加油添醋，只清楚講解基本知識。

— 理查‧甘道爾‧布朗（Richard Gendal Brown），

R3 公司技術長

# 跨世代投資價值觀

數位代幣妙難測　加密貨幣熱潮先
區塊鏈上齊相論　雙幣勤研識價值

## ▶ 雙幣之旅

　　濫觴於二〇〇八年十月三十一日一篇《比特幣：一種點對點的電子現金系統》（*Bitcoin: A Peer-to-Peer Electronic Cash System*）論文的發表，顛覆人類千年來中心化的信任機制，發展出一套「去中心化」的電子交易系統；它不必通過中間任何金融機構，亦毋需仰賴雙方的互信基礎，靠的就是背後那隻推手——區塊鏈！藉著去中心化、確保隱私（身分驗證）、交易不容竄改或否認（見證與共識）的分散式帳本三大核心技術，區塊鏈促成了揭櫫交易民主化之烏托邦世界的來臨。自這個無何有之鄉誕生第一枚比特幣開始，迄今發展之快速「若決江河，沛然莫之能禦也」！隨著相關技術的推陳出新與多元化運用，儼然俯拾皆區塊鏈矣。

　　比特幣虛擬貨幣發展至今十餘年，區塊鏈一詞早已深植人心，國內外關於區塊鏈的書籍汗牛充棟；但何以對虛擬貨幣或區塊鏈有興趣的人士每每一談及關於身分驗證的密碼學以及見證與共識等區塊鏈的核心機制時，普感興味索然，望之儼然，即之立退呢？愛因斯坦

曾說：「若無法簡單說明，表示你了解得不夠透徹。」市面上許多相關書籍不外乎從資訊技術或金融創新管理角度解說，前者自有技術門檻不易親近，而後者如隔層紗虛無縹緲，兩者往往不接地氣，無法落地應用！

　　三采文化出版的《加密貨幣聖經》作者安東尼・路易斯，任職銀行業的生涯始於二〇〇七年在巴克萊資本公司（Barclays Capital）擔任即期外匯交易員，後續曾任瑞士信貸（Credit Suisse）倫敦分行與新加坡分行的技術專家；期間對比特幣開始產生濃厚興趣，故而在二〇一三年毅然辭去傳統銀行體系工作，從此全力投入比特幣相關創新服務的領域，還連續兩年被認證為亞洲前一百名金融科技影響者之一。基於對區塊鏈的熱愛，他在二〇一五年成立了 Bits on Blocks 部落格，致力為商務人士提供清晰且務實的專業文章；他深信分散式帳本前景可為，且將影響所有行業業務的營運模式。二〇一八年，安東尼把他自學到關於商業、金融服務、技術與區塊鏈的所有知識與經驗提煉集結完成本書，與坊間相關書籍最大差異之處即在於 —— 以深入淺出方式完美拆解虛擬貨幣與數位代幣的關鍵概念，成為指引區塊鏈實務應用之旅的一盞明燈！

　　「加密貨幣聖經」一書總計四百多頁，概分九大章節，主題首重貨幣沿革與發展的相關知識概念，包含貨幣、數位貨幣、加密貨幣與數位代幣（加密資產）等四種體系的介紹；其次是區塊鏈與加密貨幣的基本核心技術：密碼學與區塊鏈；最後則為投資議題的首次代幣發行以及投資、訂價與風險管理等。各單元比重均勻，唯獨「加密貨

幣」章節涵蓋上百頁之多；輔以「比特幣現金」與「以太坊經典」兩案例介紹，彰顯作者在此領域深耕多年之經驗分享，帶領讀者穿越金融科技領域區塊鏈兩大創新浪潮的時空 —— 加密貨幣與加密資產。

## ▶ 體解價值

　　全書在區塊鏈的基底上，以加密貨幣貫穿過去的傳統貨幣與現今蔚然成風的加密資產，探討加密貨幣與資產的價值。在加密貨幣圈內盛行一句話：「幣圈一天，人間十年。」充分說明了加密貨幣價格的高波動性，也暗示加密貨幣的未來極具不確定性，沒有任何一個人可以完全掌握市場的趨勢變化。至二〇二一年十二月為止，比特幣已被預言宣告死亡達四十一次之多；然在本書中文版即將付梓之際，比特幣依然活躍於交易市場。原書雖早在二〇一八年已出版，但所提供加密貨幣與區塊鏈的基礎知識，仍能讓讀者因應當前貨幣市場的瞬息萬變。例如在第一部談到貨幣演進史時，安東尼即指出，眾人不斷質疑加密貨幣的內在價值，孰不知法幣本身亦不存在內在價值，這的確發人深省，所以在爭論多年之後，本書讓讀者回歸到一切問題的原點：我們是否真正了解「錢的定義」？此外，在第四部提到「區塊獎勵有助啟動系統，並在系統啟動後，逐步淘汰區塊獎勵機制，由手續費來取代獎勵。」此表示在未來的某一天，即使再也挖不到礦了，加密貨幣網路依然可藉由手續費機制讓礦工們願意持續維持區塊鏈網路，加密貨幣就不會走至窮途末路。第八部投資主題提供讀者各種與加密貨幣相關的風險知識，從而避免盲目從眾，強化自己的獨立思考

力與判斷力，進而提升自我價值。

　　經濟模型無法從實驗室得到結果，必須藉由不斷的觀察與歸納，才有可能得到足以描繪真實世界的分析方法。投資加密貨幣亦復如是，吾人雖然無法控制所有的變數，包括政府態度、自然環境甚至於新冠疫情的發展等，但鑒古可知今，透過本書對各種貨幣發展歷史脈絡的了解，依然可以做為投資人判斷市場走向的參考，提高投資獲利的可能性。

　　加密貨幣所引發的不只是金融服務科技化的演化過程，更是一場金融秩序的革命。倘若去中心化得以實現，那麼傳統上受政府高度監管的中心化機制，該如何防堵各種金融犯罪？加密貨幣的參與者往往希望透過交易加密貨幣獲得資本利得，中心化的稅捐制度該如何課徵這種樣態的稅收，亦是政府立法單位必須重新思考的。另一方面，傳統投資必須有相當的資金部位，往往提高年輕世代的進入門檻；然而具備可切分特性的加密貨幣，體現了小額投資的可能性，進而成為新世代的投資策略之一。「股神」巴菲特曾抨擊比特幣是一種「賭博工具」，亦是一種「老鼠毒藥」，產生不了任何價值；但其四十五歲無血緣關係的孫女妮可・巴菲特（Nicole Buffett）則對於非同質化代幣（NFT）十分感興趣，認為投資 NFT 或藝術品的方法，與投資股票、債券或其它資產沒有什麼不同，是以投資加密貨幣儼然成為不同世代投資價值觀之分水嶺。NFT 搭配元宇宙的願景，在近期更是一個火紅的議題，其是否真的具有藝術投資的價值？或僅是另一項的投機炒作？

　　英國著名作家狄更斯在《雙城記》寫道：「這是最好的時代，也是最壞的時代；這是智慧的時代，也是愚蠢的時代；這是信任的時代，也是懷疑的時代；這是光明的季節，也是黑暗的季節……」這是否也是加密貨幣今日的寫照？當我們解開更多關於加密貨幣問題的答案後，往往又衍生更多的問題待解。「往者不可諫，來者猶可追」，面對金融科技的興起，可能是讓傳統金融落後的台灣獲得創新翻身的契機。當鄰近各國紛紛修改法律以因應這股世界浪潮之際，我國更應該加速法令、法規制定的效率，提出各種鼓勵金融創新的機制與措施，方能有機會在世界舞台取得利基點。

## ▶ 本籍閱眾

　　誠如作者安東尼在本書前言指出，區塊鏈與加密貨幣產業因為橫跨諸多領域，包含經濟、法律、電腦科學、財金、公民社會、歷史、地緣政治等，令眾等深深著迷，因而他傾全力完成這本《加密貨幣聖經》。做為商業分析學老兵的我們，有此榮幸參與本書中文版的審定，故施以商業智慧（Business Intelligence, BI）多維度分析法，推薦本書適合的閱眾，包含整個區塊鏈生態系統的成員，略述如下：

### ・銀行業／數位金融 Fintech 專業人士

　　認識新興的加密資產以及了解加密貨幣與傳統銀行業本質上的區別，因以幫助專業人士在執掌的業務上開拓新穎的投資商品，拉開與競爭對手的差距。

### ‧政府監管單位主管

　　政府主掌監管單位在面對由比特幣所引領各種推陳出新的金融科技商業模式時，該如何制定相關法規，以有效維護金融秩序與管理投資風險，又不致妨礙風起雲湧的各項創新服務的海量需求，這一直是個難以兩全其美的問題。本書提供許多核心知識，包含比特幣、加密貨幣、加密資產與最新代幣化相關技術與風險等，將有助於監管單位制定更周延完善的相關法規，進一步實現財富民主化的願景。

### ‧加密貨幣投資人

　　對投資新手而言，加密貨幣領域中存在許多讓人望之卻步的名詞，例如：軟體錢包、硬體錢包、加密貨幣交易所、比特幣場外交易經紀商等，透過本書循序漸進地了解相關基本知識，能有效率地幫助初學者快速入門；對投資老手而言，則是可重溫各種風險控制，使之在面對加密貨幣特有的劇烈市場波動下，仍能處變不驚，管控持有風險、提升獲利機會。

### ‧新創團隊負責人

　　新創團隊可藉由本書思考是否可藉由區塊鏈去中心化的特性，實現新的商業模式，例如：如何消除需要受信任的第三方參與保證、或是降低中心化角色的失效風險，進而重新設計商業流程、開拓新的商機。

### ‧產業資訊主管

　　區塊鏈的應用場域不僅在於加密貨幣，各產業資訊主管可在擁有區塊鏈相關資訊技術優勢下，超前部署以重塑組織的商業生態系統，特別是在需要同時與多個商業夥伴協同作業的情境中，藉由區塊鏈與智能合約等技術，以提升協同工作的效率，進而順利達成數位轉型。

### ‧區塊鏈技術熱愛者

　　在研發領域中，具有知識深度的專才向來被認為較有價值；然而《哈佛商業評論》二○二一年一篇文章〈通才型研究人員比想像中更有價值〉指出：具備知識廣度的通才也相當重要，他們的多元知識及興趣，是創新的重要元素。閱覽本書內容，各領域的專才同時也是區塊鏈技術熱愛者，對「技術不是萬能，但沒有技術萬萬不能」這句話自是十分認同的。熟讀本書將有助於開拓視野，一窺成就區塊鏈世代——加密貨幣的堂奧，促成自己從專才轉型為通才，進而構思出創新的想法。

### ‧一般民眾

　　金融貨幣與人們的生活密不可分，透過此書，可以通盤且紮實地了解數位化時代下新興貨幣與加密資產多元的發展現況，提升金融知識素養，避免面對大量資訊下無所適從而淪為金融文盲。

**・大學校院教師**

　　區塊鏈、加密貨幣、金融科技等課程早已是大學校院商管、電資學院或 FinTech 學程莘莘學子熱門選修的科目。本書涵蓋貨幣學、加密貨幣與資產、代幣與風險管理等核心專業知識，無論是資訊或商管背景的大學教師，皆能藉由本書輔助，建構面向更加完整的授課綱要，提升教學成效，更有效率地引領學生獲得前沿知識。

**・金融科系學子**

　　本書從貨幣學角度出發，完整介紹金錢、法定貨幣、數位貨幣、加密貨幣到數位代幣的歷史延革與發展，甚至加密資產的風險管理也涵蓋其中。由於原書作者出身金融業，但仍能把令人生懼的密碼學與區塊鏈核心技術作深入淺出的解說，使非資訊背景的學子亦能一窺堂奧，進而願意投入加密貨幣、資產與區塊鏈的創新研究。

國立成功大學工資管系特聘教授

國立成功大學 FinTech 商創研究中心金融科技與人工智慧實驗室主持人

國立成功大學 FinTech 商創研究中心諮詢委員

獻予時時包容我的妻子莎拉

以及

我們的「子息鏈」托希和托莎

# 目次
CONTENTS

【推薦序】 ……………………………………………………………………002

【審定序】 ……………………………………………………………………004


## Part0 前言

● 用語定義 …………………………………………………………………023


## Part1 貨幣

● 實體貨幣與數位貨幣 ………………………………………………031

● 錢的定義？……………………………………………………………035

● 金錢的簡史——破除迷思………………………………………048

　金錢的形式

　金錢大事紀

　金本位

　法定貨幣和內在價值

　貨幣掛鉤

　量化寬鬆

## Part2 數位貨幣

● 銀行間如何付款·····································093

　同一間銀行

　不同間銀行

　通匯銀行帳戶

　央行帳戶

　跨境付款

　外匯

　電子錢包

## Part3 密碼學

● 加密與解密·····································130

● 雜湊···········································143

● 數位簽章·······································148

# Part4 加密貨幣

- 比特幣······················································158
  什麼是比特幣？
  比特幣如何運作？
  比特幣的前輩
  比特幣的早期歷史
  比特幣的價格
  存放比特幣
  買賣比特幣

- 以太坊······················································262
  什麼是以太坊？
  以太坊的歷史
  在以太坊生態系活動的組織
  以太幣的價格

- 分叉·······················································299
  程式碼基底分叉
  真實區塊鏈分叉：區塊鏈分裂
  硬分叉與軟分叉

# Part 5 數位代幣

- 數位代幣是什麼？……………………………………311
  原生區塊鏈代幣
  資產支撐代幣
  功能型代幣

- 追蹤實體物的歷程…………………………………325
- 知名的加密貨幣與代幣……………………………329


# Part 6 區塊鏈技術

- 區塊鏈技術是什麼？………………………………335
- 區塊鏈技術的常見特色為何？……………………341
- 區塊鏈的優點是什麼？……………………………344
  公開區塊鏈
  私人區塊鏈

- 區塊鏈實驗…………………………………………357

# Part**7** 首次代幣發行

- 什麼是首次代幣發行？‥‥‥‥‥‥‥‥‥‥‥‥**365**

  首次代幣發行如何運作？

  ICO 的募資階段

  代幣何時會和證券畫上等號？


# Part**8** 投資

- 訂價‥‥‥‥‥‥‥‥‥‥‥‥‥‥‥‥‥‥**385**
- 風險與減輕措施‥‥‥‥‥‥‥‥‥‥‥‥**395**


# Part**9** 總結

- 未來‥‥‥‥‥‥‥‥‥‥‥‥‥‥‥‥‥‥**407**


# 附錄

- 美國聯準會‥‥‥‥‥‥‥‥‥‥‥‥‥‥**417**

# 中文版 編者的話

　　此書原文版本出版於二〇一八年，書中諸多觀念依然日久彌新，部分資料雖為非最新數字，然作者書寫本書有其脈絡，即使幣圈資訊日新月異、瞬息萬變，但鑑往知來，歷史和跨界理解思考在巨變中更顯重要，為不影響作者原意，中文版仍保留原書的原始資料。

　　為彌補閱讀時的資訊差距，我們於書中增加審定註，期能讓此書內容更加與時俱進。如讀者想了解最新資訊，亦可於內文所附的網址查詢。若有疏漏不足之處，還請各界先進與讀者給予指正。

Part

# 0

Introduction

# 前言

# 用語定義

　　比特幣、區塊鏈、加密貨幣領域有許多知識可學習，這點令我深深著迷。包括我在內，許多人都是因為這個產業橫跨諸多領域而愛上它，一不小心就掉入無底洞，不停挖掘難以自拔。當你試圖抽絲剝繭，努力找出答案，卻又衍生出其他疑問來。這一切的一切，從「比特幣是什麼」展開。想要找出解釋和釐清答案，必須跨足經濟、法律、電腦科學、財金、公民社會、歷史、地緣政治等諸多學科。光是關於比特幣的衍生學科就足以制定成全面的高中課綱，甚至有過之而無不及。比特幣是什麼，就是如此難以解釋。

　　本書目的在說明比特幣的相關基礎知識，目標為喜歡思考且假設並未學過上述幾門學科的詳細知識的讀者。每一位讀者認為有趣的章節可能不同，我會試著舉出類似的比喻，希望幫助讀者釐清概念；但是任何比喻延伸過度都會失真，還望讀者朋友們別對這些例子太苛求。此外我也會努力傳達正確知識。只不過百密總有一疏，書中仍會有一些過度簡化、錯誤或遺漏之處。知識日新月異、瞬息萬變，今日正確的內容，到了明日，可能就不對了。我要率先承認，敝人科技專業知識有限，縱使如此，我依然希望每一位讀者闔上書本的那一刻，都能從中帶走新知。

　　好，就讓我們從定義開始吧。以下幾個詞彙是本書將要探索的基本概念：

　　比特幣（Bitcoin）和以太幣（Ether）是兩種世界上較為知名的
**加密貨幣（或錢幣）**。這裡請讀者留意，以太坊網絡使用的錢幣英文
是「Ether」，並非媒體經常誤用的「Ethereum*」。加密貨幣是用軟
體創造出來、以數位形式存在、不具實體的**資產**和有價物品，沒有所
謂的發行人；沒有一個人、一間公司或一個機構，在背後支撐這些加
密貨幣；也沒有服務條款或擔保品。加密貨幣存在，就跟實體黃金存
在一樣，但它們的生成和消滅，取決於創造和管理加密貨幣的程式
碼。當你擁有一款加密貨幣（稍後再談「擁有」的實質涵義），加密
貨幣就是你可以掌控的資產。加密貨幣具有價值，可以用來交換其他
加密貨幣、美元或世界上其他國家的主權貨幣（法定貨幣）。加密貨
幣的價值在市場中決定，這個地方稱為**交易所**（exchange）。買賣雙
方來到交易所，就貨幣價格達成共識，進行交易。

　　加密貨幣是一種「錢幣」，你也可以用數位資產來描述它。確切
來說，加密貨幣是所有權可以在帳戶間轉移的獨特數據。技術上來
說，帳戶又稱作「地址」（address），數位資產在帳戶（地址）之間
轉移，轉移紀錄儲存在各自的交易資料庫，稱作「區塊鏈」（block-
chain）之中。區塊鏈之稱來自紀錄的特殊共通點。稍後再談地址和
區塊鏈的特色。[1]

　　有一些數位資產又稱「代幣」，很令人困惑吧？你會想，這究

---

\* 譯按：Ethereum，以太坊：參見介紹以太坊的章節。

1　審定註：大部分國家將加密貨幣歸類為商品。但美國一般公認會計原則（Generally Accepted Accounting
　　Principles，簡稱 GAAP）與財務會計準則委員會（Financial Accounting Standards Board，FASB）並未就
　　加密貨幣的處理提供指南，所以比特幣只能算是無形資產，而非現金與約當現金。

竟是一種加密貨幣，還是代幣？加密貨幣和代幣都是經過加密保護的數位資產，有時稱為**加密資產**（cryptoasset）。代幣和加密貨幣各有特色，代幣和代幣之間也有所區分，分為「同質化代幣」（或多或少可互相取代）以及「非同質化代幣」（代表的是獨一無二的事物）。這類新型代幣和加密貨幣的不同之處在於，代幣通常有公開發行人，由發行人在背後支持，可代表某種法律協議（如金融資產）、實體資產（如黃金）或未來產品及服務的使用權益。

代幣的標的物是一種資產，你可以把它想成數位衣帽寄放存根聯。衣帽寄放櫃臺員工給你存根聯，讓你之後用存根聯取回大衣。其實這類代幣有時也稱為數位存託憑證（Digital Depository Receipt），標的物是某種協議、產品或服務。你可以想成演唱會門票，主辦單位發行門票，日後可持門票入場，贖回權益。

再來舉幾則實際的例子。世界上有代表各種事物的代幣，有些代表存放在某個金庫裡的金條[2]，有些代表全世界僅此一隻的「謎戀貓」——這些數位貓咪有自己的 DNA（程式碼），每一隻長相不同，可供玩家蒐集。[3]

---

2 參見 https://tradewindmarkets.com 或 https://digix.global。

3 審定註：謎戀貓遊戲遵循 ERC-721 規格開發出非同質化代幣（Non-Fungible Token；簡稱 NFT），從而揭開 NFT 應用的序幕。NFT 是一種儲存在區塊鏈數位帳本上的資料單位，是獨一無二的數位物品；不同於一般加密貨幣不具有可替代性與可分割性，而是有其獨特性。以比特幣為例，兩個人的比特幣是同質地，因而可以互相交換；但 NFT 是不同質地，彼此無法互換。二〇二一年三月十二日在佳士得拍賣的藝術作品「Everydays: The First 5000 Days」即採 NFT 型式進行，最後以近七千萬美元的天價落槌。二〇二一年是 NFT 將加密貨幣推向另一波高潮的年代，創造出多項新型態的商業模式，例如 Visa 公司以十五萬美元買下「CryptoPunk 7610」、NBA 官方發行了數位球員卡與建立 Top Shot 交易平臺，兩者皆是熱門的 NFT 應用。

**一隻謎戀貓** [4]

　　這些錢幣和代幣的共通處為何？共通之處在於，錢幣和代幣的相關交易，包含創造、消滅、易主以及其他符合邏輯的義務關係或未來義務關係，統統記錄在區塊鏈上，這複寫資料庫是最終帳本與最終紀錄，代表每一單位數位資產的當前狀態獲得全面共識，是驗證資料的「唯一準則」。

　　比特幣的區塊鏈，從二〇〇九年一月三日第一顆比特幣誕生起，隨著每一筆比特幣交易的發生不斷延長，一直到最新一筆帳戶轉移紀錄或交易紀錄。以太坊的區塊鏈是納入加密貨幣「以太幣」以及許多代幣（包括謎戀貓的代幣）和相關資料的交易清單，這些資料統統記錄在以太坊。

　　不同區塊鏈特色不同，總有一些特殊例子不符合「區塊鏈」的整體描述，所以很難一言以蔽之，用一句話來概括區塊鏈。拿著名的比特幣和以太幣區塊鏈為例，這些是**非許可制**（permissionless）或**公開**（public）區塊鏈，任何人都可以撰寫交易清單，沒有管理者

---

4　https://www.cryptokitties.co/kitty/234327

（gatekeeper）批准或駁回建立區塊或參與簿記的請求，建立區塊或驗證交易也不需要自我識別。有一些則是**私人**（private）或採**許可制**（permissioned）的區塊鏈，必須得到管理者允許，才能讀取或撰寫交易紀錄。

最後要解釋一下**協定、程式碼、軟體、交易資料、錢幣**和**區塊鏈**。比特幣由一大串**協定**組成，協定是定義和描繪比特幣特性的規則。包括：比特幣是什麼？如何表示和記錄持有比特幣？有效驗證包含哪些部分？新參與者如何加入運作網絡？參與者如何一路跟上最新交易紀錄？諸如此類。這些協定（或規則）可用英文或其他人類語言來撰寫，但電腦**程式碼**是最清楚的標示方法。程式碼彙編成**軟體**（比特幣軟體），透過軟體執行前面提到的協定，使比特幣機制得以運作。當軟體開始運作，比特幣這種**錢幣**就產生了，可在帳戶間傳送。傳送比特幣的紀錄即**交易資料**。交易資料會捆成一束，稱為**區塊**（block），區塊與其他區塊相連，形成比特幣**區塊鏈**。

總結一下，比特幣協定寫成比特幣程式碼，透過比特幣軟體執行，形成比特幣交易。在交易過程中，比特幣「錢幣」的相關資料會記錄於比特幣的區塊鏈。這樣你就理解了吧？很好。不是所有加密貨幣或代幣都這樣運作，但這是認識加密貨幣的好起點。

有些人認為比特幣是新一代貨幣，畢竟，大家都說比特幣是一種加密「貨幣」，因此我們有必要深入了解貨幣是什麼。貨幣是一種萬年不變的東西嗎？貨幣究竟成不成功？有沒有哪一些是比較好的貨幣形式？貨幣的本質會改變嗎？我們現在使用的貨幣是否永遠不

變？加密貨幣是否不費吹灰之力，就能與現在的貨幣平起平坐？它們能否補足既存貨幣無法提供的益處或目的？又或者，加密貨幣會成為既存貨幣的競爭對手，威脅國家貨幣的地位？

　　讀完本書，即使沒有特殊專業知識背景，也應該能全盤了解比特幣和區塊鏈的基礎知識。我們先從定義和認識貨幣的本質著手。接著深入了解數位貨幣和金錢價值究竟如何在世界各地流通。之後，我們要從數學的分支知識「密碼學」來探討幾個關鍵概念，並以此為基礎，繼續認識何謂加密貨幣。我們將在討論加密貨幣的章節，認識比特幣網路和比特幣以及以太坊網絡和以太幣，了解這些數位代幣是什麼、如何買賣及儲存、參與者如何探索區塊鏈、有哪些管理風險——也包括這種新型數位貨幣在世界流通引起的獨特挑戰。最後討論銀行和大企業為了加入區塊鏈資料庫及提升商務效率，嘗試了哪些不同類型的區塊鏈技術。

　　雖然我有自己的偏好和特別感興趣的領域，但我會試著在本書對加密貨幣、代幣和區塊鏈平臺保持中立態度。我會努力不過度吹捧，也不過分批評。這些技術是好是壞、有用與否？它們究竟是一股未來趨勢，抑或是一時風潮？留待讀者自行判斷。

Part

# 1

Money

# 貨幣

# 實體貨幣與數位貨幣

　　實體貨幣，也就是現金，棒得不得了。你擁有多少現金，就可以隨時轉移多少現金出去，也可以花掉或贈送給別人，不需要經過第三方審核批准，也不需要為了行使權益去支付佣金。使用現金，寶貴的身分資訊不會因為竊取或濫用而被人洩漏出去。拿到現金，你很清楚款項不會像信用卡或某些銀行轉帳方式之類的數位交易，在收到後被人「取消」──或以金融術語來說被「拒付」──作生意的人經常遇到這樣的困擾。正常情況下，只要持有現金，現金就屬於你，你有權決定如何使用，想要立刻轉手給別人也毫無問題。金融義務在實體貨幣轉手的當下償清，沒有誰要等待流程處理完畢。

　　但傳統實體現金有一項很大的缺點：它無法克服距離的障礙。你必須親自帶著現金，把實體貨幣轉交給房間另一頭的人；更別說，交給位於地球另一端的人有多麻煩了。數位貨幣的妙用由此可見。

　　數位貨幣與實體貨幣的差別在於，數位貨幣要有客戶信賴的簿記員，正確記錄客戶的帳戶餘額。換言之，你不能自己持有或直接掌控數位貨幣（好吧，是在比特幣出現之前辦不到，這點稍後談）。想要持有數位貨幣，你必須在某個地方向某個人開立帳戶，例如找銀行、PayPal、電子錢包公司開帳戶。對方就是你所信任的第三方機構，他們會作帳記錄你有多少錢存放在那裡。確切來說，你放在那裡

的錢，就是你可以提領的錢，或你可以要求轉給別人的錢。你在第三方機構設立的帳戶是一種紀錄，代表雙方的信任協議，顯示當下存放在機構的金額。也就是機構欠你多少錢。

如果沒有第三方機構，你就必須自己記錄和每一個交易對象之間的金錢流動，甚至會要和你不信任或不信任你的人往來，實在行不通。舉例來說，假設你在網路上買東西，你可以試試看寄電子郵件給商家，告訴對方「我欠你五十元，我們一起記下這筆帳吧」，但商家應該不會接受。首先，他們應該沒有信任你的理由。其次，你寫的電子郵件對商家來說沒有什麼用處，他們不能用你寫的信去支付員工的薪水或向供應商叫貨。

所以你沒有這麼做。你要求銀行付錢給商家，銀行從他們欠你的錢扣除這筆款項，把金額算進銀行欠商家的餘額。從商家的角度來看，一來一往，你欠他們的款項就這樣抵銷了，變成銀行欠商家款項。商家樂於接受這個做法，因為商家信任銀行（至少，比起你，他們更信任銀行），而且他們可以使用銀行帳戶裡的餘額，去做其他有用的事。

現金結算必須轉交實體代幣，但數位貨幣結算是由信任的中介機構去增減帳戶餘額。差異應該顯而易見，只是你或許不曾這樣思考。由於比特幣是一種符合某些實體現金特色的數位貨幣，所以我們會再回過頭，從這個角度分析實體貨幣和數位貨幣。

線上刷卡和實體卡片付款是兩種差異很大的付款方式。**線上刷卡**只需要在網路上輸入卡片號碼，金融業稱為「無卡支付」；**實體**卡

片付款則要在店內收銀櫃臺刷卡或感應卡片，稱為「有卡交易」。線上（無卡）交易的盜刷率比較高，因此使用者必須提供更多資訊，例如地址和信用卡背面的三個安全碼，來提高盜刷困難度。信用卡公司會向使用線上刷卡服務的商家收取較高的手續費，來抵銷防盜刷措施的衍生成本和盜刷產生的損失。

　　法律規定有好幾種形式的數位貨幣必須添加個人識別資訊。現金則是不具名資產，上面不會記載或包含身分資訊。如果你想開銀行戶頭、申請錢包或向其他可信賴的第三方申請帳戶，法律規定要讓第三方辨別身分。所以開戶時，通常要提供個人資訊和足以證明資料真偽的獨立證據。一般來說，必須提供一張附照片的身分證件，供第三方機構核對姓名和臉部特徵，以及一張水電帳單或其他「官方」掛號信函（如政府機構發出的信函），用以驗證地址真偽。除了開戶需要蒐集身分資訊，使用某些電子支付方式，也會需要身分資訊來核對身分：以信用卡或簽帳卡在網路付款，必須提供姓名地址，作為防範盜刷的第一道關卡。

　　有一些卡片不需要驗證身分也能使用，包括不需識別身分的儲值卡。例如：許多國家推出的大眾交通運輸工具乘車卡，以及在某些國家使用的小額現金卡。

　　付款一定要驗證身分嗎？當然不需要。使用現金就不必驗證身分。但驗證是不是一道**必要**程序呢？這個大哉問牽涉法律、哲學和道德議題，人們至今仍然無法辯出一個答案。信用卡資訊和個人身分資訊（姓名、地址等）經常遭竊，會形成社會成本。

　　不受政府監督的付款過程，究竟是不是人們該享有的基本權利？應不應該開放讓人使用數位工具匿名付款，像使用實體現金那樣？該讓匿名金融交易發展到何種程度，或者至少保有多少隱私？在隱私維護方面，怎樣才是合理限度？電子支付和金融服務隱私的保障方式，究竟該由公部門或私部門提供？政府應該阻擋數位支付的使用嗎？限制多少才合理？該如何在兼顧金融服務隱私的同時，做到防止支持非法活動，例如防止恐怖主義組織利用金融服務籌措資金？我不會在書中回答這些大哉問，但想要了解顛覆遊戲規則的創新發明──比特幣──你就不得不思考這些牽涉金融服務隱私的基本問題。

# 錢的定義？

　　我們都知道什麼是錢，可是要怎麼定義錢呢？學術上普遍接受的定義通常說金錢要能滿足以下三個條件：可作為交易媒介、可儲存價值、可作為記帳單位。但這些條件究竟是什麼意思？

　　**一、交易媒介：**代表金錢是一種支付機制，你可以付錢給別人交換東西，或是用來清償債務或金融義務。一種好的交易媒介不需要被所有人接受。沒有什麼是必須被所有人接受的事物，但好的交易媒介必須在其使用場合廣泛為人接受。

　　**二、儲存價值：**代表在短期之內（究竟多短由你定義），金錢的價值不會與今天有所落差。好的價值儲存工具能讓你適度相信，在明天、下個月或明年，你會買到同等的商品或服務。當人們喪失信心，金錢的價值很快就會貶損，這個過程就是大家常說的「惡性通貨膨脹」。人們會馬上想出其他的計價和交易方式，例如以物易物，或者採用「強勢」通貨或更有效的穩定貨幣。

　　**三、記帳單位：**代表金錢可以用來比較兩樣物品的價值，或計算資產的總值。想要記錄持有物的全部價值，要有可以換算的計價單位，才能得知物品總值。價值多半以本國貨幣來表示，例如：英鎊、美元等。不過理論上，任何一種單位都能計算物品價值。我算過，我放在書房的小玩意兒，相當於〇‧二輛藍寶堅尼跑車。好的記帳工具

必須具有眾人接受或了解的價值，否則難以計算資產總值，也很難在你需要時，說服他人相信資產的價值。

雖然有些人相信「好的貨幣」必須三項條件完全符合，但有些人認為可由不同工具提供不同功能。舉例來說，作為交易媒介（可即時清償債務）的工具，不一定要能長久儲存價值。

## 我們現在用的是好貨幣嗎？

我們心目中的「好貨幣」究竟是否符合上述特色，有待商榷。美元是當今數一數二強勢的貨幣，其重要性舉足輕重，更可說是最優秀的貨幣（至少目前如此）。究竟有多好呢？普遍來說，人們都接受以美元付款——在美國本土使用美元天經地義，不僅如此，就連其他國家也接受美元——因此美元在這些情境中是一種絕佳的交易媒介（但在新加坡的接受度比較低）。此外，包括原油和黃金這一類全球商品在內，許多資產皆以美元計價，所以美元也是絕佳的記帳單位。

但美元是好的價值儲存工具嗎？聖路易聯邦準備銀行（St. Louis Fed）資料顯示，從消費者的角度來看，一九一三年美國聯邦準備體系成立至今，美元購買力的下降幅度超過百分之九十六。

美元購買力在此期間大幅下降，可知美元並非理想的長期價值儲存工具。大家不會把鈔票塞在床墊底下幾十年，因為我們知道，現金不是優秀的價值儲存工具。真的這麼做的話，你會發現鈔票的購買力下降或變差，不但無法在市面上流通，也沒有商家願意收下。其

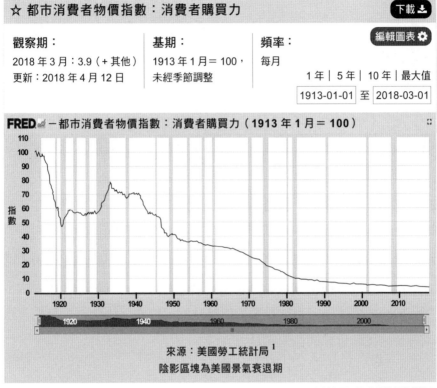

☆ 都市消費者物價指數：消費者購買力　下載 ⬇

觀察期：
2018 年 3 月：3.9（＋其他）
更新：2018 年 4 月 12 日

基期：
1913 年 1 月＝100，
未經季節調整

頻率：
每月

編輯圖表 ⚙
1 年｜5 年｜10 年｜最大值
1913-01-01 至 2018-03-01

FRED – 都市消費者物價指數：消費者購買力（1913 年 1 月＝100）

來源：美國勞工統計局[1]
陰影區塊為美國景氣衰退期

資料來源：聖路易聯邦準備銀行

實，美元和絕大部分的政府貨幣都設計成會經由政府政策一路貶值。我們可以粗估美元購買力每年會下降幾個百分點，這稱為「物價膨脹」（通貨膨脹則指貨幣流通數量增加）。消費者物價指數（Consumer Price Index，CPI）是物價膨脹指標，以政府所公布依理論上一

---

1 U.S. Bureau of Labor Statistics, Consumer Price Index for All Urban Consumers: Purchasing Power of the Consumer Dollar, 2018, FRED, Federal Reserve Bank of St. Louis, https://fred.stlouisfed.org/series/CUUR0000SA0R

般都市家庭經常消費的大宗商品及服務的價格為代表，來衡量物價變化 [2]。而這些商品服務的選擇項目會持續調整，政策制訂者不是不可能透過各種手法操控選定的商品以及服務，將膨脹率導向對他們比較有利的數字 [3]。

所以好的價值儲存工具不一定是好的交易媒介。金錢可能不具備長期價值儲存功能，又或者，經濟學家和教科書說的不完全正確。三種貨幣功能當然都需要，但也許不見得要在同一種工具上實現。或許可以用金錢來滿足一種需求（即時清償債務），長期價值儲存功能則交由其他資產來滿足。就價值儲存來說，金錢比較接近短期的價值或消費力預測工具，這很重要──我得知道手上這一美元，在明天或下個月，能買下約當今日這一美元可買下的物品，以及能在明天或下個月即時清償債務。但從長期價值儲存的角度看，房地產或其他資產或許會是比較可靠的保值工具。

## 從錢的標準定義來看，加密貨幣表現如何？

### ▶ 比特幣的交易媒介功能

在交易媒介功能方面，比特幣具備幾項有趣特點。它是史上第一個可在網路上交換的有價數位資產，不須經過特定第三方核可，也

---

2　美元的購買力也可以用其他指標來評估，例如：從消費者物價指數扣除食物和能源這類短期價格波動劇烈物品的「核心通膨」（core inflation）。

3　更多資訊參見：https://www.bls.gov/bls/faqs.htm

沒有特定第三方可拒絕交易。持有者不需透過一連串的第三方借貸機制（例如透過一間以上的銀行進行資產轉移），即可將比特幣資產直接轉予他人。比特幣是極具新意的交易媒介。

因為很重要，我們一起再讀一次：

比特幣是史上第一個可在網路上交換的有價數位資產，不須經過特定第三方核可，也沒有特定第三方可拒絕交易。

比特幣可以當作支付工具嗎？當然可以。你可以隨時隨地使用比特幣來付帳。速度快嗎？條件對了就會很快。比特幣的交易速度落在幾秒到幾小時之間，絕對比某些傳統支付方式快，但也一定比某些傳統支付方式慢。每種加密貨幣的交易完成速度不一樣。

比特幣的接受度高嗎？這個嘛，在比特幣的圈子裡，大家都接受使用比特幣，比起傳統支付機制，有些人甚至更偏好比特幣。[4] 但以全世界為標準，比特幣並非人人接受的貨幣。將來這種情況是否會轉變？是否會有愈來愈多人或公司接受比特幣或其他加密貨幣？我推測，穩定的大型經濟體應該不會接納加密貨幣，但不穩定的小型經濟體可能會。探討比特幣可否取代本國貨幣或其他現存貨幣，需要考量不只一件事情。

---

4 有一次我要在舊金山住宿幾晚，用比特幣付錢給房東。我不必為了跨境付款去詢問房東的銀行帳戶資訊，這麼做不僅形式簡便，而且速度快、成本低。但前提是我們都接受使用比特幣。事實上，對加密貨幣社群成員來說，使用加密貨幣進行跨境付款，會比銀行轉帳來得更簡便、快速、便宜。

那麼商家接納度如何？我們有時會在新聞報導中讀到，商家開始接受以比特幣或其他加密貨幣付款了。這是怎麼一回事？難道比特幣的交易媒介功能提升了嗎？其實，這麼說對也不對。那些表示開始收比特幣的公司，其實大部分都沒有真正接受比特幣，也不把比特幣列在資產負債表上。他們只是透過中介機構「加密貨幣付款處理商」，以各間加密貨幣交易所的比特幣兌美元現價為基準，用比特幣向顧客報價。顧客支付比特幣後，轉換成等值的傳統貨幣（即行話說的法定貨幣）。款項經由這道無聊的程序，匯入商家的銀行帳戶。

運作方式：

一、顧客將商品放入購物車，點選「結帳」。

二、商品總價以**當地貨幣**標示。頁面顯示「選擇支付方式」。

三、顧客選擇比特幣。

四、頁面顯示需支付的比特幣數量（加密貨幣付款處理商參考各家交易所列出的比特幣與當地貨幣的當前匯率，來計算比特幣的支付數量）。

五、顧客必須在短時間內接受處理商開出的價格，以免比特幣價格更改導致重新計價。比特幣價格波動劇烈，更新時間可能短到只有三十秒！

加密貨幣付款處理商的代表例子有 BitPay[5]。二〇一三年到二〇

---

5　Bitpay, https://bitpay.com

一五年，這段期間有一群商家陸續宣布接受使用比特幣。許多公司是用這種省錢手法來達到強力宣傳的效果。不僅微軟和戴爾電腦這麼做過，連理查·布蘭森（Richard Branson）都曾運用這個方法，替維珍銀河（Virgin Galactic）宣傳太空之旅（這是我最喜歡的例子）。請想像一下有人對你說：二〇一三年，你可以用比特幣付錢上外太空！只不過，之後很多商家都悄悄取消了比特幣交易。

以商家表示接受比特幣付款的例子來說，比特幣是確實被客戶視為一種交易媒介，但這類例子少之又少。目前比特幣還不是普遍使用的交易媒介。二〇一七年七月，摩根·士丹利投資銀行（Morgan Stanley）公布一份比特幣商家接納度調查報告。[6] 內文指出，二〇一六年，全球五百大電商之中僅有五間接受比特幣付款；到了二〇一七年，商家數目更是下降到僅剩三間。

## ▶ 比特幣的價值儲存功能

我們先不爭論**金錢**是否真能價值儲存，也先不去判斷，是否**資產**才具價值儲存功能。

我們來問一問，你希望透過價值儲存功能達成什麼目標？是讓你更富有，有能力買更多玩具嗎？還是維繫價值，助你妥善規劃人生？假如價值儲存是讓人富有，能買更多玩具，那你願意承受多高的

---

6  Frank Chaparro, "MORGAN STANLEY: 'Bitcoin acceptance is virtually zero and shrinking," Business Insider Singapore, July 12, 2017, https://www.businessinsider.com/bitcoin-price-rises-but-retailers-wont-accept-it-7-2017

波動性和下跌風險？我們在這裡考慮的是短期價值儲存（有可能是投機性投資）？還是長期價值儲存（通常是投資低風險資產）？

　　任何東西，凡是從零元起漲而當前價值高於零元，就是好的投機性投資工具。從這角度看，比特幣是利潤極高的投機性投資工具。二〇〇九年比特幣從零元起跳，不到十年的光景，一顆比特幣已翻漲至數千美元之譜。比特幣問世後，增值幅度攤在眾人眼前。但你會現在入手比特幣嗎？你會為了儲存價值，拿儲蓄梭哈比特幣（相較於賭比特幣會快速增值）嗎？這個嘛……考量到比特幣的價格波動大幅高於多數法定貨幣，所以假如你希望達到穩定儲存價值的效果，答案可能是不會。作為具有長期價值儲存的效果，至少得做到：假設你今天購買一籃的商品，二十年後還能用相同的金額得到價值差不多的一籃商品。就結論來說，只要你在對的時機點入手比特幣，比特幣絕對會是一筆好的**投資**，但價值劇烈波動，使比特幣成為令人不敢恭維的價值儲存工具。

　　比特幣或其他加密貨幣有沒有可能長期儲存價值，像某些人對黃金的期待那樣？或許有。根據目前比特幣的協議規則，比特幣會依照明訂的速度增加數量，每十分鐘約產生十二・五顆，而增加速度會隨著時間逐步減緩。[7] 與法定貨幣不同的地方是，比特幣的數量並非可以任意決定且是有上限的，我們得以從中了解及預測比特幣的供給情形，最終只會有約兩千一百萬顆比特幣[8]。在需求穩定或上升的情

---

7　審定註：二〇二〇年五月十三日比特幣獎勵再次減半（Bitcoin Halving），每個區塊的比特幣獎勵降　　至六・二五個。

況下，限制供給數量的確有助於維持貨幣價值。而缺點是，當供給數量已知且可預測但完全不具彈性，並且與上下波動的需求脫鉤，就會造成價格不停波動。[9] 倘若你想找的是價格穩定的投資工具，那就不太適合了。

## ▶ 以比特幣為記帳單位

比特幣兌換美元和其它物品的價格波動很大，所以比特幣是非常糟糕的記帳單位。幾乎沒有商家願意用比特幣標示商品價格（連販售加密貨幣設備的商家都不用比特幣計價），證明比特幣不是好的記帳單位。

你不會用比特幣計算帳戶餘額，也不會用比特幣記錄筆記型電腦的開銷，更不會在歲末年終用比特幣來作帳。[10] 再者，用比特幣製作法律規定的帳務報表，不論在哪一個司法管轄區都會牴觸會計準則。如果你是被虐狂，可以試一試用比特幣當作計價單位記錄商品庫存。首先，你得算出商品的美元金額（例如：我的筆記型電腦值兩百美元），再根據「這一秒鐘比特幣兌換美元的匯率」，換算庫存品的比特幣價值。簡單來說，你可以說「我在世界上擁有的總資產，價值

---

8 但要注意，若比特幣社群多數成員同意，比特幣的產生速度和最大供給量都是可以改變的。由於沒有中央或正式的治理機構，規則可以依據社群偏好而更改。只不過，除非得到成員的普遍支持，否則很難推動具爭議性的改變。參見討論加密貨幣分叉的章節。

9 "Robert Sams on Rehypothecation, Deflation, Inelastic Money Supply and Altcoins." Great Wall of Numbers. August 20, 2014. 存取日期：二〇一八年七月二十六日；https://www.ofnumbers.com/2014/08/20/robert-sams-on-rehypothecation-deflation-inelastic-money-supply-and-altcoins/

10 除非你是比特幣交易員，客戶的指示是由你管理的比特幣數量要增加。

三・〇三六四顆比特幣」，但隨著比特幣兌美元價格劇烈波動，數分鐘或數小時內，用比特幣換算出來的數字應該就失效了。

　　貨幣經濟學家康寧（JP Koning）對照比特幣和黃金的價格波動，在推特寫出觀察 [11]：

很多人告訴我，等比特幣壯大和吸引更多使用者，波動性會下降到跟黃金一樣低。事情發展並非如此。

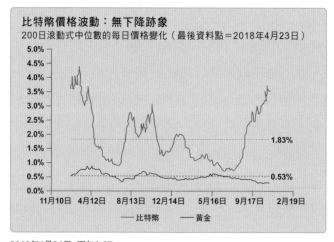

**比特幣價格波動：無下降跡象**
200日滾動式中位數的每日價格變化（最後資料點＝2018年4月23日）

1.83%
0.53%

—— 比特幣　—— 黃金

2018年4月24日－下午9:27

37 轉推　59 喜歡

24　　37　　59

---

11 Koning, JP；推特貼文；二〇一八年四月二十四日下午九點二十七分。

　　比特幣的價格波動會縮小嗎？大家都猜會，但我個人對此心存懷疑。我經常聽到的理由是「當比特幣的價格漲翻天，就要砸非常多錢，才能強行拉抬或削弱比特幣的價格」。這個論點有瑕疵。事物的價格確實可能漲翻天，但在流動不足的市場裡，你還是能用少許金錢干預價格。穩定性主要取決於**市場流動性**（多少人願意以任何價格交易）而非**資產價格**。即使是在流動市場，當市場對資產的價值看法突變，價格也有可能立刻反應。再說，這個論點的預測前提是比特幣價格漲翻天⋯⋯我們沒有太多理由相信比特幣會「漲翻天」。而且前面討論過，比特幣的供給**不具彈性**。縱使需求突然大增，比特幣也不會像一般商品服務改變生產速度，不會對價格產生抑制效果。無論價格為何，都不產生影響。即使實際波動縮小了，此時交易者甚至有可能下大賭注（常見做法是開槓桿），導致比特幣價格再度改變。

　　在我寫書的期間，幣圈開始有人提出「穩定貨幣」的概念，希望打造比某些交易工具（如美元）更穩定的加密貨幣。但基本上，你是拿波動資產去釘住另一種波動幅度不同的資產，所以除非資產背後有一比一的支撐資產，否則很難設計出穩定的加密貨幣。下一個章節我們討論到金錢的歷史，你就會知道，從來沒有人能在長時間維持釘住兌換率的目標──貨幣掛鉤終將失敗。若能真正成功設計出穩定的加密貨幣，那就有意思了。[12]

---

12 這裡談的是獨立的穩定貨幣，不同於由其他物品百分之百支撐的貨幣（基本上是一種「存託憑證」，可按面額贖回支撐資產）。

　　有一種情況是，你可能會用比特幣當作記帳的單位：衡量其他加密貨幣的價值。如果你是普通資產（例如股票）的交易者，你通常會想用本國貨幣算一算資產的現有價值，例如換算成美元、歐元或英鎊是多少。如果你是加密貨幣交易者，你應該也會想用本國貨幣算一算資產的總值，但在這特殊情況下，你可能也想用比特幣算一算總額——因為比特幣是加密貨幣的龍頭，堪稱加密貨幣界的美元。也許你替投資人管理一部分比特幣，投資人對你的期待是把比特幣變多。根據這個例子，此時用比特幣來計算資產價值，比用美元計算更有意義，但此例較為少見。

## 加密貨幣當金錢運用的現況

　　二〇一八年二月十九日，英格蘭銀行總裁馬克・卡尼（Mark Carney）曾在倫敦攝政大學（Regent's University London）座談會的問答時間，總結比特幣作為「金錢」運用的現況：[13]

　　「在傳統金錢功能方面……〔比特幣〕目前可說相當失敗。東一個、西一個，無法儲存價值。沒有人拿它當交易媒介……」

　　比特幣還在初生階段，或許正在經歷成長的陣痛，但不表示應該就此認為比特幣成不了氣候，也不表示故事必須打住。比特幣訃聞

---

13 David Milliken "BoE's Carney says Bitcoin has 'pretty much failed' as currency," Reuters, February 19, 2018, https://www.reuters.com/article/us-britain-boe-carney-currencies/boes-carney-says-bitcoin-has-pretty-much-failed-as-currency-idUSKCN1G320Z

網（Bitcoin Obituary）的資料顯示，[14] 比特幣已經公告死亡超過三百次了！但比特幣存活下來，至少，仍然有交易所以正值價格交換比特幣。人們似乎想把比特幣套入某種框架（它是貨幣／資產／財產／數位黃金），但當比特幣展現出突破框架的特質，大家又說比特幣不合格。或許是因為我們不該把比特幣套入既有框架，應該設計或定義新架構，用比特幣和其他加密貨幣的本身條件加以衡量。

　　另外也要注意，各國央行總裁在評論新型態貨幣時，有潛在的利益衝突。央行總裁肩負維持貨幣供給和經濟穩定的重責大任，他們會運用工具（經濟體的貨幣數量和借款利率）去控制國內的法定貨幣。若新型態貨幣廣泛使用、不受中央銀行控制，可能會削弱中央銀行的授權委任使命。新型態貨幣可能會破壞和撼動經濟體，從中央銀行的角度來看並非好事，因此別期待央行總裁會熱烈歡迎不在他們管轄範圍的新型態貨幣。

---

14 https://99bitcoins.com/bitcoin-obituaries/

# 金錢的簡史——破除迷思

目前為止我們介紹了什麼是加密貨幣，以及加密貨幣是否符合現在定義的「金錢」標準。但金錢是什麼，從來沒有改變過嗎？想要了解加密貨幣究竟是不是一種金錢，我們理當了解一下金錢的歷史，認識金錢的成功和失敗案例，以及金錢的技術變革。這個主題非常有意思，有許多趣聞以及常見誤解待釐清。

威爾斯大學（University of Wales）財務金融系榮譽教授格林・戴維斯（Glyn Davies）[15] 窮盡九年時間研究撰著的《古今金錢史》（A History of Money from Ancient Times to the Present Day），成為一方權威之作。戴維斯教授的兒子羅伊（Roy Davies）在艾克斯特大學（Exeter University）網站上簡述父親的著作內容 [16]。我在取得羅伊的同意後，依照他所列出的金錢發展時間表，完成這一節涵蓋的主要內容。就此部分內容上若有任何錯誤或遺漏是我的責任，希望各位閱讀時，也能像我為寫書研究資料時那般興味盎然。

---

15 Davies, Glyn. A History of money from ancient times to the present day. Cardiff: University of Wales Press, 1996

16 http://projects.exeter.ac.uk/RDavies/arian/llyfr.html

# 金錢的形式

我會提到的概念及時代有：

**以物易物**（我們來交換有價值的物品吧）

**商品貨幣**（金錢**就是**有價值的物品）

**代表貨幣**（金錢可以**索取**有價值的物品）

**法定貨幣**（金錢**完全**與有價值的物品脫鉤）

## ▶ 以物易物

大家都知道，在金錢出現前，人們透過同意互相交換物品來交易。「先生，你那五頭又老又醜的綿羊，可以跟我換二十蒲式耳\*的穀物。」不過以物易物實行起來頗困難。當對方那裡有你想要的東西，你也有對方想要的東西，雙方都準備好要交易了，這種情況，經濟學家稱為「雙方欲求巧合」，可遇而不可求。而且在自給自足的經濟體系裡，除了市集營業的那幾天，都不太可能成功地以物易物。所以有人主張，發明金錢是為了促進交易。金錢是大家都樂於接受、用來交換物品的東西，它是一種中間資產，當你沒有對方想要的東西，可以用錢來交換。一言以蔽之，以物易物缺乏效率，造就金錢的崛起。

這句簡練的論述看似聰明絕頂，只可惜沒有絲毫證據可證明論述為真，純粹是人們的想像。教科書說得不對！當你聽見有人說金錢的發明是為了取代以物易物，請你教給他們正確知識，否則換個談話

---

\* 譯按：bushel，蒲式耳：穀物計量單位，在英國一蒲式耳約等於三十六‧三六九公升，在美國一蒲式耳約等於三十五‧二三九公升。

對象吧。

　　金錢的存在是為了解決以物易物缺乏效率的問題，這樣的迷思在一七七六年，因為亞當・斯密（Adam Smith）出版《國富論》（The Wealth of Nations）而普遍為人接受。伊拉娜・史特勞斯（Ilana E Strauss）在《大西洋月刊》（The Atlantic）發表〈以物易物經濟的迷思〉（The Myth of the Barter Economy）一文[17]，這篇有趣又令人增長見識的文章，從劍橋大學人類學教授卡洛琳・亨福瑞（Caroline Humphrey）一九八五年撰寫的文章〈以物易物與經濟崩潰〉（Barter and Economic Disintegration）摘述了一段話[18]：

　　「從來沒有人描述過純粹的以物易物經濟體，更遑論自以物易物經濟誕生金錢……目前能取得的民族誌皆顯示從未有過這樣的經濟體。」

　　一個經濟體系之所以發展，基礎在於互信、餽贈、債務或社會義務。居民會說：「給你這隻雞，要記得之後給我別的東西喔。」早期的人類社群規模很小，結構很穩定，居民往往都是一起長大的熟人。個人在團體裡必須維持良好的名聲，所以居民通常不會食言。但大家還是要想辦法記錄欠了或給了別人什麼。當時確實也有交易（同時交換非金錢物品），但交易主要發生在缺乏信任的場合。比方說，和陌生人或敵人交易，或很有可能忘記或無法輕易還債的情況（例如和商隊作生意）。

---

17 https://www.theatlantic.com/business/archive/2016/02/barter-society-myth/471051/
18 https://www.academia.edu/3621994/Barter_and_Economic_Disintegration

　　與其說金錢的出現是為了解決雙方欲求巧合無法達成的困境，倒不如說是為了解決無法輕易還債或回報他人的問題，這樣的論述合理多了。事實上，大衛・格雷伯（David Graeber）就曾在深具影響力的鉅作《債的歷史：從文明的初始到全球負債時代》（Debt: The First 5,000 Years）詳述，[19] 先有債務系統才有金錢，而且金錢本身出現的時間比以物易物還要早。

### ▶ 商品貨幣

　　商品貨幣是指使用**本身具有價值**的實體代幣來進行交易，例如：使用具內在價值的穀物或具外在價值的貴金屬。

　　好的商品貨幣必須眾所周知、穩定，且相對容易保存以及交換或「花掉」。此外還必須符合一致性並且有標準單位，以增加便利性。例如，擁有標準計量單位的穀物或牛隻，因可以食用，所以具有內在價值；以及貴金屬或貝殼，因稀少和美麗，所以具有外在價值。

　　請注意，擁護加密貨幣的人喜歡主張：因為代幣數量稀少，所以它應該具有價值（「無論如何只有兩千一百萬顆比特幣，所以比特幣很有價值！」）。這樣的論點不是很充分。因為某樣東西或許很稀少，但並不表示也不應該表示這一樣東西具有價值。東西一定要具備幾項令人想要擁有的特色才行，例如：美麗、實用等，是這些基本特質造就對物品的需求。人們對比特幣的需求，來自兩項基本特質：

---

19 Graeber, David. Debt: The First 5000 Years. Melville House Publishing, 2011（中文版《債的歷史：從文明的初始到全球負債時代》，商周，二〇一三年出版）

一、這種線上價值傳送工具不須經過特定中介機構許可，而且在同類工具中獲得最多數人的認同。

二、可抵抗審查。

## ▶ 代表貨幣

代表貨幣的價值來自你有權使用這種金錢**索取**某一樣物品，例如你從金匠手中領到一張憑據，可以用這張憑據領出放在金匠那邊保管的黃金。你可以把憑據及其代表的價值所有權轉移給另一個人。我們可以說，這種代幣的價值由某樣標的物的價值來**支撐**。倉庫帳戶或領據（「代幣」）的價值，由存放在倉庫的物品支撐，就是代表貨幣的好例子。

代表貨幣和商品貨幣的不同之處在於，代表貨幣仰賴第三方（例如倉庫管理員或金匠）供應可用代幣贖回的標的資產，所以代表貨幣具有「交易對手風險」——要是第三方拿不出標的資產呢？

代表貨幣類似無記名債券，單據持有人有權索取標的資產的價值（有時依要求取回，有時期滿自動取回）。使用這類代幣，就像我們現在用現金完成交易，它們是商品貨幣（如貴金屬貨幣）和法定貨幣之間的跳板。

## ▶ 法定貨幣

商品貨幣逐漸被代表貨幣取代，接著代表貨幣又幾乎完全被「法定貨幣」取代。現在大家認可的主權貨幣主要都是法定貨幣（法定貨

幣的英文「fiat」源自拉丁文，意思是「使其完成」。法定貨幣的金錢效力來自立法機關，不是基本價值或內在價值。法定貨幣不具內在價值，且不能兌換其它物品。[20] 雖然鈔票上面常會標示類似「本人承諾依要求支付持有者金額 ×××」的聲明，但你找上法定貨幣發行人（通常是中央銀行），也不會拿到什麼具體物品——你不能說：「那邊的，給我支撐鈔票價值的標的資產。」最多只能拿到一張新鈔。

那法定貨幣的價值何來？背後道理為何？主要有二：

一、法律規定法定貨幣具有「法償效力」。換言之，在該司法管轄區內，人民必須接受以法定貨幣為有效的償債工具。所以人民會使用這種貨幣。

二、政府只接受以政府發行的貨幣繳交稅賦。由於每個人都需要繳稅[21]，法定貨幣具備了這一項最基本的用途。

《經濟學人》（The Economist）曾在報導中直接宣稱加密貨幣具有法定貨幣的特性[22]，但至今為止加密貨幣並未在任何國家具備法償效力[23]。關於法償效力，我們將在本書後面繼續討論。

---

20 央行會持有黃金、金融資產和外幣；只不過當你找上門去，手上揮舞持有的鈔票，他們才不會答應把這些資產給你。

21 這個嘛，超級有錢的人或大企業似乎不包含在內。

22 https://www.economist.com/free-exchange/2017/09/22/bitcoin-is-fiat-money-too

23 審定註：中美洲薩爾瓦多共和國在二○二一年九月七日正式成為全球第一個將比特幣訂為法定貨幣的國家。

# 金錢大事紀

　　我挑出一些有趣的金錢史事件，來幫助讀者了解至今為止金錢的演進。

## ▶ 公元前九〇〇〇年：牛隻（商品貨幣）

　　史上最早出現的商品貨幣是牲畜（以牛隻最具代表性）和農作物（如穀物）。早在公元前九〇〇〇年就有使用牛隻交易的紀錄，即使不能稱為最成功，也是史上最持久的貨幣形式。現在，世界上還有一些地方使用牛隻交易。例如，二〇一八年三月，肯亞有一百頭牛遭竊，應該是被人拿去付嫁妝了。[24]

　　將牛隻當作金錢使用，能通過經濟學家常問的那三道定義問題嗎？歷史紀錄告訴我們牛隻是一種交易媒介，所以交易媒介的條件符合了。我們可以假設，用牛隻買賣物品的時候，交易雙方會在心裡默默用牛隻換算物品價格，所以牛隻是還不錯的記帳單位。那牛隻可以儲存價值嗎？嗯⋯⋯這個問題有點複雜。牛隻的價格會受品種和年齡影響，而且牛隻有可能突然死亡。可是另一方面，大牛會生小牛，所以養牛能孳生某種程度的利息。因此即便擁有一頭牛不算很好的價值儲存工具，但我們可以說，擁有一群牛是很好的價值儲存工具。貨幣經濟學家經常爭論這類事情。

---

24 https://www.the-star.co.ke/counties/rift-valley/2018-03-20-baringo-stolen-cattle-suspected-to-be-used-for-paying-dowry/

### ▶ 公元前三〇〇〇年：銀行

　　大約公元前三〇〇〇到二〇〇〇年，美索不達米亞平原的巴比倫地區出現了「銀行」。在大約相當於現今的伊拉克、科威特、敘利亞的地方，原本負責保管穀物、牛隻、貴金屬等商品的倉庫，逐漸發展為銀行。

### ▶ 公元前二二〇〇年：銀錠

　　大約在公元前二二五〇到二一五〇年，銀錠在卡帕多奇亞國（相當於現今的土耳其）擔保下成為一種標準化的交易工具，人民接受以銀錠作為金錢使用。銀子這種貴金屬貨幣成為一種「本位」，顯示人們從明顯具內在價值的商品貨幣（可食用的牛隻和穀物），改為使用因稀少和耐久性而具外在價值的商品貨幣。可以想見，在那段過渡時期，人們也會爭辯：「對，但銀錠不具有**內在價值**，我不能用它來餵飽家人。」就像我們今天對比特幣的討論。要是下一次晚餐聚會時有人提起比特幣不具「內在價值」，你可以告訴他們：「拜託，公元前二二〇〇年就吵過這件事了。」

### ▶ 公元前一八〇〇年：強制規定！

　　如果你想怪誰制訂規範，就怪公元前一七九二到一七五〇年，統治巴比倫王國的第六任國王漢摩拉比吧！他制訂的《漢摩拉比法典》曾經被世人認為是人類史上最早的成文法，裡頭記錄了兩百八十二件法律案例，涵蓋經濟類法條（價格、關稅、商業的規定）、家事法（結婚、離婚）、刑法（企圖傷害、竊盜）和民法（奴隸、債

務）。當中也包含了史上最早的銀行作業法律。

　　請想像一下，自由主義人士說法律毫無必要，但當他們在加密貨幣詐騙事件中損失金錢，又要求公權力介入。唯有這種時候，他們才明白法律的價值。但法律的價值從法條形成文字之時就存在了！

記錄於泥板的《漢摩拉比法典》

資料來源：維基百科[25]

---

25 作者 Marie-Lan Nguyen 上傳，為公共領域素材：https://commons.wikimedia.org/w/index.php?curid=88 4154

## ▶ 公元前一二〇〇年：貝殼貨幣

公元前一二〇〇年，中國開始使用子安貝作為交易貨幣。子安貝是一種印度洋和東南亞海域沿岸常見的海螺。維基百科對子安貝的描述如下：

泛指海洋軟體動物門腹足綱寶螺科（又稱寶貝科）的一群海螺，體型有大有小。也經常用來專指這類海螺的殼，形狀多半與蛋相似，差別只在子安貝的底部較為平坦。

世界海洋物種名錄（World Register of Marine Species）[27] 記載，子安貝的動物學名稱為「貨貝」（Monetaria Moneta；林奈，一七五八年 *）。由於這種海螺長得實在太像「錢」了，連科學家都把它取名為「貨幣！」**

一隻活寶螺

資料來源：維基百科 [26]

---

26 https://en.wikipedia.org/wiki/Cowry

27 http://www.marinespecies.org/aphia.php?p=taxdetails&id=216838

* 譯按：Linnaeus，林奈：十八世紀著名瑞典自然科學家，首創拉丁文生物命名法。

** 譯按：拉丁學名 Monetaria Moneta 中的 Monetaria 和 Moneta 有「錢」的意思。

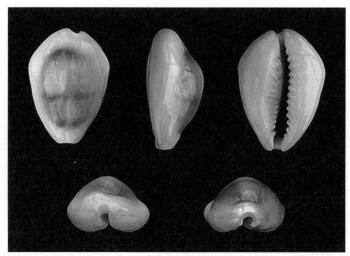

子安貝的殼

資料來源：維基百科 [28]

其實早在西方人稱這些生物為「錢」之前，中國人就替牠們取了「錢」的名字。貝類的「貝」代表動物的殼或貨幣，字形看起來甚至跟子安貝的樣子很像。在中文裡，跟金錢、財產、財富有關的詞彙，經常會用這個部首的字。

子安貝和牛隻一樣，在某些非洲地區，用子安貝殼當金錢的做法延續到近期。直到一九五〇年代，仍有人這麼做。

## ▶ 公元前七〇〇至六〇〇年：合金錢幣

最早使用錢幣的例子出現在公元前六四〇到六三〇年，於現今土耳其境內的利底亞王國（Lydia）。利底亞蘊涵大量的黃金，使其成為

---

28 https://en.wikipedia.org/wiki/Shell_money

利底亞錢幣

資料來源：大英博物館網站 [29]

當時的貿易中心。這些最早的錢幣以天然合金「銀金礦」（electrum）鑄成。早期推出的人氣比特幣錢包，有一款由湯瑪斯‧沃格林（Thomas Voegtlin）在二〇一一年打造的錢包，取名「Electrum」[30]，絕非巧合！

　　大英博物館的資料顯示，雖然這些錢幣不見得都是圓形，但有幾種固定的標準重量。人們認為，這些錢幣用於各式各樣的交易，方式並非計數，而是秤重。

### ▶ 公元前六〇〇至三〇〇年：圓形錢幣

　　世界上最早的圓形錢幣出現在中國，以賤金屬打造而成（非貴金屬），仍然屬於商品貨幣的範疇。金屬的價值就是這些錢幣的價值，所以價值並不高。正因如此，這些錢幣是非常實用的日常交易工具。

---

29 http://britishmuseum.org/explore/themes/money/the_origins_of_coinage.aspx
30 https://electrum.org

### ▶ 公元前五五〇年左右：純貴金屬錢幣

利底亞王國一定是鐵器時代的矽谷！後來他們繼續創新，分別製造出金幣和銀幣。從那時起，使用金幣和銀幣的習慣開始向外傳播。我想這應該是世界上最早的金融科技（FinTech）──利用科技發明新的金融工具。下一次有銀行家口沫橫飛地說他們是金融科技的先鋒，你可以告訴對方，利底亞王國早在公元前五五〇年就辦到了！

大英博物館館長艾蜜莉雅・道勒（Amelia Dowler）說：

銀子比金子更容易取得，而且本身價值較低，適合用於金額較低的交易，在市集裡使用起來比較方便。所以，銀幣快速崛起，公元前六世紀，地中海沿岸的希臘城市開始出現鑄幣廠。

資料來源：英國 BBC 網站[31]

### ▶ 公元前四〇五年：
### 格萊興法則（Gresham's Law）的第一則例子

公元前四〇五年，亞里斯多芬尼斯（Aristophanes）撰寫政治諷刺劇《蛙》（The Frogs），描述酒神戴奧尼索斯帶著奴隸冒險前往陰間，想把機智風趣的詩人尤里比底斯帶回，解救了無意趣的雅典城的故事。這齣知名戲劇寫到人類史上所知最早出現的格萊興法則（**劣幣逐良幣**）例子。也就是，當其他人願意接受品質較差（價值較低）的貨幣，你就會把品質較好（價值較高）的貨幣留下，先花掉較差

---

31 http://www.bbc.co.uk/ahistoryoftheworld/objects/7cEz771FSeOLptGIElaquA

（較無價值）的貨幣。假如現在有一枚**純金幣**和一枚**成色不足的金幣**（參雜賤金屬），兩者面額相同，當你可以自行選擇，你絕對會先花掉成色不足的那一枚，導致良幣無法在市面流通。

劇中以一首合唱曲，感嘆眾人不再使用舊金幣，只用醜陋的新銅幣。字裡行間也透露出一絲反移民的意味。歌詞如下：

城市的自由、市民的良善高尚情操，往往相伴而生，景況一如城市裡的舊幣新金。無摻假的金幣乃上乘良幣，一枚一枚精心打造。在希臘人與蠻族之間，隨處可聽見金幣清脆聲響，即是證明。如今卻無人用之。我們改用昨日方造、新加惡劣至極戳記的卑劣銅幣。此舉侮辱了我們所知道的謹慎之人、公正之人、良善之人、高尚之人、名門之士，及受摔角、合唱、音樂薰陶的市民。近來，城市出現厚顏無恥之徒、外邦人、奴隸、惡徒及惡徒之子，此等人已無處不在。這座城市從前絕對不會如此掉以輕心，欣然接受這些作為代罪羔羊亦不夠格的人。

原始英文翻譯出處：libertyfund.org[32]

## ▶ 公元前三四五年：「Mint」和「Money」的由來

羅馬中央有一間祭拜女神朱諾‧莫內塔（Juno Moneta）的神廟。朱諾是一位守護神，莫內塔一詞則是來自「警告和建議」的拉丁文「monere」。據說朱諾‧莫內塔女神數度給予人類警告或建議。有一次發生在公元前三九〇年。當時，高盧人入侵洗劫羅馬，朱諾女神的

---

32 http://oll.libertyfund.org/pages/mises-on-gresham-s-law-and-ancient-greek-silver-coins

聖鵝預先警告了羅馬指揮官卡皮托利努斯（Marcus Manlius Capitolinus）高盧人要攻打進來，幫助卡皮托利努斯守住羅馬首都。另外有一次，羅馬發生地震，神廟裡有個聲音告訴羅馬人，要用懷孕的母豬獻祭以避災 [33]。

羅馬人從公元前二六九年起將鑄幣廠設置在這座神廟，時間長達數世紀之久。鑄幣廠的英文「mint」和「money」，字源都是朱諾女神「Juno Moneta」。

## ▶ 公元前三三六至三二三年：金銀固定兌換率

亞歷山大大帝將黃金和銀子的兌換率簡化成一比十的固定兌換率，但這個機制最後失敗了。

美國曾在十八世紀成功將金銀兌換率固定在一比十五和一比十六。之後我們會再解釋釘住的貨幣兌換率是什麼，並且說明這種機制的管理方式和維繫上的困難處。這跟我們今天要討論的議題密切相關，因為許多人希望打造「穩定的」加密貨幣，其中一些方法，就是讓機構或自動智慧合約逢低買進、逢高賣出，達到釘住匯率的目的。

---

33 注意，不是所有學術界人士和歷史學家都認可這則故事，但我認為，既然故事裡提到 mint 和 money 的字源歷史，值得一提。參見：http://penelope.uchicago.edu/Thayer/E/Gazetteer/Places/Europe/Italy/Lazio/Roma/Rome/_Texts/PLATOP*/Aedes_Junonis_Monetae.html

### ▶ 公元前三二三至三〇年：倉庫領據（代表貨幣）

亞歷山大大帝的希臘護衛官托勒密自立為王，統治埃及。他一手建立的埃及王朝一直延續到公元前三〇年，羅馬帝國征服埃及，埃及豔后逝世為止。世人稱這些埃及統治者為托勒密家族（Ptolemies）。他們建立了一套倉庫帳戶系統，人們可透過轉移穀物所有權的方式來還債，不必實際搬運儲存於倉庫的穀物。

### ▶ 公元前一一八年：皮革鈔票

中國曾經使用過方形彩色滾邊鹿皮鈔票，這很有可能是歷史記載最早的鈔票。後來中國也曾嘗試使用紙幣，並在停止使用紙幣數百年後再次使用。

### ▶ 公元前三〇至公元一四年：稅制改革！

凱薩大帝（Julius Caesar）的養子奧古斯都大帝（Augustus Caesar）將羅馬各省原有的稅負項目擴大，並且立法實施強制徵稅。奧古斯都推行的營業稅、土地稅、人頭稅等並非冷門稅項，羅馬各省本身就經常徵收這一類的稅負。但在奧古斯都大帝制定規範前，這些稅項由各省任意自行徵稅，權力分散在各省。如果你討厭繳稅，那你應該更討厭政府可以隨時對你徵收任意稅額。奧古斯都大帝也發行成色很純的新金幣、銀幣、黃銅幣和紅銅幣。

### ▶ 至公元二七〇年：貶值和通貨膨脹

接下來三百年，羅馬幣的含銀量從百分之百減少到百分之四，

這就是摻雜不純成分而貶值嘛！我們也知道前一陣子，美元在存續的三分之一期間內，價值降低了百分之九十六。[34] 羅馬奧勒良皇帝（Emperor Aurelian）等統治者，曾試圖推行純金幣或純銀幣。但隨著人們囤積純金幣或純銀幣，把成色不足的硬幣拿去市面上流通，應驗格萊興法則，這些嘗試都失敗了。

## ▶ 公元三〇六至三三七年：富人用金幣，窮人用劣幣

史上第一位信仰基督教的羅馬君主君士坦丁大帝（Constantine the Great）發行了一款新的金幣「索利都斯」（Solidus），成功流通了七百年都沒有降低成色，實在很了不起。但他也鑄造摻雜其他金屬的銀幣和銅幣，讓富人使用可以保值且成色較佳的閃亮金幣，窮人則使用持續貶值的硬幣。讀到這，你覺得驚訝嗎？

## ▶ 約公元四三五年：英國有兩百年未使用硬幣

盎格魯撒克遜人（Anglo-Saxons）入侵不列顛，導致硬幣消失兩百年！由此可見，金錢形式會受政治局勢影響，有可能蔚為流行，也有可能退流行。我們從小到大使用的金錢形式，不一定會永遠存在。

## ▶ 公元八〇六至八二一年：中國的法定貨幣雛形

由於銅礦短缺，唐憲宗時代發行「飛錢」，供進行大額交易的商人使用，免除攜帶沉重硬幣的不便。接下來數百年，紙幣印製浮

---

34 這兩個比較對象的基準不一樣。我們並不清楚兩種貨幣的區間購買力變化。

濫，發生通貨膨脹，導致紙幣對金屬貨幣貶值。這類故事，我們聽了不少。

紙幣在歐洲的流通要歸功於周遊列國的威尼斯人馬可波羅。在公元一二七五到一二九二年間，馬可波羅在中國認識了紙幣的使用，並將其帶回了歐洲。

在中國，紙幣只通行了數百年。那段期間，無限制印製導致紙幣嚴重通貨膨脹。一四○○年代，中國人似乎有幾百年的時間不再使用紙幣。

## ▶ 一三○○年代：英國便士縮水兩次

英王愛德華三世分別在一三四四年和一三五一年把便士的體積縮小並降低便士的成色。愛德華三世是鑄幣廠的主人，便士的體積變小、成色變差，國王就能用一樣的金屬份量鑄造更多便士，從中獲取鑄幣的利差，稱為鑄幣收益權（seigniorage）。

在金錢史上，只要不是商品貨幣，其他形式的金錢似乎都經常因成色降低而貶值。

## ▶ 一五六○年：格萊興法則！

這一年，又發生了一次貨幣改革。當時，英國女王伊莉莎白一世收回並融掉硬幣，把賤金屬從貴金屬中分離出來。這是因為經常向女王提諫言的湯瑪斯・格萊興（Thomas Gresham）注意到劣幣驅逐良幣的現象。

### ▶ 一六〇〇年代：金匠崛起

英國金匠變成了銀行家，因為他們的金庫可以用來儲存硬幣，而且他們開出的票據和領據是很便利的付款工具。

### ▶ 一六六〇年代：中央銀行

世界上最古老的中央銀行是位於瑞典的瑞典中央銀行。瑞典第一間銀行斯德哥爾摩銀行發行了歐洲最早的鈔票。但斯德哥爾摩銀行在沒有把持好的情況下，發行超過可贖回資產的鈔票數量（對應資產控制數量是發行鈔票的一種技巧，稱為「部分準備銀行制」）。當鈔

位於斯德哥爾摩舊城鐵廣場的瑞典央行總部大樓

資料來源：瑞典央行[35]

---

35 https://www.riksbank.se/en-gb/about-the-riksbank/history/historical-timeline/1600-1699/first-building-of-its-own/

票持有人想贖回票面記載的金屬硬幣數量，斯德哥爾摩銀行卻拿不出來。有鑑於斯德哥爾摩銀行的慘痛教訓，瑞典政府在一六六八年瑞典央行成立時，禁止央行發行紙幣，直到一七〇一年才准許發行稱為「信用票據」（credit note）的鈔票。大約兩百年後，一八九七年，瑞典頒布第一部《瑞典央行法》（Riksbank Act），瑞典央行才獲得獨家印製鈔票的權力。

瑞典央行向來善於創新：二〇〇九年七月，瑞典央行成為全世界第一間不支付利息，還向商業銀行隔夜存款收取費用的中央銀行，強迫隔夜存款利率下降到百分之負零・二五（年率）。二〇一四年和二〇一五年，繼續壓低隔夜存款利率及其相關利率。這是因為量化寬鬆預期效果不如預期，瑞典央行藉此鼓勵人民借貸，希望人民不要積蓄金錢，達到刺激經濟的目的。

## ▶ 一七二七年：透支！

蘇格蘭皇家銀行於此年成立，推出透支服務。特定客戶可申請一定額度的借款，不全部收息，僅就提領金額收取利息。這也是一種金融科技。

## ▶ 一八〇〇至一八六〇年：子安貝貶值

這裡有個說明貨幣供給如何引發貶值的好例子。一八〇〇年左右，烏干達開始使用子安貝，一般兩顆貝殼可以買下一個女人。接下來六十年，愈來愈多貝殼人規模輸入烏干達，導致物價上漲。到一八六〇年時，買一個女人要花一千顆貝殼。

## ▶ 雅浦島石幣

不提雅浦島至今還在使用的石幣（稱為 Rai Stone 或 Fei Stone），就不是完整的金錢史了。

雅浦島是密克羅尼西亞聯邦的一座小島，位置大約在菲律賓馬尼拉東方兩千公里處，以超棒的水肺潛水活動和石幣而聞名。雅浦島石幣是巨大的圓形石盤，中央留有方便搬運的孔洞。製作石幣的石頭原料由島民划著獨木舟，從四百公里外的帛琉島嶼，千辛萬苦開採運回。雅浦島人至今依然在使用這種錢幣。

STONE MONEY OF UAP, WESTERN CAROLINE ISLANDS.
(From the paper by Dr. W. H. Furness, 3rd, in Transactions, Department of Archæology, University of Pennsylvania, Vol. I., No. 1, p. 51, Fig. 3, 1904.)

雅浦島石幣，加羅林群島西部。
（出自福尼斯博士的文章，賓州大學考古學系一九九四年系刊第一卷第一期第五十一頁圖三。）

雅浦島歷史遺跡保育官約翰・塔恩甘（John Tharngan）在接受英國廣播公司（BBC）訪問時[36]，解釋過雅浦島石幣的起源：

數百年前，有幾名雅浦島人在出海捕魚的途中迷失方向，意外來到帛琉。他們看見島上石灰岩具有天然紋理，覺得很美。他們打下幾片石頭，用貝殼製成的工具在石頭上雕刻。他們把一塊形狀像「鯨魚」的石頭帶回家鄉。Rai 在雅浦語中是鯨魚的意思，所以雅浦島石幣稱為「Rai」。

雅浦島石幣大小不一，有的直徑幾個指距 *，有的直徑大於三公尺。幣值主要取決於石幣的歷史，也受石幣大小和表面處理品質影響。貨幣經濟學家康寧在他經營的傑出部落格《貨幣性》（Money-ness）[37] 提及，曾在雅浦島居住一年的福尼斯（W.H. Furness），在一九一〇年的著作《石幣之島》（The Island of Stone Money, Uap of the Carolines）寫下：

一枚面長三指距、形狀漂亮、色澤潔白的雅浦島石幣，可買五十「籃」食物──籃子長度十八吋、深度十吋，盛裝芋頭、去殼椰子、甘薯或香蕉。這枚石幣也可以買到八十或一百磅的豬隻、一千顆椰子，或一個一指距長、腕上三指寬的貝殼。我用一把短柄小斧頭換得一枚直徑五十公分的潔白石幣。另外一枚石幣直徑較長，就要拿出一袋五十磅的米……聽說，如果你偷走一個女人（當地稱 mispil），通常要賠

---

36 http://news.bbc.co.uk/hi/english/static/road_to_riches/prog2/tharngan.stm

* 譯按：hand span，指距：手指張開，從拇指到小指的距離。

37 https://jpkoning.blogspot.sg/2013/01/yap-stones-and-myth-of-fiat-money.html

給女人的父母或村長，一枚直徑四呎左右、表面做工美麗的石幣。

塔恩甘提到如何記載這些笨重錢幣的所有權人：

沒有人不知道錢幣屬於誰，因為放在哪家旁邊，就是哪家的錢。有時錢幣會易主，可以易主的錢幣都放在跳舞的廣場上。由於每一次都是在首領或長老面前公開轉手，所有人都記得那是誰的錢。

福尼斯也記下曾聽當地驅魔算命師轉述，發生大石幣落海遺失的傳說事件。算命師告訴福尼斯，這枚巨大的石幣在幾個世代以前掉入海中不見了，雖然它的實體並不存在，沒有人看得見它，但擁有石幣的人依然持有石幣代表的金額。

有一些經濟學家將這一枚雅浦島石幣，當作原始社會存在法定貨幣的例子。但卓爾‧葛柏格（Dror Goldberg）在二〇〇五年的論文〈法定貨幣知名迷思〉（Famous Myths of Fiat Money）[38] 表示這枚石幣並非法定貨幣。這枚遺失石幣始終屬於那一家人，所以沒有交易的證據，而且石幣的價值由一群人共同決定，沒有法令依據。葛柏格認為，雅浦島石幣具有法律、歷史、宗教、藝術和情感價值，所以不是法定貨幣，可知原始社會使用法定貨幣的例子並不存在。

## ▶ 一九一三年：美國聯準會誕生

一九一三年美國通過《美國聯邦準備法》（Federal Reserve Act），催生了美國的中央銀行體系「美國聯邦準備理事會」（Fed-

---

38 https://www.scribd.com/document/149418119/Famous-Myths-of-Fiat-Money

eral Reserve System，簡稱聯準會）。法案由幾位深具影響力的商業銀行家起草，通過後僅聯準會能控制美國的貨幣價格及數量，而且聯準會受命盡可能提高就業率並確保物價穩定。聯準會跨足公部門和私部門，美國的大型私人銀行持有地區聯邦準備銀行的股份。附錄會詳細介紹美國聯準會。

另外，你會在金本位的章節讀到，在聯準會控制下，美元曾經維持金本位好一陣子。

### ▶ 一九九九年：歐元

一九九九年一月一日，歐元正式成為歐盟成員國的通用貨幣，使用國家包括：比利時、德國、西班牙、法國、愛爾蘭、義大利、盧森堡、荷蘭、奧地利、葡萄牙和芬蘭。歐元紙幣和歐元硬幣自二〇〇二年開始流通。目前，歐盟的二十八 * 個成員國中，有十九國以歐元為官方貨幣。另外，有六個非歐盟轄區和一些非主權國家以歐元為官方貨幣。

### ▶ 二〇〇九年：比特幣！

二〇〇九年一月三日，第一枚比特幣誕生了（或說被挖出來）。比特幣和貨幣有什麼關聯呢？我們之後會深入討論比特幣，不過比特幣一開始就有「加密貨幣」之稱，而且加密貨幣中有「貨幣」二字，不禁引人思考……這是一種錢嗎？比特幣具備貨幣的三大傳統功能

---

* 編按：自二〇二〇年二月一日起，因應英國脫歐，歐盟成員國由二十八個減至二十七個。

嗎？究竟什麼是錢？比特幣算一種錢嗎？

比特幣的定義是什麼？這是主管機關和政策制訂者在努力回答的問題。因為他們必須知道比特幣是否屬於他們的管轄範圍。我在想，要是比特幣一開始是被稱為「加密商品」或「加密資產」，情況可能就不同了。爭來吵去，結果比特幣很難被人硬歸入某個既定類別，或許比特幣和其他加密的東西其實是一種新型態的資產吧。

事實上，比特幣的定義對我們來說並不重要。如何定義金錢並不重要，比特幣是否滿足貨幣的條件也不重要。從某個角度看，比特幣擁有一些類似金錢的特質，但換個角度，比特幣又很像黃金這一類的商品。

「錢」人眼裡出西施。我們現在有這麼多不同類型的錢，各具些微不同的特色，利弊互見。比特幣和它的兄弟姊妹們的獨到之處，使其能與其他類別並駕齊驅。

## 夠好用的錢

我很喜歡「夠好用的錢」這個概念。如果你想使用的金錢足以幫你達成目的，那它就是還不錯的貨幣。舉例來說，有時我會向同事借現金買午餐，再用 Grab 點數還錢。

Grab 是類似 Uber 的亞洲在地叫車應用程式，也有以信用卡或簽帳卡儲值的錢包功能。點數以當地貨幣計價，可支付車資、轉贈他

人，或在某些商店購物。同事使用 Grab 的叫車服務，所以他們接受我還以 Grab 點數，我也覺得很好。因此在這個小金額使用情境，Grab 點數對我們來說就是「夠好用的錢」。但我不會用 Grab 點數去買房子，也不會有公司願意接受顧客以 Grab 點數支付大額款項。Grab 點數在這兩種情境就「不夠好」了。

看樣子，人們或公司會接受各式各樣的金錢，只要可以**進一步使用**就行，例如：可以支付計程車資、結清應付款項或為了長期增值儲蓄。

# 金本位

有些人提到金本位，以為金本位只有一種。但事實上，金本位制沒有唯一版本，而是細分成幾種不一樣的制度：

**一、金幣本位制**：錢幣以黃金鑄成，為了方便使用，特別規定重量及成色，並非任意的形狀、大小或重量，稱為**金幣本位制**（gold specie standard）。「Specie」是拉丁文，代表「真正的形式」。金幣金本位制屬於商品貨幣。

**二、金塊本位制**：所使用的鈔票（一張張的紙）可向發行人（通常是央行）贖回或兌換黃金——一般而言可贖回或兌換金塊（重量與成色符合標準的金條）。這種制度稱為**金塊本位制**（Gold bullion standard），屬於代表貨幣。

　　**三、金匯兌本位制**：發行人聲明貨幣與某數量的黃金等價，但不能用貨幣贖回黃金，代表貨幣與法定貨幣間的界線開始日漸模糊。

　　當人們談起金本位制，意思往往是鈔票代表特定數量黃金、可贖回黃金的金塊本位制。貨幣發行人（通常是央行）將貨幣釘住重量固定的純金或足金，告訴世人一單位的貨幣可以從金庫兌換出一定數量的黃金。這是我們先前談過的貨幣釘住機制，發行人的金庫裡必須要有與鈔票等值的黃金才能維持信用，承諾人民可用鈔票兌換黃金。若是不允許人民兌換黃金，那金庫裡有多少黃金，就不重要了。

　　幾個實施金本位制的國家之間匯率會有效掛鉤。理論上，你可以拿其中一種貨幣兌換黃金，再用黃金買下另一種「金本位」貨幣，而且可買數量已知。因此，釘住黃金的兌換率，決定了兩種貨幣之間的匯率。第一次世界大戰以前，美元和英鎊都是採取金本位制的貨幣，有效匯率為四・八六六五美元兌一英鎊。黃金的交易、儲存、運輸當然會有成本和風險，所以這是有議價空間的「有效」匯率，而非絕對匯率。

　　我們先來解釋術語，再舉例說明金本位制。黃金和銀子都是按重量衡量（想賣弄學問，也可以說質量），單位為格令（grain）和金衡盎司（troy ounce）。四百八十格令等於一金衡盎司，十二金衡盎司等於一金衡磅。換算成公制，一金衡盎司等於三十一・一〇公克，與「正常的」盎司相比約重百分之十（常衡盎司為二十八・三五公克）。俗話說積習難改，直到今天，人們仍以金衡盎司標示黃金和其他貴金屬的重量價格。

五公分刻度附近的迷你黃金圓片是一金衡谷的純金片
資料來源：維基百科 [39]

# 美國的金本位制

雖然很多國家都嘗試過釘住黃金，但美元的歷史最有趣。美國國會研究服務處出版的《美國金本位簡史》（Brief History of the Gold Standard in the United States）[40] 記載，美國曾經多次嘗試釘住黃金。可是，每段時期最後都以失敗收場。一起來看看是怎麼回事。

## ▶ 一七九二至一八三四年實施金銀複本位制
### （Bimetallic specie standard）：

政府鑄造標準金幣（十元鷹幣、二十五分鷹幣）和銀幣，同時並用。金幣和銀幣的兌換率是一比十五，一美元則分別對應一定重量的金幣和銀幣。但在全球市場上，黃金的價值略高於美國釘住的兌換

---

39 http://en.wikipedia.org/wiki/Grain_(unit)
40 https://fas.org/sgp/crs/misc/R41887.pdf

率，所以金幣逐漸從美國消失，從而使美國本土轉以使用銀幣為主。

## ▶ 一八三四至一八六二年銀幣從美國消失：

美國藉由稍微降低金幣成色，來將金銀兌換率調整為一比十六。現在，全球市場上的銀幣價值略高於美國的新兌換率，導致銀幣逐漸從美國消失，美國本土反而以使用成色較差的新金幣為主。外國市場有在交易你釘住的東西，就很難成功！

## ▶ 一八六二年內戰引發混亂，推行法定紙幣：

美國政府發行具法償效力的「美鈔」（greenback），但美鈔不能兌換黃金或銀子。美國開始脫離金屬本位制，朝法定紙幣的方向邁進。此時美元在市場上失去價值，人民持有一美元的意願，甚至低於持有二十三・二二谷黃金。

## ▶ 一八七九至一九三三年實施真正的金本位制：

一美元重新規定兌換大戰前的黃金水準（但不包含銀幣），每金衡盎司黃金可兌換二十・六七美元。美國財政部發行金幣和可轉換（可贖回）黃金的鈔票。現在美鈔又可以贖回黃金了。聯準會也在此一期間，於一九一三年成立。

請容許我離題一下，寫些有趣的事。這段時期，民粹主義在美國誕生，政治局勢艱難。事實上，有些人認為，法蘭克・包姆（L. Frank Baum）創作的《綠野仙蹤》（The Wonderful Wizard of Oz）巧妙諷刺政治局勢，以寓言針砭民粹主義和貨幣政策。例子俯拾即是，

黃磚路代表黃金，紅寶石拖鞋代表銀子，書中還提到有一個民粹主義者要求，以一比十六為兌換率，「無限制自由鑄造金幣和銀幣」。稻草人代表不如乍看之下那麼愚笨的農人，錫人代表工人，會飛的猴子代表平原印第安人，懦弱的獅子代表曾經參選總統的內布拉斯加民主黨國會議員威廉・詹寧斯・布萊恩（William Jennings Bryan）。巫師居住的翡翠城代表華盛頓特區。至於憑藉欺騙來得到力量的年老巫師，則是代表……你自己從華府挑個政治人物吧。現在，你能猜到奧茲國的英文「Oz」是什麼了嗎？沒錯，就是貴金屬的重量單位「盎司」。羅傑斯州立學院（Rogers State College）歷史教授昆汀・泰勒（Quentin P. Taylor）在讀來樂趣無窮的論文〈奧茲國的金錢與政治〉（Money and Politics in the Land of Oz）中 [41]，詳細討論了這些互為對應的人事物。

## ▶ 一九三四至一九七三年推行新政，真正的金本位制告終：

一九三四年美國通過《黃金儲備法》（Gold Reserve Act），將美元對黃金的比率從二十・六七兌換一金衡盎司，貶值到三十五美元兌換一金衡盎司，同時禁止國民直接兌換黃金。小羅斯福總統向國會表示：「沒有必要讓金幣自由流通。」他堅持「只有支付國際貿易差額」才必須動用黃金。大部分私下持有黃金的理由都遭《黃金儲備法》禁止，所以人民不得不將黃金賣給美國財政部。囤積金幣或金塊被查獲最高可處一萬美元罰鍰，可同時處以監禁刑罰。維基百科寫 [42]：

---

41 http://www.independent.org/publications/tir/article.asp?id=504
42 https://en.wikipedia.org/wiki/Gold_Reserve_Act

一年前的一九三三年，第六一〇二號行政命令規定，美國人民在世界上任何地方持有或是交易黃金，皆為觸犯刑法的行為，僅有某些珠寶和收藏幣不適用。相關禁令自一九六四年開始鬆綁——一九六四年四月二十四日，政府再度允許個別投資人持有金券，但是金券持有人無法要求承兌黃金。一九七五年，美國人民再度可以自由持有和交易黃金。

這種準金本位制，在一九四四年國際貨幣協定《布列敦森林協定》（Bretton Woods Agreement）通過後得以維持。之後我們會再詳說《布列敦森林協定》。

**一九七一年**：尼克森政府宣布，不再提供以三十五美元比一金衡盎司的官方兌換率自由兌換黃金，實質地終結了《布列敦森林協定》。

**一九七二年**：美元從三十五比一金衡盎司貶值到三十八比一金衡盎司。

**一九七三年**：美元從三十八比一金衡盎司貶值到四十二‧二二比一金衡盎司。

**一九七四年**：福特總統允許人民在美國本土再度私下持有黃金。

**一九七六年**：美國揚棄金本位制——美元成為純法定貨幣。

所以，雖然大家常把金本位掛在嘴邊，但務實一點吧：如果（一）人民不能用美元贖黃金、（二）兌換率一直變動，那就不是真正的金本位制。事實證明，縱使你可以把持有黃金的人關進監牢，實

施金本位制依然非常困難！

# 法定貨幣和內在價值

我常聽想認識比特幣價值何在的人說：「沒錯，可是比特幣沒有內在價值。」這句話對比特幣來說有失公允。美元、英鎊、歐元等法定貨幣也不具有內在價值。事實上，法定貨幣的其中一項特色就是本身不具內在價值。

這點很重要，值得再提一次：法定貨幣不具內在價值。

沒關係！歐洲中央銀行的網站[43]上寫道：

歐元鈔票和歐元硬幣是一種錢，銀行帳戶餘額也是。究竟什麼是錢？錢是怎麼創造出來的？歐洲中央銀行的角色又是什麼？

## 千變萬化的金錢本質

金錢的本質會隨著時間演變。早期人們通常使用商品貨幣——一種以具有市場價值之物打造的物品，例如金幣。之後，人們開始使用代表貨幣——亦即可以兌換特定數量的黃金或銀子的鈔票。現代經濟體系（包含歐元區）的基礎建立在法定貨幣上。這類貨幣具有法償效力，由中央銀行發行，但不像代表貨幣可以兌換某樣物品，例如固定重量的黃金。**法定貨幣不具內在價值，用來印製鈔票的紙張基本上毫無**

---

43 https://www.ecb.europa.eu/explainers/tell-me-more/html/what_is_money.en.html

**價值可言**。但人們仍然願意用法定貨幣交換物品及服務，這是因為人們相信中央銀行會讓貨幣價值保持穩定。若央行無法達成這項任務，人民將不再接受以法定貨幣為交易媒介，法定貨幣也會失去作為價值儲存工具的吸引力。

聖路易聯邦準備銀行在節目「金錢的功能──經濟內幕播客系列」（Functions of Money—The Economic Lowdown Podcast Series）第九集指出：

法定貨幣是不具內在價值的金錢，並不代表存放在某個金庫內的資產。其價值來自於發行貨幣的國家政府宣告貨幣具「法償效力」──因此是人們可以接受的支付工具。

所以下一次有人提到內在價值，你可以有耐心地向對方解釋內在價值不是重點。重點在於資產的「效用」，也就是資產的實用程度。這個嘛，法定貨幣很實用，你至少可以用法定貨幣繳稅給政府（結清款項）。放寬來說，法定貨幣具有法償效力，而且商家必須接受法定貨幣。

不繳稅要坐牢，甚至可能面臨更重的處罰。所以有些人認為，法定貨幣的背後有政府以暴力威脅撐腰。有些人則認為，法定貨幣的價值來自於人民對政府機構的信任和信心──這麼說有一點籠統，對吧？但至少有些道理，總好過加密貨幣最常被拿來說的「比特幣的價值來自數學」。這句話毫無道理可言。乍聽之下似乎很深奧，但我們應該要再深入思考它的意思。我們用數學原理來決定加密貨幣的交易能否通過驗證，也用數學原理來控制比特幣產生的速度，但數學不是

「支撐」比特幣價值的基礎；不像債券背後有公司支撐，美元背後有聯準會資產負債表上的資產支撐，或新創公司背後有創投業者支撐。

## 法定貨幣

當一種貨幣被宣布具有法償效力，即為法定貨幣。依照法規（法律），人民必須接受貨幣作為金融義務的清償機制，而且法定貨幣可用於繳納稅負。[44]

不是每一種紙幣或硬幣，在任何情況下，都具有法償效力。一般來說，貨幣的法償效力會在非母國司法管轄區外失效。舉個例子，某個身在英國的人可以拒絕對方用俄羅斯盧布還債。如果債主願意收盧布那就沒問題，但你不能強迫身在英國的人收下俄羅斯盧布。

除此之外，許多國家規定，不得強迫對方收下擾亂社會運作的零錢數量——具法償效力的貨幣必須符合特定規範。例如，新加坡二〇〇二年《貨幣法》（Currency Act）[45]規定，五分、十分、二十分硬幣加總超過兩元新幣，或五十分硬幣總額超過十元新幣，就不能強迫對方收下。一元新幣目前並無使用限制。但二〇一四年，新加坡發生數起個人或商家以大量零錢付款的事件，引發軒然大波。[46]之後，

---

44 我必須補充，完整定義還包括：在雙方同意下，私人交易可破例或另外規定。

45 https://sso.agc.gov.sg/Act/CA1967

46 例如：https://www.straitstimes.com/singapore/courts-crime/jover-chew-former-boss-of-mobile-air-jailed-33-months-for-conning-customers

政府修訂《貨幣法》的規定，將限制改成比較好記：每次交易每一種法定硬幣的面額上限都是十個。所以現在新加坡法律規定，付款人每次交易最多可使用十個五分硬幣、十個十分硬幣、十個五十分硬幣、十個一元硬幣，不得超出限額。

　　另外，新加坡和汶萊在一九六七年簽署《貨幣等值流通協定》（Currency Interchangeability Agreement），將汶萊幣定為「習慣貨幣」，可與新加坡幣一比一兌換使用。你可以在新加坡使用與新幣相同金額的汶萊幣買咖啡。兩國銀行都認定對方貨幣的幣面價值。[47]

　　在辛巴威這邊，商品主要以美元計價，公部門的交易主要也以美元進行。但辛巴威的法定貨幣包含：歐元、美元、英鎊、南非鍰、波札那普拉、澳幣、人民幣、日圓。辛巴威的本國貨幣辛巴威幣則被棄用（直到二〇一九重恢復發行辛巴威幣）。而且辛巴威幣版本眾多（有各式各樣的面額），從辛巴威的有趣案例可以認識到，哪些是幣制的大忌。這些令商店老闆一個頭兩個大的辛巴威幣，在貨幣經濟學家眼中可有意思了！

---

47 這項協定還滿有意思的，詳請參見：https://www.bullionstar.com/blogs/bullionstar/singapore-brunei-and-the-10000-banknote/

## 貨幣掛鉤

　　**貨幣掛鉤（釘住）**是指主政者公告兩種貨幣之間的兌換比率固定，並嘗試藉由平衡貨幣供需來維持固定匯率。假如人民認為你釘住的匯率不合供需，就會出現黑市，以更符合人們心中匯率的價格交易貨幣。

　　要如何做到維持釘住匯率呢？首先是祭出威脅。你要公告固定匯率，然後告訴人民不按照匯率兌換會受處罰，有可能是罰鍰、監禁或更可怕的處罰方式。此外你還要展現可信度，同時想辦法防止黑市出現。可信度建立在手中持有兩種貨幣，而且數量足以應付交易者的兌換量。

　　舉個例子，假設你是國王，你宣布一顆蘋果固定兌換一顆柳橙。某一年，不知怎麼大家都很想吃蘋果，蘋果的需求超過柳橙的需求，所以大家可能會用兩顆柳橙去兌換一顆蘋果。但你宣布兌換比率是固定的，所以大家會來找你，用他們不想要的柳橙，要求一比一兌換蘋果。為了維持固定兌換率，你必須要有很多蘋果發給大家；如果你沒有很多蘋果，就會出現你控制不到的黑市。黑市裡的人不把你釘住的兌換率看在眼裡，開始用好幾顆柳橙換一顆蘋果。此時你準備的蘋果數量，至少要跟市面流通的柳橙一樣多。

　　反過來看，假如大家很想吃柳橙，那你就必須要有很多柳橙發給大家，然後你會收到（沒人要的）蘋果。

　　由此可知，當你想要拚命維持某種固定匯率，手上的蘋果數量

必須跟市面流通的柳橙一樣多，或手上的柳橙數量必須跟市面流通的蘋果一樣多。拿法定貨幣來說，你必須持有被釘住的貨幣，其數量要能做到依固定匯率，百分之百支撐本國法定貨幣。這種制度稱為「聯繫匯率制」。

雖然央行可以自由鑄造法定貨幣，用大量發行法幣來防止本國貨幣升值，將本國貨幣的價值維持在一定範圍，但防止本國貨幣貶值卻很困難，因為為了拉抬本國貨幣，央行會需要更多外國貨幣來買回本國貨幣。

基本上，當年喬治・索羅斯（George Soros）就是這樣讓英格蘭銀行破產的──他的銀彈數量比銀行還多。

## ▶ 喬治・索羅斯與英格蘭銀行的故事

羅欣・塔爾（Rohin Dhar）在網站 priceonomics.com[48] 鉅細靡遺地寫下這個故事：一九九〇年十月，英格蘭銀行加入歐洲匯率機制（European Exchange Rate Mechanism），努力將德國馬克和英鎊的匯率維持在二・七八至三・一三馬克兌一英鎊。一九九二年，大家發現英鎊價值顯然被嚴重高估，連最低的二・七八馬克兌一英鎊都太貴了，英鎊的實際價值比這更低。

一九九二年九月的前幾個月，索羅斯透過一手創辦的量子基金（Quantum Fund）向他認識的每一個人借入大量英鎊，賣給願意買

---

48 https://priceonomics.com/the-trade-of-the-century-when-george-soros-broke/

下的人。這種先借入資產出售，再以低價買回資產，還給借方的操作手法稱為「做空」。《大西洋月刊》[49]的一篇文章指出，索羅斯建立了價值十五億英鎊的空頭部位。

九月十五日星期二當晚，量子基金加碼售出更多英鎊，將空頭部位從十五億英鎊擴大到一百億英鎊，趁英格蘭銀行不在市場活動的時段推波助瀾，導致英鎊一夕之間接連貶值。

隔天早上，英格蘭銀行不得不買進英鎊，想辦法促使英鎊升值並維持在英格蘭銀行釘住的匯率。但英格蘭銀行拿什麼買英鎊呢？答案是準備金（外匯存底或借入款）。英格蘭銀行宣布舉債一百五十億來買英鎊。索羅斯早已對準英格蘭銀行創造的需求，準備了充足的銀彈……他用邊緣策略（brinkmanship）逼迫英格蘭銀行就範。英格蘭銀行分批買進十億英鎊，將短期利率提高兩個百分點，讓索羅斯的借款成本提高（別忘了，索羅斯借入英鎊來賣，必須付利息給借他英鎊的人）。可惜為時已晚，市場沒有反應，英鎊價格並未因此拉升。當天晚間七點半，英格蘭銀行被迫退出歐洲匯率機制，讓英鎊自由浮動。接下來的一個月，英鎊價格從二‧七八馬克貶值到二‧四〇馬克兌一英鎊。那個關鍵的星期三被稱為黑色星期三，索羅斯成為讓英格蘭銀行破產的人，史上留名。

---

49 https://www.theatlantic.com/business/archive/2010/06/go-for-the-jugular/57696/

## ▶ 《布列敦森林協定》

布列敦森林會議的焦點在貨幣掛鉤制度。一九四四年七月一日，二次世界大戰期間，來自四十四個國家的代表在美國新罕布夏州的布列敦森林開會二十一天，討論如何將商業與金融關係正常化。

結論是實施一種類似國際金本位的制度，由美元釘住三十五美元兌換一金衡盎司的固定匯率，再由其他國家貨幣釘住美元（有百分之一的議價空間），兌換美元後可向美國財政部贖回黃金。國際貨幣基金會（International Monetary Fund）和國際復興開發銀行（International Bank for Reconstruction and Development）成立（最後成為世界銀行的一部分）。當時一般美國人民還禁止持有非珠寶類的黃金。

在布列敦森林會議召開前的一九三一年，英國、多數大英國協國家（加拿大除外）和許多國家，已經揚棄金本位制。《布列敦森林協定》代表世界各國重返某種金本位制度。

《布列敦森林協定》運作並不順利。各國貨幣經常對美元和黃金貶值。舉例來說，一九四九年，英國讓英鎊貶值大約百分之三十，從四‧三〇美元降到二‧八〇美元兌一英鎊，其他國家也連番仿效。

一九七一年，美國取消美元兌換黃金的做法，《布列敦森林協定》至此瓦解。當時適逢美國的黃金存底大幅減少，其他國家又大量兌換美元，所以美國再也維持不了黃金兌換機制。

# 量化寬鬆

人們經常在談到法定貨幣時提到量化寬鬆（Quantitative Easing，簡稱 QE），說量化寬鬆就是「印鈔票」。但事情沒那麼簡單。QE 是一種委婉說法，指貨幣發行機關（通常是央行）提高法定貨幣的流通量，來達到提振萎靡經濟的目的。有些人怕多出來的錢會「稀釋」現存貨幣價值，擔心無法維繫法幣體系。

用「印鈔票」來形容 QE 非常不恰當。請想一想，如果央行真的印出鈔票來，實體鈔票也好，數位貨幣也罷，央行要把鈔票給誰呢？怎麼給？

既然如此，那要如何進行 QE？首先，央行會在次級市場，向商業銀行、資產經理人、避險基金等私部門購入資產，購入標的通常是債券。這些是已經發行的債券，在金融市場供市場參與者買進賣出。在央行的思維裡，私部門的資產大致分成兩類：金錢與非金錢（其他金融資產）。某種程度上，央行可以向私部門買進金融資產，來提高貨幣供給；或是將金融資產賣給私部門，以減少貨幣供給，達到控制私部門的資產餘額。

為何以債券為標的？因為央行持有安全資產令人民安心，一般認為債券是安全資產（至少比其他金融工具安全）。債券的價值會受利率影響，央行也可以從這方面著手，在一定限度內控制債券價格。

央行可以向誰買債券？絕對不是直接向你或我來購買，因為我們沒有能跟央行直接交易的關係。下一章節會提到，央行會和稱為

「清算銀行」的特殊商業銀行往來。他們在央行有「準備金帳戶」。央行向清算銀行買債券，並提高清算銀行的準備金帳戶餘額，創造新錢，完成款項支付。清算銀行也可以當作橋樑，替債券持有人將債券賣給央行。

央行進行 QE 時會先買入公認風險最低的政府債券（美國國庫券等）。買完再轉向風險次高的債券（例如公司債）。發展到最後，央行的資產負債表上，會出現許多有風險的債券，造成問題。可別忘了，在資產負債表上，現在是這些債券在「支撐」貨幣價值。

QE 會引發兩種疑慮：

一、倘若過度 QE，私部門遊盪資金增加，貨幣價值會下降。這對儲蓄人來說並非好事一樁，也有可能引發通貨膨脹（雖然我們目前還未見到這種情況）。

二、央行持有價值可能降低的風險性金融資產。若資產價值下跌，央行的資產負債表會受影響。

可以看見，從最近一次全球金融危機發生後，QE 對央行資產負債表影響甚劇：

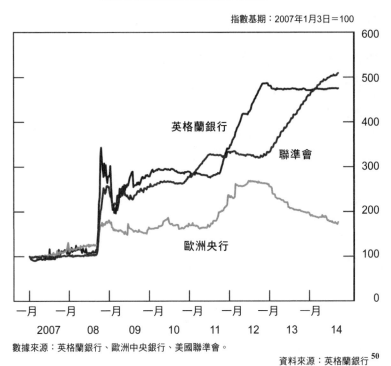

近期央行資產負債表成長情形

指數基期：2007年1月3日＝100

英格蘭銀行

聯準會

歐洲央行

數據來源：英格蘭銀行、歐洲中央銀行、美國聯準會。

資料來源：英格蘭銀行[50]

## 小結

　　金錢史上充滿了失敗案例。通貨膨脹、價值稀釋、降低成色、剪角、重新鑄幣、鑄造價值愈來愈低的新代幣，這些事情一再發生。金錢史似乎圍繞在一個主軸上，就是不論金錢形式為何，都會因為被

---

50 https://www.bankofengland.co.uk/-/media/boe/files/ccbs/resources/understanding-the-central-bank-
　　balance-sheet.pdf

人們降低成色或發行過量而削減價值，一直削減到某個程度，接著發生改革。

貨幣貶值率似乎提高了，最近一次貶值發生在政府嘗試 QE。除非貨幣背後有百分之百的準備金支撐，否則很難維持掛鉤。即使有時成功，也終將失敗收場。

法幣是貨幣的最佳形式嗎？法幣的基礎在人民對現今政府全然信任，這種形式的貨幣會永遠存在嗎？誰知道呢？有些人相信，加密貨幣為貨幣制度帶來新挑戰。政策制訂者的態度從忽視加密貨幣，到改口稱加密貨幣不威脅經濟穩定，再轉變到開始討論加密貨幣的潛在威脅。國際清算銀行（Bank of International Settlements）在二〇一八年六月公布《國際清算銀行年度經濟報告》（BIS Annual Economic Report）[51]，其中一章寫道：

金融體系的穩定面臨第三次比先前更長期的挑戰。廣泛使用加密貨幣以及有關的自我執行金融產品是否會引發新的金融弱點和系統性風險，仍有待觀察。我們必須密切監督相關發展。

雖然現在我們可說擁有前所未見的優良工具和科技，但江山易改本性難移，人類依然會想盡辦法獲取和維護自身的權力與財富。而這麼做，往往會使人類犯下和前人相同的錯誤。

---

51 https://www.bis.org/publ/arpdf/ar2018e5.pdf

# 2

Digital Money

# 數位貨幣

現在的人運用數位貨幣，但數位貨幣究竟如何清償債務？這個問題值得我們深入研究。我因為職業的關係接觸過各式各樣的人，有剛畢業的大學生，也有打著領帶在銀行或管理顧問公司上班、擁有豐富經驗的專業人士，但我幾乎沒有碰過誰真正了解付款流程，也沒有誰能說清楚金錢在金融體系如何移動。

# 銀行間如何付款？

銀行經常互相付款，有時是因為客戶要求銀行代替他們付錢，有時是因為銀行要付錢給另一間銀行，好完成交易或借貸活動。我們在這裡要討論的是客戶想付款給另一個人、對方和另一間銀行往來的銀行間付款流程。

沒有透過第三方中間機構，直接支付現金的**實體**付款，很容易理解。我們稱這種直接交付現金的方式為「點對點」付款，沒有中間人，你不必要求第三方處理或付款給第三方，也沒有別人可以中止交易。現金付款不怕會被審查。如果要查驗真偽，收錢者對鈔票或硬幣的獨一無二（不是偽幣）深具信心──你不相信是真鈔，那就不該收下，交易便不會完成。此外，付款人顯然沒有把錢花掉（否則對方不

會有錢付給你），他們也不能再拿這筆現金去同時付給別人（實體現金不可能同時出現在兩個地方）。整個過程非常符合直覺。

一旦進入數位世界，情況就變得有些複雜。數位資產很容易遭人複製。你不能像付實體現金那樣，把數位資產（如檔案）當作款項付給別人。你是可以這麼做，但對方不會認定你的數位資產具有價值，因為他們無法得知資產是否獨一無二。他們無法確定你是否會在發送之後把檔案刪除，也無法得知你是否曾經或將會把同一份檔案，傳送給其他人。[1] 這是發生在數位資產上的「雙重支付」問題。

維基百科這樣描述雙重支付 [2]：

……數位現金機制有潛在瑕疵，同一個數位代幣可能多次用來支付款項。原因是數位代幣由可能被複製或假造的檔案所組成。

數位貨幣世界的解決辦法是找一個獨立的第三方簿記機構來記錄款項。這些機構受法規監管，你可以相信，他們會記錄正確的帳務資訊並遵守特定規範。舉例來說，你相信 PayPal 不會憑空捏造 PayPal 幣，因為每一筆 PayPal 餘額都要有相對應的銀行餘額佐證，你相信監管機關會克盡職責，在 PayPal 亂搞的時候，讓他們關門大吉。你也相信，當你指示銀行付款，帳戶扣除金額會等於對方帳戶收到的金額（當然，要扣除手續費）。

---

1　這讓我想到，電影裡的大壞蛋會把一份資料賣給別的壞蛋（可能是一份特勤人員的名單），並向對方保證全世界只有這一份。反派角色似乎非常容易相信別人。

2　https://en.wikipedia.org/wiki/Double-spending

所以，不論哪種形式的數位資產，你都需要有信賴的簿記機構，替你記錄誰持有哪些資產、誰遵守明瞭可信賴的規則。簿記機構通常持有主管機關發出的執照，證明他們是可以信賴的機構，讓你更相信他們會依照特定標準運作。

現在，讓我們來看一看，數位貨幣的位元組和借貸轉移機制，如何讓金錢在兩個人之間即時移動。

數位貨幣如何從一個銀行帳戶轉移到另一個銀行帳戶？當愛麗絲想要付十元給鮑伯，愛麗絲的銀行只要從她的帳戶扣除十元，並請鮑伯的銀行在他的帳戶增加十元，這麼簡單嗎？在那之後，兩家銀行如何結清這筆十元款項？

事情沒那麼簡單。讓我們一起檢視以下情境，逐步建立觀念：
**一、同一間銀行**
**二、不同銀行**
**三、跨境（相同貨幣）**
**四、外匯**

# 同一間銀行

如果愛麗絲想要付十元給鮑伯，他們有同一間銀行的帳戶，事情就相當直截明瞭。愛麗絲指示銀行付款，接著銀行調整雙方的帳戶紀錄，從愛麗絲的戶頭扣除十元，並在鮑伯的戶頭增加十元。在銀行術語裡，這類單純在帳戶間互相轉帳，沒有現金匯入或匯出銀行的轉

帳模式，稱為「內部轉帳」（book transfer）。

　　請想像銀行管理一張超大的試算表，上面有一行寫著帳戶持有人的名字，另一行寫著帳戶餘額。銀行從屬於愛麗絲的那一列扣除十元，加到屬於鮑伯的那一列資料。我把這次內部轉帳稱為「－10／＋10」交易。這筆會計分錄純粹發生在銀行內部，所以我們可以說這次交易是「行內帳戶間金流清算」或「行內結算」作業。

**轉帳前**

| 銀行 | |
|---|---|
| 愛麗絲 | $100 |
| 鮑伯 | $100 |

**轉帳後**

| 銀行 | |
|---|---|
| 愛麗絲 | $90 |
| 鮑伯 | $110 |

**內部轉帳**

　　要知道，客戶存放在帳戶裡的錢是銀行的**負債**：當你登入網路銀行，看見戶頭裡有一百元，表示銀行欠你一百元，必須在你臨櫃或從提款機要求領出時付款，或在你指示及授權銀行轉帳時，將錢付給咖啡店、超市或朋友。

　　所以，從你的角度來看，放在帳戶裡的錢是你的資產；但從銀行的角度來看，放在帳戶裡的錢是「未清負債」。在銀行資產負債表

上（記錄資產和負債的地方），交易紀錄看起來類似下面這樣：

**轉帳前**

| 銀行 | | | |
|---|---|---|---|
| 資產 | | 負債 | |
| | | 愛麗絲 | $100 |
| | | 鮑伯 | $100 |

**轉帳後**

| 銀行 | | | |
|---|---|---|---|
| 資產 | | 負債 | |
| | | 愛麗絲 | $90 |
| | | 鮑伯 | $110 |

**銀行將客戶帳戶記錄為負債**

　　銀行內部的客戶間轉帳並不會用到資產負債表的資產欄位，但我們稍後記錄其他交易資訊會用到。

## 不同間銀行

　　現在愛麗絲想要付十元給鮑伯，他們的往來銀行不一樣，但這筆交易使用相同貨幣，而且發生在同一國家境內。愛麗絲指示 A 銀行從戶頭扣除十元，付到鮑伯在 B 銀行的戶頭。在銀行術語裡，愛麗絲是「付款人」，鮑伯是「受款人」。

A 銀行從愛麗絲的餘額扣十元，B 銀行在鮑伯的餘額加十元。

### 轉帳前

| A 銀行 | | | |
|---|---|---|---|
| 資產 | | 負債 | |
| | | 愛麗絲 | $100 |
| | | | |

| B 銀行 | | | |
|---|---|---|---|
| 資產 | | 負債 | |
| | | 鮑伯 | $100 |
| | | | |

### 轉帳後

| A 銀行 | | | |
|---|---|---|---|
| 資產 | | 負債 | |
| | | 愛麗絲 | $90 |
| | | | |

| B 銀行 | | | |
|---|---|---|---|
| 資產 | | 負債 | |
| | | 鮑伯 | $110 |
| | | | |

愛麗絲付款給鮑伯

## ◎ 問題

雖然客戶順利完成轉帳，但你有沒有看出銀行之間的問題？

A 銀行現在少欠愛麗絲十元，從中得到好處；但 B 銀行現在多欠鮑伯十元，權益受損了。所以故事不可能到此結束，這樣 B 銀行會抓狂！

## ▶ 解決辦法

愛麗絲的付款要求必須透過銀行間轉帳來平衡損益：A 銀行付 B 銀行十元，把客戶轉帳款項打平，完成這一次端對端付款。

銀行間付款如何運作？ A 銀行大可把一堆鈔票裝進貨車載運到

B 銀行，結清兩間銀行的款項：

- A 銀行欠愛麗絲的款項減十元，把十元鈔票付給 B 銀行。
- B 銀行欠鮑伯的款項增十元，從 A 銀行收到十元鈔票。

**轉帳前**

| A 銀行 | | | | B 銀行 | | | |
|---|---|---|---|---|---|---|---|
| 資產 | | 負債 | | 資產 | | 負債 | |
| 鈔票 | $10,000 | 愛麗絲 | $100 | 鈔票 | $10,000 | 鮑伯 | $100 |
| | | | | | | | |

**轉帳後**

| A 銀行 | | | | B 銀行 | | | |
|---|---|---|---|---|---|---|---|
| 資產 | | 負債 | | 資產 | | 負債 | |
| 鈔票 | $9,990 | 愛麗絲 | $90 | 鈔票 | $10,010 | 鮑伯 | $110 |
| | | | | | | | |

但在多數國家，銀行並不需要把一捆捆鈔票裝進貨車，只要透過數位作業，即可完成跨行轉帳。

銀行間主要有兩種數位付款方式：使用**通匯銀行帳戶**或**央行支付系統**。

# 通匯銀行帳戶

如果你要成立新公司，第一件事就是開一個可以收錢、付款的銀行戶頭。

銀行也一樣。如果你要成立新銀行，你還是需要有銀行戶頭，才能進行數位付款。

「通匯銀行帳戶」是行話，指銀行在同業開設的戶頭，也稱「同業帳戶」（nostro account；其中拉丁文 nostro 代表「我們的」，所以 nostro account 意思是「我們的帳戶」）。透過這些帳戶進行的活動，稱為「通匯銀行業務」。

在你的新銀行資產負債表這邊，新銀行放在同業帳戶裡的儲蓄會列入資產，相當於個人放在銀行戶頭的存款；在你開戶的通匯銀行那邊，這筆資金則是列入負債，相當於個人銀行將私人存款列入銀行負債。

**新銀行**

| 銀行 | | | |
|---|---|---|---|
| 存款 | £10,000 | | |
| | | | |

**大銀行**

| 銀行 | | | |
|---|---|---|---|
| | | 新銀行 | £10,000 |
| | | | |

我放在大銀行同業帳戶的存款

通匯銀行業務僅止於銀行之間的帳戶往來

　　如果你用 Google 搜尋銀行名稱以及「通匯銀行」，可能會找到一份該間銀行持有的外幣帳戶清單。舉例來說，以下是澳洲聯邦銀行（Commonwealth Bank of Australia）的通匯銀行帳戶：[3]

業務　>　國際業務　>　跨境付款　>　通匯銀行

## 通匯銀行

欲從海外收取款項，您可能必須提供澳洲聯邦銀行設有帳戶的同業詳細資訊。澳洲聯邦銀行的通匯銀行帳戶名稱與相關細項內容詳列於下：

| 貨幣名稱 | 貨幣代碼 | 澳洲聯邦銀行通匯銀行 | 通匯銀行 SWIFT 代碼 |
|---|---|---|---|
| 美元 | USD | 紐約梅隆銀行紐約分行 | IRVTUS3N |
| 歐元 | EUR | 法國興業銀行巴黎分行 | SOGEFRPP |
| 英鎊 | GBP | 國家西敏寺銀行倫敦分行 | NWBKGK2L |
| 紐西蘭幣 | NZD | 奧克蘭儲蓄銀行奧克蘭分行 | ASBBNZ2A |
| 加幣 | CAD | 加拿大皇家銀行多倫多分行 | ROYCCAT2 |

　　可以從清單中看見，澳洲聯邦銀行在紐約梅隆銀行（Bank of New York Mellon）開設美元帳戶，並在法國興業銀行（Societe Generale）開設歐元帳戶。SWIFT 代碼是每一間銀行的身分識別碼。

　　好，回到我們的例子。假如 A 銀行在 B 銀行設有帳戶，A 銀行就可以指示 B 銀行從帳戶轉十元到鮑伯的戶頭：

---

3　https://www.commbank.com.au/business/international/international-payments/correspondent-banks.html，
　資料擷取日期：二〇一八年二月二十五日。

**轉帳前**

| A 銀行 | | | |
|---|---|---|---|
| 資產 | | 負債 | |
| | | 愛麗絲 | $100 |
| B 銀行帳戶 | $10,000 | | |

| B 銀行 | | | |
|---|---|---|---|
| 資產 | | 負債 | |
| | | 鮑伯 | $100 |
| | | A 銀行 | $10,000 |

**轉帳後**

| A 銀行 | | | |
|---|---|---|---|
| 資產 | | 負債 | |
| | | 愛麗絲 | $90 |
| B 銀行帳戶 | $9,990 | | |

| B 銀行 | | | |
|---|---|---|---|
| 資產 | | 負債 | |
| | | 鮑伯 | $110 |
| | | A 銀行 | $9,990 |

A 銀行利用同業帳戶付款

如此一來，兩間銀行的帳就結清了：

- A 銀行欠愛麗絲的款項減十元，A 銀行在 B 銀行的帳戶存款少十元。
- B 銀行欠鮑伯的款項增十元，欠 A 銀行的款項減十元。

雖然通匯銀行帳戶能讓付款活動順利進行，但這些帳戶也替銀行帶來一些阻礙。想像一下，如果你是銀行的經營者，你要在客戶可能轉帳的每一間銀行設立帳戶，那麼只要有一名客戶想要轉帳到其他往來銀行就要設立帳戶，你得在全世界每一間銀行開個戶頭。這可是銀行作業的惡夢。

**惡夢**

| A 銀行 | | |
|---|---|---|
| 資產 | | 負債 |
| B 銀行帳戶 | $ 10,000 | |
| C 銀行帳戶 | $ 10,000 | |
| D 銀行帳戶 | $ 10,000 | |
| …… | $ 10,000 | |
| XX 銀行帳戶 | $ 10,000 | |

通匯銀行業務的問題

而且這種做法很花錢。你得預先設想客戶會要求轉帳給各家銀行，所以每間銀行的帳戶餘額都要是正數。我們知道，把錢放在活期帳戶不會孳生多少利息，你寧願把錢投資在其他地方。再說，錢放戶頭也有風險！要是其中一間通匯銀行破產了呢？你的錢就損失掉了。

透過央行帳戶轉帳會是比較有效率的做法。

# 央行帳戶

中央銀行的其中一項功能就是讓司法管轄區內的銀行不必互相設立帳戶，也能透過電子化作業完成解款。概念是由央行為所屬貨幣區域內的各間銀行服務，轄區內的銀行只需在中央銀行設立帳戶，就能互相付款，而不必在轄區內的其他銀行統統設立帳戶。放在中央銀行的錢稱為「準備金」。

中央銀行：銀行的銀行

| 中央銀行 | | | |
|---|---|---|---|
| 資產 | | 負債 | |
| | | A 銀行 | $10,000 |
| | | B 銀行 | $10,000 |
| | | C 銀行 | $10,000 |

每一間銀行都在央行設立帳戶

| A 銀行 | |
|---|---|
| 資產 | |
| 準備金 | $10,000 |
| | |

| B 銀行 | |
|---|---|
| 資產 | |
| 準備金 | $10,000 |
| | |

| C 銀行 | |
|---|---|
| 資產 | |
| 準備金 | $10,000 |
| | |

　　銀行可以在中央銀行針對各種目的設立不同的帳戶，就像你可以準備好幾個存錢筒，有的存買房基金，有的存度假基金，有的存買車基金、結婚基金、急用金等。在這裡，我們關心的是銀行用來付錢給同業的帳戶。

　　管理這些紀錄的制度稱為「銀行間清算系統」，大致分為兩種：
・定時淨額清算系統（Deferred Net Settlement）
・即時總額清算系統（Real Time Gross Settlement）

### ▶ 定時淨額清算

採用定時淨額清算系統，代表銀行間的付款會累積到某個期限，之後才一次結清，例如每日結清。期限到達時往來款項互相「扣抵」，僅由欠款方支付一筆未清餘額。舉例來說，一整天下來 A 銀行會累積好幾筆要付給 B 銀行的款項，B 銀行也會累積好幾筆要付給 A 銀行的款項。當日交易款項金額會在每天結束時各自加總，A、B 銀行的欠款總額互相扣抵後，由欠款方支付一筆款項，可能是 A 銀行付款給 B 銀行，也有可能是 B 銀行付款給 A 銀行。

定時淨額清算能讓銀行有效運用資金。銀行只需要預估某段期間的資本流入和流出，預留一筆扣抵後的資金流出預估淨額即可。你的個人每月開支也是同樣的道理。你要預留的款項，等於次月開支「扣除」該期間的預期收入（例如薪水）。

但在這段期間信用風險會升高，要是預估資本流入沒有實現，或發生最糟糕的情況銀行中途破產，可就不妙了。假如某間銀行無法履行義務，導致受款行無法支付款項，甚至有可能會引發系統性衝擊。必須要有儘量不干擾其他參與者運作的機制才行。

### ▶ 即時總額清算系統

採用即時總額清算系統，代表央行帳本的「－ $10 ／＋ $10」在客戶指示支付款項時每日「即時」調整。每筆款項單獨結算，不會在累積後整批結算，也不會和其他款項「扣抵」。所以稱為「總額清算」，與「淨額清算」不同。

在過去，許多央行都採行定時淨額清算機制，但現在大部分的央行會同時以某種即時總額清算機制立刻結算客戶要求支付的款項，現在客戶也比較希望款項能即時支付。這些銀行至少會在營業時間執行即時總額清算系統，有很多套系統已經可以二十四小時全年無休運作了（至少小額交易可以辦到）。缺點是銀行為了確保每筆交易即時結清，必須預留較多資金。

好，回到我們的例子。如果愛麗絲和鮑伯的銀行都採取即時總額清算制，怎麼結清愛麗絲付給鮑伯的款項？

A 銀行和 B 銀行都使用中央銀行的即時總額清算系統，央行會從 A 銀行的帳戶扣除款項，並將款項加入 B 銀行的帳戶，完成「－$10 ／＋$10」。如此一來兩間銀行的帳就打平了。以行話來說，中央銀行「結清」（clear）這筆交易。各家銀行為了結清交易而在央行設立的戶頭有時稱為「結算帳戶」。

**轉帳前**

| 中央銀行 | | | |
|---|---|---|---|
| 資產 | | 負債 | |
| | | A 銀行 | $10,000 |
| | | B 銀行 | $10,000 |

| A 銀行 | | | |
|---|---|---|---|
| 資產 | | 負債 | |
| 準備金 | $10,000 | 愛麗絲 | $100 |
| | | | |

| B 銀行 | | | |
|---|---|---|---|
| 資產 | | 負債 | |
| 準備金 | $10,000 | 鮑伯 | $100 |
| | | | |

**轉帳後**

| 中央銀行 | |
|---|---|
| 資產 | 負債 |
| | A 銀行 | $9,990 |
| | B 銀行 | $10,010 |

| A 銀行 | | | |
|---|---|---|---|
| 資產 | | 負債 | |
| 準備金 | $9,990 | 愛麗絲 | $90 |
| | | | |

| B 銀行 | | | |
|---|---|---|---|
| 資產 | | 負債 | |
| 準備金 | $10,010 | 鮑伯 | $110 |
| | | | |

以即時總額清算系統進行跨行付款

現在，讓我們來回顧一下（別忘了，在我們的例子當中只有一種貨幣）：

- 如果客戶的往來銀行是同一間，由銀行結清交易。
- 如果兩間銀行互相設有「通匯銀行帳戶」，則是由收款銀行結清交易。
- 如果採取中央銀行的即時總額結算或定時淨額結算系統，由中央銀行結清交易。

## ▶ Clearing（結清／清算）

不同情境下的「clearing」有不同的意思。在剛才的例子裡，clearing 代表結清「－ $10 ／＋ $10」交易的款項，千萬不要和證券交易裡的 clearing（結算）搞混了，兩者意義不同。

在證券交易的情境中，假設有兩方要買賣股票，雙方在證券交易所達成一筆交易，此時雙方進行買賣和交換電子現金，不會直接交換真正的現金和實體股票，而是由「集中結算對手」代為清算。實際上，達成交易協議後的 A 和 B，都是和集中結算對手 C 結清帳目。

集中結算對手 C 是雙方的合法交易對手。當 A 從 B 那裡買進股票，A 要把現金或資金交給 C[4]，B 要把股票交給 C[5]。C 從兩邊收到正確的款項和股票，再重新分配資金和股票，將股票交給 A、資金交給 B。如此一來，便能消除 A 與 B 互相交易存在的信用風險——A 和 B 之間不再有信用風險，信用風險現在只存在於 A 和 C、B 和 C 之間；A 和 B 之所以信任對手 C，道理就在這，至少，他們對 C 的信任程度，大於對另一交易方的信任程度。

## ▶ 清算銀行

回到付款的話題，在某些國家，僅特定幾間銀行在央行設有帳戶，稱為「清算銀行」（clearing banks）。前面討論過，這些銀行可由中央銀行結清付款。規模較小的銀行、在當地設分行的外國銀行，由於無法直接從央行結算款項，必須在清算銀行開戶。清算銀行可透過這層特殊身分，向其他銀行收費。

我們可以畫一張樹狀圖用來呈現銀行間的階層關係。最上層是中央銀行，下一層是清算銀行，最下面是沒有央行戶頭的小銀行（或

---

4　確切來說是 C 的受託現金。
5　確切來說是 C 的受託資產。

是非清算銀行）。小型銀行、外國銀行由清算銀行結清款項，就如同清算銀行由央行結清款項，曉得清算銀行可在他們需要付款時，請央行結清。

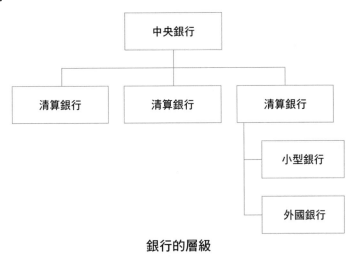

**銀行的層級**

　　不同司法管轄區的運作方式不同。舉例來說，英國的即時總額清算系統「清算所自動支付系統」（Clearing House Automated Payments System）層級劃分嚴謹，僅有少數銀行可在英國央行「英格蘭銀行」設立帳戶；[6] 而在香港，轄區內的所有持牌銀行都要在香港央行「香港金融管理局」（Hong Kong Monetary Authority）開戶。[7]

---

6　截至二〇一八年五月十九日為止，共二十九間銀行設有帳戶，參見：https://www.bankofengland.co.uk/payment-and-settlement/chaps，不過數目還會改變，英格蘭銀行會開放讓更多銀行使用他們的支付系統。

7　截至二〇一八年四月三十日，共一百五十四間銀行設有帳戶，參見：https://www.hkicl.com.hk/eng/information_centre/clearing_members_participants_list.php

　　雖然中央銀行集中管理帳本，比每一間銀行管理一堆其他銀行帳戶（同業帳戶）來得有效率許多，但這套系統僅適用單一司法管轄區和同種貨幣。因此儘管經濟高度發展的先進國家都有一套即時總額清算系統或定時淨額清算系統，來負責結清國內銀行間的本國貨幣計價款項，卻沒有世界統一的「中央銀行」[8]——不論「世界銀行」（World Bank）名字聽來多有抱負、多冠冕堂皇，它都不是世界的中央銀行。

## 跨境付款

　　什麼是跨境付款？跨境付款其實有兩種主要形式。

　　第一種是**單一貨幣**跨境付款。收款人從付款人處收到同一種貨幣。例如，某人將美元匯給位於其他國家的另一人，接著對方收到這筆美元匯款，表示美元款項**離開**或**回到**本國貨幣區域（此處指美國），或是在非本國貨幣區域的**兩個國家之間流通**（例如在英國和新加坡之間移動）。

　　第二種是涉及**外幣**的跨境轉帳，付款人和收款人使用不同貨幣。例如，付款人將英鎊從英國的英鎊帳戶匯出，收款人在新加坡的新幣帳戶餘額增加。

---

8　其實有一個名為「國際清算銀行」的機構，身分類似中央銀行的中央銀行，但國際清算銀行僅處理國與國之間涉及主權的款項，例如戰後賠償（戰敗國賠償戰勝國在戰爭期間的損失），不負責處理私部門衍生的商業款項。

接下來我們要分別探討這兩種概念。你會了解，貨幣通常不會離開本國貨幣區域。

我們已經知道，沒有所謂的世界中央銀行去結清國際商業款項，所以只能透過效率較差的通匯銀行業務系統，由銀行自行管理其他銀行的帳戶。

## ▶ 單一貨幣跨境轉帳

你是否想過，你的銀行為什麼能替你開設外幣活期存款帳戶，處理來自銀行本身沒有持牌的轄區的貨幣？銀行如何辦到？它要如何收款、付款？

你可能已經猜到了。答案就是：銀行在貨幣發行國的持牌銀行，設立通匯銀行帳戶。例如，某間新加坡銀行沒有英國執照，想要讓本行客戶持有英鎊，就必須在英國的主要銀行（最好是清算銀行）設立英鎊計價帳戶（同業帳戶），當作處理客戶持有英鎊的大型帳戶（稱為「綜合」帳戶）。

| 新加坡銀行 | | | |
|---|---|---|---|
| 資產 | | 負債 | |
| 英國銀行帳戶 | £600 | 愛麗絲 | £200 |
| | | 鮑伯 | £400 |

| B 銀行 | | | |
|---|---|---|---|
| 資產 | | 負債 | |
| | | 新加坡銀行 | £600 |
| | | | |

請注意：這些是新加坡銀行的英鎊帳戶外幣帳戶。

所以，假如新加坡某間銀行的客戶愛麗絲（另一位愛麗絲）登

入銀行網頁，看見她在新加坡往來銀行的英鎊戶頭有兩百元，實際上
這兩百英鎊存放在新加坡銀行在某間英國銀行設立的戶頭，跟那間新
加坡銀行的其他客戶持有的英鎊存放在一起。愛麗絲以為錢在她的新
加坡銀行，其實錢在英國銀行那裡。新加坡銀行讓她看見的，只是他
們代表所有英鎊客戶持有的一部分英鎊。

### ▶ 將英鎊從英國轉帳到新加坡

　　現在來看看，如果愛麗絲的英國朋友鮑伯（另一位鮑伯）想把
十英鎊轉到愛麗絲在新加坡銀行的英鎊帳戶，銀行業務怎麼運作？我
們假設，鮑伯往來的英國銀行，與愛麗絲的新加坡銀行設有通匯銀行
帳戶的英國銀行不是同一間。

**轉帳前**

| 英格蘭銀行 | | | |
|---|---|---|---|
| 資產 | | 負債 | |
| | | 英國銀行 | £10,000 |
| | | 鮑伯的銀行 | £10,000 |

| 愛麗絲的新加坡銀行 | | | |
|---|---|---|---|
| 資產 | | 負債 | |
| 英國銀行帳戶 | £600 | 愛麗絲 | £200 |
| | | | |

| 英國銀行 | | | |
|---|---|---|---|
| 資產 | | 負債 | |
| 準備金 | £10,000 | 新加坡銀行 | £600 |
| | | | |

| 鮑伯的英國銀行 | | | |
|---|---|---|---|
| 資產 | | 負債 | |
| 準備金 | £10,000 | 鮑伯 | £500 |
| | | | |

**轉帳後**

| 英格蘭銀行 | | | |
|---|---|---|---|
| 資產 | | 負債 | |
| | | 英國銀行 | £10,010 |
| | | 鮑伯的銀行 | £9,990 |

| 愛麗絲的新加坡銀行 | | | |
|---|---|---|---|
| 資產 | | 負債 | |
| 英國銀行帳戶 | £610 | 愛麗絲 | £210 |
| | | | |

| 英國銀行 | | | |
|---|---|---|---|
| 資產 | | 負債 | |
| 準備金 | £10,010 | 新加坡銀行 | £610 |
| | | | |

| 鮑伯的英國銀行 | | | |
|---|---|---|---|
| 資產 | | 負債 | |
| 準備金 | £9,990 | 鮑伯 | £490 |
| | | | |

**鮑伯從在英國銀行的英鎊帳戶，轉十英鎊到愛麗絲在新加坡銀行的英鎊帳戶。**

　　愛麗絲在新加坡收到鮑伯轉來的英鎊，實際上，這筆錢是從英格蘭銀行的即時總額清算系統，轉到那間新加坡銀行在英國通匯銀行設立的同業帳戶。英鎊並沒有跨國流通……錢還在英國境內，只是持有者改變。

　　銀行（尤其是大型銀行）會在其他司法管轄區設立持有當地執照的分行。這些銀行會優先在分行設立同業帳戶。例如，美國的花旗銀行在英國設立子銀行「花旗銀行倫敦分行」[9]，這是一間位於英國的清算銀行。花旗銀行會以倫敦分行的帳戶作為同業帳戶。假如愛麗絲和鮑伯在花旗銀行開英鎊戶頭，帳戶內的資金其實是放在花旗銀行

倫敦分行。情形如下：

**世界各地的銀行通常以子銀行作為通匯銀行**

| 花旗銀行（美國銀行） | | | | 花旗銀行倫敦分行（英國銀行） | | | |
|---|---|---|---|---|---|---|---|
| 資產 | | 負債 | | 資產 | | 負債 | |
| 英國子銀行 | £600 | 愛麗絲 | £200 | | | 美國母行 | £600 |
| | | 鮑伯 | £400 | | | | |

這是其中一間銀行位於流通貨幣所屬國家時的帳本紀錄

### ▶ 從英國匯美元到新加坡

我們看完其中一間銀行設在本國貨幣區域時該如何移動貨幣了，但假如兩間銀行都不在本國貨幣區域呢？例如，位於英國的鮑伯，想要付十美元給位於新加坡的愛麗絲。這時該怎麼辦？

鮑伯和愛麗絲各自在自己國家內的銀行有美元「外幣戶」。由於兩間銀行都沒有美國的執照，這兩間銀行必須在美國的通匯銀行分別設立同業帳戶。兩間銀行在同一間通匯銀行設立帳戶的情況最單純，只需由通匯銀行在兩間銀行的同業帳戶「－10／＋10」，完成作帳即可結清。

如果銀行的美元同業帳戶設在**不同的通匯銀行**，那麼這筆美元轉帳將由美國的中央銀行「聯準會」結清。我們先前討論過，聯準

---

9 請注意：分行和子銀行不一樣。分行是在國內營運的外國銀行（未在當地設籍），子銀行是在當地設籍的子公司，母行為外國公司。雖然容易令人誤解，但「花旗銀行倫敦分行」其實是花旗銀行的子銀行，並非花旗銀行的分行。名稱內的「倫敦分行」應該有其歷史淵源。

會會記錄通匯銀行之間這筆「－10／＋10」的金額流動。

注意，美元是在美國移動，並不是在英國或新加坡移動。（電子）貨幣依然存放在本身所屬的國家！[10]

幸好愛麗絲和鮑伯的銀行在美元清算銀行設有同業帳戶（這些清算銀行在央行有帳戶），情況因此簡單得多。有時候，小型銀行或由法規較鬆散地區發給執照的銀行，可能無法和國外轄區的主要銀行建立業務關係——在大型清算銀行的眼中，與小型銀行建立和維持高度信任的工作往來，不但費時費力，還要準備一大堆文件和承擔風險。被大銀行認為風險較高的銀行，必須在風險評等較好的當地銀行設立帳戶，當地銀行可以在美國小型銀行設立通匯銀行帳戶，這間小型銀行則在美國的主要清算銀行有帳戶……

這樣一來付款時間就會被拖延，作業比較不透明、風險增加，而且會衍生各種手續費。在實務上，則衍生出「金融排斥」（financial exclusion）的問題。有些小銀行和所屬地區局勢較不穩定的金融機構被實際排除在主要金融體系外，對這些機構的發展、機構客戶的業務成長、當地其他經濟活動，都非常不利。

這類金融排斥的情況愈來愈多。舉個例子。二〇一五年，世界銀行曾經調查一百一十間銀行監管機構、二十間大型銀行、一百七十間小型或地區銀行，[11] 發現約半數調查對象的通匯銀行業務往來減

---

10 如果是實體現金，當然可以跨國移動。

11 http://pubdocs.worldbank.org/en/953551457638381169/remittances-GRWG-Corazza-De-risking-Presentation-Jan2016.pdf

少，直接削弱銀行的外匯交易處理能力。在同樣列為調查對象的金錢
轉讓交易商（Money Transfer Operator；非銀行）之中，金錢轉讓交
易商有百分之二十八的委託人和百分之四十五的代理人無法繼續使
用銀行服務。其中，百分之二十五無法繼續營運，百分之七十五必須
另尋外幣交易管道。

大型銀行持續主動關閉外國銀行設立的同業帳戶，尤其是來自
風險評等較差轄區的銀行。大型銀行表示，如果他們替這些銀行開設
同業帳戶，可能會被用於或涉及非法和不道德的活動，招來連帶罰款
或信譽受損的風險。

這也影響到加密貨幣產業。二〇一五年有傳聞指出，美國大銀
行威脅小型銀行，要是小型銀行繼續和比特幣交易所有業務往來，大
型銀行會和它們中止合作。這麼做美其名為「去風險化」，卻將最需
要服務的對象排除在外。大型經濟體的外圍建起了護城河，阻擋小型
經濟體，使其無法蓬勃發展。我最喜歡的財經專欄作家麥特・萊文
（Matt Levine），曾經在他的彭博社專欄《金錢這玩意兒》（Money
Stuff）針對大銀行威脅切割與加密貨幣交易所往來的銀行寫下意見[12]：

他們擔心，摩根大通（JPMorgan）替其他銀行匯款，其他銀行
可能替比特幣交易所匯款，比特幣交易所可能替毒販匯款。從法律的
角度來看，摩根大通可能也算販毒生意的一環。

---

12 https://www.bloomberg.com/view/articles/2017-04-27/fund-conflicts-and-tax-napkins

　　我有時會思考銀行和航空公司之間的類比：毒販利用銀行搬錢，銀行會有連帶責任；倘若毒販是提著一袋現金上飛機，卻不會有人認為航空公司該負責。

　　但這樣講還是太籠統了。實際上，就像一名計程車司機搭乘聯合航空的班機，從紐約飛到邁阿密。他在邁阿密開車接了一名船東，把船東載到碼頭，然後船東把好幾袋現金運給毒販，而你認定聯合航空有罪。

　　銀行和某甲往來，某甲和某乙往來，某乙和犯罪的某丙往來。因為這樣處罰銀行，你會扼殺非常多的合法金融交易。

### ▶ 「歐洲」貨幣

　　現實總是比理論更複雜，尤其是牽涉到銀行業務。貨幣有可能在非本國區域或非本國司法管轄區被製造出來，也有可能存在於那些地方。歐洲美元、歐洲歐元、歐洲英鎊，這一類的「歐洲貨幣」（Euro-currencies）就是例子。貨幣英文名稱前面冠上「Euro」，典故來自歐洲地區。其中，有幾點需要釐清：

- 不等於**歐元（€）**。
- 不等於外匯交易用語裡的「**歐元／美元**」，此時是指歐元和美元的兌換率。

　　歐洲貨幣的「歐洲」表示貨幣存在於發行國境外。最早是因為，銀行在美國境外（歐洲）創造出第　批美元貸款，產生「歐洲美元」，所以有了這樣的用語。繼歐洲美元之後，又有了歐洲英鎊、歐

洲歐元，分別代表存在於美國境外的美元、存在於英國境外的英鎊，以及存在於歐元區境外的歐元。

歐洲貨幣是怎麼創造出來的？當銀行在貨幣發行國境外，以該國貨幣貸款給其他人（例如英國銀行發放美元貸款），就會產生存在於貨幣發行國境外的貨幣（即美國境外的美元存款）。這是可以允許的做法，也是正常的商業活動（其實很普遍），但金融界會因此變得複雜。更何況，每一個國家都希望掌握本國貨幣在世界各國流通的情形。在這種情況下，貨幣發行國的央行沒有辦法直接掌控所有的本國貨幣。

我要趁機破除一個常見的迷思。許多人以為銀行是把甲客戶的錢拿去借給乙客戶。這樣思考銀行業務太草率，會得出錯誤的結論。銀行是透過核發貸款後衍生的存款，來「創造」金錢。這筆新存款是一筆新的錢，有時被稱為「鋼筆貨幣」（fountain pen money），因為以前銀行人員常用鋼筆簽核貸款文件。你向銀行申請無擔保貸款，銀行會把存款放進你的戶頭（銀行總負債增加），並在他們的資產負債表上增列一筆貸款（銀行總資產增加）。新錢創造出來了，不是從另一名存款人「借來」的錢。英格蘭銀行在研究報告〈現代經濟貨幣創造〉（Money creation in the modern economy）解釋了這個過程 [13]。

---

13 https://www.bankofengland.co.uk/quarterly-bulletin/2014/q1/money-creation-in-the-modern-economy

## 外匯

現在我們討論過單一貨幣付款流程,也就是以同一種貨幣計價的跨境付款活動,那外匯呢?如果愛麗絲想把英鎊帳戶裡的英鎊,以美元的形式匯入鮑伯的美元帳戶呢?

貨幣不會被銀行「變成」另一種貨幣。英鎊再怎樣都不會變成美元,就像一品脫牛奶不可能變成一升啤酒,銀錠也不可能變成金錠。一英鎊不是一・二美元。一英鎊的價值更不會「完全等於」一・二美元。英鎊和美元是完全不一樣的資產,資產和貨幣都不可能,也不會像變魔術那樣,變成另外一種資產或貨幣。你一定要找到願意收下貨幣並給你另一種貨幣的第三方。

不,英鎊不會像變魔術那樣變成美元。

你必須找到可以換錢的人。

　　付款活動涉及兩種貨幣時，要有某個地方的某個人擔任第三方，從你那裡收下一些貨幣，再換成另外一些貨幣。愛麗絲支付英鎊，變成鮑伯帳戶裡的美元，可由愛麗絲的銀行擔任兌換人。此時，愛麗絲的銀行會從愛麗絲的帳戶扣掉匯出英鎊，並將美元貸入鮑伯的銀行；也可以由鮑伯的銀行擔任兌換人，此時鮑伯的銀行會收下愛麗絲的銀行轉來的英鎊，將美元貸入鮑伯的帳戶。另外，愛麗絲也可以透過特定第三方，由 TransferWise 這類金錢轉讓交易商替她轉帳。TransferWise 和其他類似的金錢轉讓交易商在許多國家的銀行設有當地貨幣帳戶。金錢轉讓交易商收到愛麗絲轉入倫敦英鎊帳戶的英鎊，接著指示位於紐約的往來銀行，從美元帳戶轉美元到鮑伯的戶頭。TransferWise 持有的英鎊增加、美元減少，這樣的貨幣餘額更動，連帶改變了 TransferWise 承受的外匯波動風險——表示貨幣之間的相對價值改變。TransferWise 會希望有人反過來匯另一種貨幣，打平資產負債表，維持原先的風險概況。TransferWise 也有可能試著把多餘的英鎊賣給其他代理商，將英鎊換成美元。

**選項一：由愛麗絲（匯出方）的銀行換匯，銀行扣除愛麗絲的英鎊，將美元貸入鮑伯帳戶。**

**轉帳前**

| 英國銀行 | | | |
|---|---|---|---|
| 資產 | | 負債 | |
| | | 愛麗絲 | £200 |
| 美國同業帳戶 | $10,000 | | |

| 美國銀行 | | | |
|---|---|---|---|
| 資產 | | 負債 | |
| | | 鮑伯 | $500 |
| | | 英國銀行 | $10,000 |

**轉帳後**

| 英國銀行 | | | |
|---|---|---|---|
| 資產 | | 負債 | |
| | | 愛麗絲 | £100 |
| 美國同業帳戶 | $9,800 | | |

| 美國銀行 | | | |
|---|---|---|---|
| 資產 | | 負債 | |
| | | 鮑伯 | $620 |
| | | 英國銀行 | $9,880 |

**選項二：由鮑伯（收款方）的銀行換匯，銀行收下英鎊，將美元貸入鮑伯帳戶。**

**轉帳前**

| 英國銀行 | | | |
|---|---|---|---|
| 資產 | | 負債 | |
| | | 愛麗絲 | £200 |
| | | 美國銀行 | £10,000 |

| 美國銀行 | | | |
|---|---|---|---|
| 資產 | | 負債 | |
| | | 鮑伯 | $500 |
| 英國同業帳戶 | £10,000 | | |

**轉帳後**

| 英國銀行 | | | |
|---|---|---|---|
| 資產 | | 負債 | |
| | | 愛麗絲 | £100 |
| | | 美國銀行 | £10,100 |

| 美國銀行 | | | |
|---|---|---|---|
| 資產 | | 負債 | |
| | | 鮑伯 | $620 |
| 英國同業帳戶 | £10,100 | | |

選項三：由第三方（如 **TransferWise**）換匯，第三方收下愛麗絲的英鎊，
將美元匯入鮑伯帳戶。

### 轉帳前

| 英國銀行 | | |
|---|---|---|
| 資產 | 負債 | |
| | 愛麗絲 | £200 |
| | TransferWise | £10,000 |

| 美國銀行 | | |
|---|---|---|
| 資產 | 負債 | |
| | 鮑伯 | $500 |
| | TransferWise | $10,000 |

| TransferWise | | |
|---|---|---|
| 資產 | 負債 | |
| 英國同業帳戶 | £10,000 | |
| 美國同業帳戶 | $10,000 | |

### 轉帳後

| 英國銀行 | | |
|---|---|---|
| 資產 | 負債 | |
| | 愛麗絲 | £100 |
| | TransferWise | £10,100 |

| 美國銀行 | | |
|---|---|---|
| 資產 | 負債 | |
| | 鮑伯 | $620 |
| | TransferWise | $9,880 |

| TransferWise | | |
|---|---|---|
| 資產 | 負債 | |
| 英國同業帳戶 | £10,100 | |
| 美國同業帳戶 | $9,880 | |

跨境外匯交易

# 電子錢包

近年來，數位錢包愈來愈受歡迎，產業版圖持續快速演進。數位錢包一般是手機應用程式，用戶可以在上面開戶，然後利用信用卡、簽帳卡、銀行轉帳、實體現金付款（通常是在便利商店把錢繳給代理商）等方式，為錢包儲值。用戶將錢轉給電子錢包商，會看見錢包裡的可用餘額增加。錢包商提供各項服務，這些錢有的具備暫時價值儲存功能，有的可以轉給其他用戶，有的可以用來繳錢、繳稅、購票、在五花八門的商店購物、在收銀臺付錢買食品雜貨，甚至可以用來繳超速罰單。很多錢包商會提供一組與數位錢包連動的「虛擬」信用卡或簽帳卡號，無法申請信用卡或簽帳卡的用戶，可在接受這些卡片的地方，以此功能付款，甚至還能從自動提款機提領現金。

在美國，廣受歡迎的數位錢包有 PayPal、Venmo（隸屬於 PayPal 公司）、星巴克應用程式。印度的數位錢包龍頭公司有 Paytm 和 Oxigen。另外，印尼共乘應用程式 GoJek 旗下的 GoPay 不僅在印尼本國享有高人氣，也開始在其他東南亞國家流行起來；東南亞最大的共乘應用程式 Grab，本身也推出錢包功能。中國則有非常多人使用支付寶和微信支付，來儲存價值和付款。這些錢包的用戶成長率非常驚人——光是支付寶一家，就有超過五億名註冊用戶和一億名每日活躍用戶。

電子錢包的開發先驅其實是早就提供通話儲值功能的電信公司。這一小步，成就了另一種形式的數位貨幣，用戶可以用法定貨幣來計價，將錢儲存在電信公司的錢包（不以「分鐘數」計算）。而且電信

公司還把錢包設計在用戶可能購買的產品上（你還記得嗎？有電信公司曾經推出品牌冠名手持電話機）。但電信公司採取「圍牆花園」（walled garden）*的策略，導致無法保住早期打下的江山，整體而言，數位錢包的第一波發展並不成功。

今天的電子錢包來源管道包括懂得將通話時間與錢包結合的私人公司（如 PayTM）、享有高人氣和經營規模的共乘公司（如 Grab、GoJek），以及從社群訊息應用程式起家，其後加入付款功能的公司（如微信）。

這些公司在不同的司法管轄區營運，持有不同的營業執照。不同轄區許可的持照經營名稱不一樣，有的是電子貨幣執照，有的是資金撥付執照，有的是儲值卡執照、匯兌執照、錢包執照、轉帳執照……諸如此類，比銀行業務執照更加容易取得，但許可活動範圍較窄。在大部分的司法管轄區，取得電子錢包執照的業者通常禁止涉足貸款業務或金錢創造活動，這是借貸業者和銀行的專屬營運範疇。用戶在應用程式上看到的每一分錢，都要有業者在銀行戶頭存放的等比現金去支撐。

電子錢包的付款功能很容易理解。錢包商會在銀行開設專戶存放用戶的錢。這個戶頭禁止用於替公司收款或支付薪資等經營活動。用戶在錢包儲值後，錢會轉入專戶。同一錢包商的客戶彼此轉帳，專戶裡面放的錢不會變動，但錢包商會在帳本上調整兩名客戶

---

* 譯按：walled garden，圍牆花園：一種限制用戶存取特定內容或服務的封閉平臺。

的借出貸入金額（－10／＋10）。客戶從戶頭提錢出來，錢包商會把等值金額匯入客戶的銀行戶頭。錢包商的客戶不一定是個人。商人、預約制私人計程車、公用事業公司和公部門機構，都是電子錢包的常客。在某些國家，電子錢包更是一種便利的常用繳費方式。

電子錢包著重提供優質的顧客體驗，應運而起，引起銀行業者的擔憂。在某些司法管轄區，銀行業者在客戶心目中的重要性逐漸流失，付款活動的相關數據和利潤也被蠶食鯨吞。電子錢包擋在客戶和銀行中間，成為一種趨勢。

在歐洲，經營最成功的挑戰者銀行「Revolut」持有的是電子錢包執照，所以嚴格來說 Revolut 並非銀行業者。儘管如此，Revolut 跨足付款、儲蓄、保險、年金、貸款和投資等包羅萬象的業務，它是一間直接面對客戶的前端公司，由持照供應商為客戶提供服務。面對這種靈活變通的經營策略，傳統的持照銀行未來走向將會如何？令人玩味。

銀行面臨艱難的決定：究竟該挽回客戶，透過改善顧客體驗來提升重要性？抑或退居幕後專心經營，成為效率極高的金融業務管道？不論走向如何，只要經營得當，都是行得通的模式。

# 3

Cryptography

密碼學

# 密碼學

現在請大家深呼吸。想要真正了解比特幣和加密貨幣，而不只是認識一點在派對上聊聊的皮毛知識，我們必須從數學領域「密碼學」學習幾點概念。我們預設講到加密貨幣的章節時，讀者已經熟悉這一章所要討論的概念。

這一章很有趣，千萬別跳過。加密技術的特別之處在於，你可以像間諜那樣，只讓特定對象解讀傳送過去的機密訊息。在這一章裡，我們會介紹加密、解密（訊息的編碼和解碼）、雜湊（hash；將資料轉成指紋摘要）和數位簽章（訊息建立或核可的證據）。

但**不是只有**間諜、罪犯、恐怖分子會用到密碼學。現在密碼學已廣泛應用於保護網路上流傳的資料。「https」裡的「s」是「安全」（secure）的縮寫，表示有密碼技術保證，你正在造訪的不是假網站。此外，你和網站的傳輸資料經過加密（或隨機堆疊），別人無法輕易窺探裝置和存取網站之間傳送的訊息。

# 加密與解密

　　雖然密碼學的使用場合很多，不是只有對機密訊息進行加密和解密，但既然加密是最多人知道的密碼學的應用，我們就從加密開始講起吧。區塊鏈並非全部經過加密，但認識加密技術能打下好基礎，帶我們進一步認識區塊鏈裡**運用極廣**的密碼學。

　　**加密**是將可閱讀的人類**明文訊息**轉換成雜亂堆疊又難以解讀的冗長**密文**。一旦訊息經過加密，即使被人攔截竊取，對方也無法解讀意思。**解密**是將難以解讀的**密文**還原成可閱讀的**明文**。「破解」密文是指，想出如何在沒有「金鑰」（參見下方解說）的情況下解密。

　　假設愛麗絲想傳一則訊息給鮑伯，只有鮑伯能讀訊息（我們每次都用愛麗絲和鮑伯當範例名稱，稍後你就理解原因了）。愛麗絲和鮑伯要先同意採取哪一種加密機制。這裡就用一種非常簡單的加密策略好了：把每一個英文字母都往後移動一定的順位。愛麗絲和鮑伯達成共識，用「＋1」當作「金鑰」，把字母改寫成下一順位的英文字母。如此一來，A變成B，B變成C，C變成D，照樣類推。這叫「凱薩密碼」（Caesar cipher）。

　　愛麗絲寫下明文訊息「Let's meet, Bob」（鮑伯，見個面吧）。
　　愛麗絲用下一個順位的英文字母取代原先的字母，完成訊息加密，形成「Mfu't nffu, Cpc」。
　　愛麗絲將密文傳送給鮑伯。

　　鮑伯往前回推一個字母解讀密文，重新寫成明文「Let's meet, Bob」（鮑伯，見個面吧）。

　　在這個例子裡，加密和解密過程使用同一把金鑰（＋1），所以這是一種「對稱式」加密技術。

　　目前現實生活中已經沒有人採用這種加密方式。首先，只要進行字母頻率分析，就很容易看穿和破解密文。而且，更重要的一點在於，愛麗絲和鮑伯必須事先溝通金鑰形式，同意使用「＋1」當作密碼金鑰。他們要如何確定，討論時沒有被人窺探？

　　或許愛麗絲和鮑伯可以親自見面討論金鑰，但假如愛麗絲和鮑伯懷疑在見面或對話過程中遭人窺探，要如何避開窺探重新討論，決定改用新的金鑰？

　　現代人使用的裝置經常連接上新網站，若同意與網站以交換對稱金鑰的方式，完成初始「交握」（handshake），裝置和網站的資料傳輸存在弱點，有心竊取資料的人只要偷看首次資料傳輸內容，就能解讀後續對話中的機密資訊。之後我們會討論非對稱式加密技術。非對稱式加密才是常用加密技術。

　　加密技術和區塊鏈的關聯為何？兩者關係其實不大。許多記者和管理顧問講到加密區塊鏈時，都把第一代區塊鏈技術未採用的資料加密技術[1]，與區塊鏈在雜湊和數位簽章上，廣泛運用的密碼技術混為一談。這點之後詳說。

　　比特幣網絡並沒有預設為加密網絡。複製明文交易資料，傳給整個社群，讓每一個人都可以閱讀和驗證資訊，才是重點。[2]

不過，比特幣網絡會在密碼雜湊過程，廣泛採用其他類型的密碼機制（例如，下面討論的公開金鑰加密）。

## 公開金鑰加密

前面介紹過的凱薩密碼屬於對稱式加密機制，訊息的加密和解密使用同一把金鑰。在公開金鑰加密機制中，加密和解密用的是不一樣的金鑰（但有數學關聯性）。公開金鑰加密屬於非對稱式加密，訊息的加密和解密使用**不同金鑰**，比較安全。

當你想要透過非對稱式加密機制接收訊息時，你要打造**兩把**有數學關聯性的金鑰：一把公開金鑰，一把私密金鑰，合稱「金鑰對」。你可以把**公開金鑰**發給全世界，每個擁有金鑰的人都能透過它，產生要傳送給你的加密訊息。你使用只有自己知道的**私密金鑰**解密。每一個用公開金鑰傳加密訊息給你的人，都知道**只有你**可以解密。

我們討論過，若各種通訊管道都被竊聽或監看，採用對稱式加密很難完成開頭的金鑰共享步驟。你很難保證和朋友交換密鑰，不會把密鑰洩漏給竊取者。採用公開金鑰加密是把公開金鑰散布給所有人，被竊取者看見也沒關係。等朋友把加密訊息傳給你，因為只有你

---

1　有一些新的區塊鏈平臺會增加「隱私層」，將加密資料廣播至一大群受眾或子集，持有解密金鑰才能解密。

2　審定註：這是一個非常重要的觀念：比特幣的區塊僅儲存交易的雜湊碼，而非交易的內容明細；就因為交易資料採明文方式儲存，故能達到公開透明的目的。

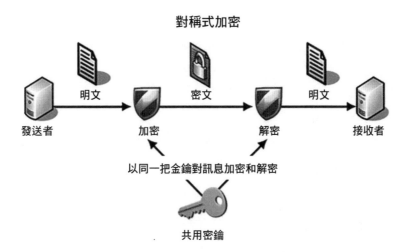

對稱式加密

發送者 → 明文 → 加密 → 密文 → 解密 → 明文 → 接收者

以同一把金鑰對訊息加密和解密

共用密鑰

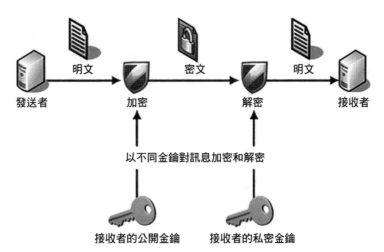

非對稱式加密

發送者 → 明文 → 加密 → 密文 → 解密 → 明文 → 接收者

以不同金鑰對訊息加密和解密

接收者的公開金鑰    接收者的私密金鑰

資料來源：沙知・摩尼（Sachi Mani）的部落格 [3]

3  https://sachi73blog.wordpress.com/2013/11/21/symmetric-encryption-vs-asymmetric-encryption/

擁有私密金鑰,所以能解密的人就只有你。就算竊取者取得加密訊息,也會因為沒有私密金鑰,而無法順利解密。對稱式加密機制的缺點大幅改善了,這個系統實在很棒,因為你們再也不必討論共享金鑰或共同金鑰。

金鑰長什麼樣子呢?組成金鑰的機制有好幾種。一九九〇年代開發的優良保密協定(Pretty Good Privacy,簡稱 PGP),最初用於電子郵件這類訊息的加密、解密和數位簽章程序。由於這套機制非常強大,美國政府擔憂濫用,便把技術歸類為軍需品的輔助軍事設備,誰要膽敢把這套技術從美國傳出去,就會吃不了兜著走。PGP 創始人菲爾·齊默曼(Phil Zimmermann)為此想出一個辦法。就是將原始碼寫成精裝書,利用美國憲法《第一修正案》(First Amendment)對出版品的保障,將內容傳播到美國境外。[4] 這件事,讓美國政府和對隱私保障懷抱熱情的人士(他們關心得很有道理)氣氛劍拔弩張。想深入了解這個故事的讀者,我推薦大家閱讀史蒂芬·李維(Steven Levy)的著作《密碼》(Crypto)。書中詳細記錄了 PGP 的歷史和密碼技術演進。

回到公開金鑰和私密金鑰的話題。我下載了遵循 OpenPGP 標準的免費開放原始碼工具「GPG 套件」[5],並用這套工具打造一組全新的金鑰對。這組公開金鑰和私密金鑰的樣子如下:

---

4　https://en.wikipedia.org/wiki/Pretty_Good_Privacy

5　https://gpgtools.org

-----BEGIN PGP PUBLIC KEY BLOCK-----

mQINBFrPqNgBEACtXSKabvi7Tecyk1BLSPBcafGjpht-JD+OIiA47yzo4NBRKB8o
+q8IHSxHy9dxJXpBMxkXqgaIwUc1aaR0AMccqbeqWS0MYroB5qteCC5ithnAyTh-
3BaNkAuWLgFOte4QgJ+Jql8VF+c1hpYxmITgPwYr++rCp/h4DAuSIKO4I1arc8BSTcP/
foZjV1zgDrE0EV9IrX/iNWU3S9Y3DVoDFTe4TInS6ar0t4TLo9TqZtPSpLLzgc-TR4C
00jZ0CcCj4AjXAv8zTdswDLsFuL7khf6xYzFh4ZohmHM3qaXqnyHAfuwUh2LdE2a
8bzjahu9hHuLr8mD7jTyP715G2u92ODHKD05HD2mBBlglhLR2cz0d-C6p4MyTX7
Fju93PHuvpdDxIxNTwWEWUDYrUDGGD9TzgSoaaSiyxr4dbTeinaGeGF1TRRtFS
OSuMacXkdipt8gwdgZ7OcSvjhDXqPWHjZnmukisk60YK/zsdxBFSviIM0GJ7f/JyBJ
UJEtzJY0sFxWoUtbwHV4MW7u8rCfc74keKfolwleUhtwFr3rd2RQw-7nAgRoOvEX
Z46Ir/+QNII4sxafHnG7J8LR5w5B+Lk-JGUs9ILq48APEsXyiCp9CntychzgHsYIQda
Jb-G84kcJx84Ujg2hbwD1W5k+0CCtdhzhXwLP+7MJb1t/8Z8BtnguxTwARAQABtC
RBbnRvbnkgTGV3aXMg-PGFudG9ueWxd2IzQGdtYWlsLmNvbT6JAIQEEwEIAD-
4WIQTQh5ifhrStiPdOmBZyTnh3vakkFgUCWs+o2AIbAwUJB4YfgAULCQgHAgYV
CAkKCwIEFgIDAQIeAQIXgAAKCRByTnh3vakkFgsMD/9Chi/7I16nIhIQwIF90juFd+
+mGGBabwI7rUmhykhn9P3B7FriBGBK5kViLfjDIIJxAPm5anqLiia2SCBhqRXgAOk
Ds1UCmSr0QPGoVTjcoMpznretSB5yzJU6NZUvoL2m6f2XIyt7/Hx2xZQPCZD3F4Y
CqG7BqFvbC3Ih7PR5mSNPiyW0siIKF3b7CuqSSZe3kA6N92hJz42yfpFdahq0gXg
ZaRHzoIy- oFAfxpIUTASq37VP8oyNWIBZI46pasGPZZemz8DGcNp09vrxC3Fnpcb
gCzmzQFaJ0rpPtpV2m2pTSg2au/HdQRc7/ZVJVkAgAboURUAEzB41SXuGAt9txB
81ebM-0bgG7/hphVerfrZRiQ/ae9xfCms+Q/LgIVXM/4+MqrvMkxD98Bx1J9NhSk3Y
bt7CyLGUr95S/ctwH0H8SdN+gz+82TGa1TSbZdqPw9HXmwXNFa9d2dcNMGRp+
5Dx2fW1RGo4IFyIPFThz9re0psUxt2SGaWOqf-9bg2HxvckGNx1JOKPdvNC96bEO
BV6vINs1jSAC6SBakQBsh71czmfzMG32Kvn15nckdJ3pWIXRkk1iB/aXEQAEHvCt
oJVYqBgFIRohwcRjZjkxywh8ToRrq6T2rqyBTTWU8dq3CJ0yMT1vZoYqeioC+bFJzt
Esu+oG9T-4toergRkO2LeJrkCDQRaz6jYARAA1038+djsObvbWS4O5OKK2z0xeVZ
Z37NRGfN1orTKnNgN+YWbo5Ii0eK8AhxEYOs/J8nTo7iSPo6COyOxo54+ku0tAhBj
SR4ExAKO+4fzXM/34+nMRQKt8OImHhJsv+vg7IpIr/hEQ3np9QsaMLMS8PfhF62X
cyGqJ8burAFp13pg4oPckAw8n9fHDS9e+BGGU6ks+B6c6YcG1wH+vfFP7YswG0
afvo59YKFPyxUan9OJ4hJLDIConWpsS5QTgMmGHUDDTJMXjAZMuPK9v1HIL744-
-Iuabi+rIX7eKflifu5zTSim2O65n-2MWa8esmPqgIIL2OR9COQtxhrSPrjANDVxGP0Wet
Lwq27kWAn+zjTPQaEn7W/imoWxFFBHCVgZghnn/hN6xIM83IXY1GHbdJR4cilVa3BS

mvqe3J7e5l3+ppSB9z/exHg1pgCtZjGqFXBViqiSQlfKIbIZ2uTbJEAEnwSTqJMdsDz+w
aNyyxCeFdkASOEkgnVs/
S8KPv6YH6Tb7puizvWA04TXI7Kdy5qz4e6yBp9SbzEHGLbxgEsKUztI5dRQkR1MDU
2i6tJVjAIT2RUafcIT-60S3H4d6Mu3+mwFfT+qD79nEbJw/CvNq1cqKunMIb-NJi7ZcS
+DyybFfYCaKswTkQuyXLU7ko7fWxbCcegsY2RHI1i0iLY1Ru40AEQEAAYkCPAQYA
QgAJhYhBNCHm-J+GtK2I906YFnJOeHe9qSQWBQJaz6jYAhsMBQkHhh+AAAo-JE
HJOeHe9qSQWC2gP/3qMme7I6j8VsXT9sPqc36MQoMtFS/PSNmpA5NQ+V9Ffuep
g91Y3VDLz5HV8tz9xw+JaeHS1T-469DucolKAAPouk/umVKn/dfGnf/tq44XKyd30VJ/
kJo+mv/LcQmFcwHbwEIrlA7qttjJs/iXsr3Ly5ztgMmpgYOXk48IISq3sisEaj03Ph7+H5
ylPG3FHiMcjefg20vAZ3kXZ9kGVnXtjFOOJ9k2UFfWRSLpq8KDW8pz/Rp5s0a16Ml
KFaX8HytL1NKu+gtq26NfYP8P/EGjeMf/AJFZNQv+oq46PH8fqPXxLSp4IWbQTdQ
Xvc12o9uYut jfSEqEaWw6UmL01NuPBZYjlb49M3EJSkgl33+8U-9JnI3p9+H9iRYW/
Mnjb0nBZGPw+SwdzSqEvjcl-67BaL6SfqPrAAqrKsdNtsbr4tL3ssDtcqTOkv21lP+Wzb
SfCl783a+oQUsoggvCb5oOcPO5cwbTrrSebcSf/KFBQzGxxhzoYp1TKzB127efG/Rwz
05GrsFKvtHplrj5jGab7Hn8YuYPBtZB77EvYB86NMFQTFn2gUvrA2R/Rf/r5vyeigP27Cl
nEvAofTgpUQg3mwTzSB6bMBIstk3OYpfy4qNMLIuxVA3YaXUC8Lf8jCuQBi+XUDhMK
Ec-MtYRJ9IYJ/ePA3ZU8iTQ00mYTj0r/VYIy=ieAB

-----END PGP PUBLIC KEY BLOCK-----

-----BEGIN PGP PUBLIC KEY BLOCK-----

lQcYBFrPqNgBEACtXSKabvi7Tecyk1BLSPBcafGjpht-JD+OliA47yzo4NBRKB8o+
q8lHSxHy9dxJXpBMxkXqgaIwUc1aaR0AMccqbeqWS0MYroB5qteCC5ithnAyTh-
3BaNkAuWLgFOte4QgJ+Jql8VF+c1hpYxmITgPwYr++rCp/h4DAuSIKO4I1arc8BSTcP/
foZjV1zgDrE0EV9IrX/iNWU3S9Y3DVoDFTe4TlnS6ar0t4TLo9TqZtPSpLLzgc-TR4C
00jZ0CcCj4AjXAv8zTdswDLsFuL7khf6xYzFh4ZohmHM3qaXqnyHAfuwUh2LdE2a
8bzjahu9hHuLr8mD7jTyP715G2u92ODHKD05HD2mBBlglhLR2cz0d-C6p4MyTX7
Fju93PHuvpdDxlxNTwWEWUDYrUDGGD9TzgSoaaSiyxr4dbTeinaGeGF1TRRtFS
OSuMacXkdipt8gwdgZ7OcSvjhDXqPWHjZnmukisk60YK/zsdxBFSviIM0GJ7f/JyBJ
UJEtzJY0sFxWoUtbwHV4MW7u8rCfc74keKfolwleUhtwFr3rd2RQw-7nAgRoOvEX

Z46Ir/+QNIl4sxafHnG7J8LR5w5B+Lk-JGUs9lLq48APEsXyiCp9CntychzgHsYlQda
JbG84kc-Jx84Ujg2hbwD1W5k+0CCtdhzhXwLP+7MJb1t/8Z8BtnguxTwARAQABA
A/9FW3uyhIvks+VZY4KHdQ9Sd8ar-HTq6lQbRxQyVjfP0YS2gVQnLsoCaO5hoJu9
iCA1TBgyKkOt7bUe4i8eE5kTmm4N0lgpShK/9Moma3/Ndp2onr9DNFYmhM1lqHd
NhOPiH4FodFy5Cx1s71H9pPinyf4a35HeivcP9kKsL4Gdnca8MaldJVCO7146+33k
ZSpzlC jcn9hdO92DD6oMF4v+rOgWzF86IlpYIN0/JDbloZku8i47DFyH+idt2Oa++7
ULTNOi87PWRw4W/VHy6s/rQOdMeFpBRghebHmVNCgxzmpzVx8/Ya6VrTJ2e9H
w7eNDdkfbbAB08QDqBd9a2RPG7QMa7k1SAFmq5wt0oGXhl/rmowem1UQ4mpD
byuL43hR8VTtAyG4RsKzj0WWK4jSQEPEeSj6uMyZt4oFnrNVTNBEGXCYOaFtj9u
fDCUdYuzk7v0eZ4y2G33WWl1YXomOkqECd1BA07WTjdKr3HaJiil+N1UYrmN+d-
NXC6TOvIvCxBX6oc2DSCLHNNRWDFezflCUgbt-Prn81ieZ1OHsugbE7pFT47fgBSzC
K8a4zdrXVFpbwtD-86tOsLcFLpya6ZVWgnahqXnMfM2FLnlweNeB8X6k0UtoYNL94fa
zaqm7jceDPtLl65HiTB+bKrLhV8UMyGk/jwgKXi4VrSm0GzFOyXEIAMSyQKCgl0z2w/
xUC6eBlv-3vhTlJXEHm3jsHVdzwXGd9bfRqrbX3Y6qTSch4a2MNe8e-ILEZitely+4NS
g88xQnwKM4zRChReQeVT0Ug2YdRyJHeZ/ynPJQfUJrUSlslFOU+hEDThnQaB9Q4
czL26DEKVfOJghGQ/6xXS5Hifoe8YJWhyUo/RCfuvFCkFWnp2qZJaiFW64Md1SY78
084W92a3ZQ7wsNPvB2REmokfAApXnpBEbolxExuHRQIGiOfXEfivTdWBNwNkTTec
pDP3cgFtoYBrfSunSIsgmEZcl-CUyZ56MFQCpGJHrTi8SamTm+A2TKlC9HU0G20d/
Eem73gkIAOGh/rNI8iiTLwdI6C7huinplJms9n2T9AdyZrciq+GY9f6NWPLyjdgYrjd-
C4esyWOBuSTNVokJ95GFRVgii1TeLjP8YUTAi87/jlaXpGGjYLdVdvfLDw48iT7UX
VE79qkcedTiOqUULNBLx-IP0tTt0zI9IDJGi1VbnJZkk8TrL23mQwcSRKT97sapvpjXD
H9xzHdJw3bv6tkUYaGQgZE8BtelX7kUzUI4S1qSH/Xp8Ozs1YyyappCfkEkFwlidcU
y5rBaO5UYHtEkq6ZuFp-Meocss+IFl6b1TG16MUZ+LtxKQRZ7b51b/k8bCs3Qh/5/
FgFPZs7694xZY+MRM5bsapcH/RwT1bkTos3F5dk-BQ4SDEUAXjLDvssjR33u3HGi
jC/4y2Q1DN5Nk3npg-ZGOSwu5/S6oTBWRLX7e+NB31+5b9D+pgotgFK90r0AXZu
hZxYtNgxsNgwLLQDLY1JEiTPfZzPKGwP162/C4cw/C0Xum48ynHTjFsMNeP4h8n7
2NsYmWYVUPsclGGw-GoMKweJkWdgPcRpnW3OT1/IAjY3enikmXRBeZatl+Gr0A
szGGU9Iudd1bdNKadbx6ADkVEEAFmNkx5ff-N1vxHvzEx3KvDtrIhYEiApzLBUK4d
5sgq844M3gsg25aBfaTrb3M2DGbOApxMwlfn0d9yoqkgqKHs+TaY txLbQkQW50b2
55IExld2lzIDxhbnRvblsZXdpc0BnbWWFpbC5jb20+iQJUBBMBCAA+FiEE0IeYn4a0
rYj3TpgWck54d72pJBYFAIrPqNgCGwMFCQeGH4AFCwklBwlGFQgJCgsCBBYCA
wEClIgECГ4AACgkQck54d72pJBYLDA//QoYv+yNcpylSEMJRfdl7hXfvphhgWm8J

e61JocpIZ/T9wexa4gRgSuZFYi34w5SCcQD5uWp6i4omtkggYak-V4ADpA7NVApkq
9EDxqFU43KDKc563rUgecsyVOjWVL6C9pun9l5cre/x8dsWUDwmQ9xeGAqhuwah
b2wt5Yez0eZkjT4sltLliChd2+wrqkkmXt5AOjfdoSc+Nsn6RXWoatlF4GWkR86CMqB
QH8aSFEwEqt+1T/KMjViAWZeOqWrBj2WXps/AxnDadPb68QtxZ6XG4As5s0BWid
K6T7aVdptqU0oNmrvx3UEXO/2VSVZAIAG6FEVABMweNUl7hgLfbcQfNXmzNG4B
u/4aYVXq362UYkP2nvcXwprPkPy4CFVzP+PjKq7zJMQ/fAcdSfTYUpN2G7ewsixIK/
eUv3LcB9B/EnTfoM/vNkxmtU0m2Xaj8PR15sFzRWvXdnXDTBkafuQ8dn1tURqOCB
cpTxU4c/a3tKbFMbdkhmljqn/W4Nh8b3JBjcdSTij3bzQvemxDgVer5Tb-NY0gAukgWp
EAble9XM5n8zBt9ir59eZ3JHSd6Vi-F0ZJNYgf2lxEABB7wraCVWKgYBZUaIcHEY2Y
5McsIfE6Ea6uk9q6sgU01IPHatwidMjE9b2aGKnoqAvmx-Sc7RLLvqBvU+LaHq4EZD
ti3iadBxgEWs+o2AEQANdN/PnY7Dm721kuDuTiits9MXlWWd+zURnzdaK0ypzYDfm
Fm6OSItHivAIcRGDrPyfJ06O4kj6OgjsjsaOePpLtLQIQY0keBMQCjvuH81zP9+PpzE
UCrfDpZh4SbL/r4O5aZa/4REN-56fULGjCzEvD34Retl3MhqifG7qwBadd6YOKD3JA
MPJ/Xxw0vXvgRkFOpLPgenOmHBtcB/r3xT+2LMBtGn76Of-WChT8sVGp/TielSSwy
AqJ1qUuUE4DJhh1Aw0yTF4wGTLjyvb9RyC++OJbmm4vqyF+3inyln7uc00optjuuZ9
jFmvHrJj6oJSC9jkfQjkLcW60j64wDQ1cRj9FnrS8Ktu5FgJ/s40z0GhJ+1v4pqFsRRQ
RwIYGYIZ5/4TesZTPNyF2NRh-23SUeHlpVWtwUpr6ntye3uZd/qaUgfc/3sR4NaYAr-
WYxqhVwVYqokkCHyiGyGdrk2yRABJ8Ek6iTHbA8/sGjcssQnhXZAEjhJIJ1bP0vCj7+
mB+k2+6bos-71gNOE15eyncuas+HusgafUm8xBxi28YBLCIM7SOXUUJEdTA1Nour
SVYwCE9kVGn3CE+tEtx+HejLt/psBX0/qg+/ZxGycPwrzatXKirpzCGzSYu2XEvg8sm
xX2Amir-ME5ELsly1O5KO31sWwnHoLGNkR5dYtli2NUbuNABEBAAEAD/4sS3wvP
sSiwBZJi6M+zai5oCZMi0pkLnUR/ LeH6OACUqTVX/p8NXV6bsY1PPGIav2MRwaG
mVNIEVaTqi1Ctyyyd58Z3JtAkK90T/5wmzCjOJoMRq5iyEFW-3f3HVA0RkwqsnuZqxl
3uv+c1JbqWqFDOSIEDqRAOfK+QDWpO8t9+mEvUbkJzVEEotXDbMpK8QIjL3XNF/
K5VkRUEKQHqu/mwqkEUa3wz7Qa4WZeb9VSL6y5j11WfVdzaveQd/9nMI6p+Af1+
hEPGsCwECifcsjXoa/sw7bem0fsAUu5gTYzI/kUOe6m6qOswkK1YKZ2n-4s76COcfL
i34rPttAUiwg0ZnBzRBDJp4nB48T1wXBTenbN4lwhLdET6bhhL/QkzadcCFIsYBchD
Yz80XHr4Mzd3gZqrYFuNf4Ne+Ob/V1tLNiWC8MTTdE3NaDVy8LGNorRSgDM7oGj
jSvSCYE6+NJzqRt7PTn1PYtZcYRsyvFTO8Rwp8WedeCNsOsZhHvdmEH3iIP3IoFV
3pdcJtEcBhjqQo7h9t39DDfQOwehHSNXi+b9Wc5kLlPRx6ZeeRPu1p9+0RuCGZux-
QLuzsH5UkWznpb0CkmtkMJpvMuzTB7xV9s/ldtzMFrfwyVWXg0BedgI6mVZF7S/r+
eHGzEGvwaYujXan9kOLYvvrlWQZP5N8x+FQgA2Z+2jhDtIbho/VC492coTf1N2ctGJ

DQMryMus2kdhQWMpB0Fgpug1ibfPPYGta0ObsgOlQ9j3PtA6kS5yz+-sUgGXCwY0
Xlo4O9rWmBrMziLGTtfiFtq90ACpEJNM1YkCKDFuGOcZ2023eTQZ3WMQqgakgYl
mrblwTCZmfmORpThN8a/zhG+6TUhMqjZ/M0mWf1mwt4WRhJ8Txojo4U8+G6kZXxm
CTOdk2eilQKl-CvAvHlhgc8Xf/EKAoxY6gRi/RwXWqVG+3ybAqVTJbblp/9efLjaifCN5Mf
InRRtMrRtHoSwoKPmt-McuChkjmZrUyTtTzTevjpz0JIA1y7V9HzqwgA/UWTpVAnAibO
lfvglMy7HKKv2+eGGTJaR+Z/npU9Vm-J1Fjl4xM5k190reMcHwur++Pg+1vZ3dkcZPR6
h7t-18GCiJ2JSB7CU0iFec6C+pxl2CrGZ08qeRKdC9Tk-4pvhcuXBbjeguv6xo4H8JGS
AC8oPOnjCupu3hWUx-GRFZL5lg+lPzqpSJedySUW1BZwy0TtHitbyqluU52D-1wtfdrq
SvZjli+C5Of6MN9Glf3+Si3QY+bWcUSebHEDSNTV0Y7aOp2RFOyEhcuEKVLutHDzD
kGoltldW/KsmMz4C3mlmpquZbVYtv5tLMa3gtT2EEc62cmfvKrVG1Fe0AXBU9FxVpwf/
SgaiW6Q1ddu7NYZMsLMw/YBQiAlcDqlCspRxYRZQLZqxdpCz62lUhl-1aHd9nlMSWu
4ssSvfuU+iBeDiJoL0vRFmnpzmc-Q4yhV2uLTeVza6BPtHio/qRdtfGHwxlz6x/ VQ0fDjlp
PGKja6J12eAnOJt5GjYHfSYBuEEHY0+eBfU8twQMnFi65+HktOArdrvRq2FsvjjvnvGQ
Xr3wf-N66d9pMKqcyBtmZMhJDkU8cGTvcMCp1Z3w+GCrLKPO5aJXGD5KxrNGkB8v
NWdiFynms67Kufka1EnBjg/v3wnWJWfD4Zgavw7KNTbCOMFcMaWra3p0C4FQSq6a
qrKQ18bg+lNXUNiQI8BBgBCAAmFiEE0IeYn4a0rYj3TpgWck54d-72pJBYFAlrPqNgC
GwwFCQeGH4AACgkQck54d72pJBYLaA//eoyZ7sjqPxWxdP2w+pzfoxCgy0VL89l2ak
Dk1D5X-0V+56mD3VjdUMvPkdXy3P3HD4lp4dLVPjr0O5yggoAA+i6T+6ZUqf918ad/+2
rjhcrJ3fRUn+Qmj6a/8tx-CYVzAdvASWuUDuq22Mmz+JeyvcvLnO2AyamBg5eTjwghKr
eyKwRqPTc+Hv4fnKU8bcUelxyN5+DbS8BneRdn2QZWde2MU44n2TZQV9ZFlumrwo
NbynP9GnmzRrXoyUoVpfwfK0vU0q76C2rbo19g/w/8Qa-N4x/8AkVk1C/6irjo8fx+o9fEt
KnghZtBN-1Be9zXaj25i62N9lSoRpbDpSYvTU248FliMhvj0zcQIKSCXff7xT0mcjen34f2
JFhb8yeNvScFkY/D5LB3NKoS+NwjrsFovpJ+o+sACqsqx022xuvi0veywO1ypM6S/bW
U/5bNtJ8KXvzdr6hBSyiCC8Jvmg5w87lzBtOutJ5txJ/8oUFDMbHGHOhinVMrMHXbt58
b9HDPTkauwUq+0emWuPmMZpvsefxi5g8G1kHvsS9gHzo0wVBMWfaBS+sDZH9F/+
vm/J6KA/bsKWcS8Ch9OClRCDebBPNIHpswEiy2Tc5il/Lio0wuW-7FUDdhpdQLwt/yMK
5AGL5dQOEwoRwy1hEn2Vgn948DdlTyJNDTSZhOPSv9Vgjl==7kkJ

-----END PGP PUBLIC KEY BLOCK-----

我把兩把金鑰都公開，這對金鑰當然已經沒有用處了。

這就是 PGP。比特幣則是採用另一套稱為「橢圓曲線數位簽章演算法」（Elliptic Curve Digital Signature Algorithm，簡稱 ECDSA）的機制。運作方式為：

- 從零到 $2^{256}$-1（寫出來是一個七十八位數：115, 792, 089, 237, 316, 195, 423, 570, 985, 008, 687, 907, 853, 269, 984, 665, 640, 564, 039, 457, 584, 007, 913, 129, 639, 935），隨機挑選一個數字。**這是你的私密金鑰。**
- 用 ECDSA 算一下數學，產生**公開金鑰**。ECDSA 演算法很有名，有很多工具能幫你計算。

算出來了！現在你手上有一把隨機挑選的私密金鑰，以及一把運用數學、根據私密金鑰演算出來的公開金鑰。你可以用公開金鑰製作公開的比特幣地址，但千萬要小心，不能把私密金鑰告訴任何人。雖然只要做點 ECDSA 數學演算，就能輕鬆將私密金鑰轉換成公開金鑰，但沒有人可以透過數學方法「反推」，由公開金鑰算出你的私密金鑰。

實際例子請至 www.bitaddress.org，動一下滑鼠，隨機製作金鑰吧。我做出來結果是：

這個比特幣地址來自公開金鑰。將私密金鑰貼到網站上的「錢包詳情」欄位，可以清楚看見包含公開金鑰和私密金鑰在內，各式各樣的細節：

　　再強調一次，這對金鑰已經沒有用處了，不建議大家把比特幣匯進去！

　　現在，你從公開金鑰得到比特幣地址（帳戶）了。要用比特幣交易時，以私密金鑰簽署（或授權）交易，將比特幣從帳戶匯入他人帳戶。區塊鏈機制大多按照這種模式進行。數位資產存放在公開金鑰產生的帳戶裡，與其搭配的私密金鑰則是用來簽核匯出交易。

# 雜湊

　　**雜湊函數**（hash function）是一系列數學運算步驟（**演算法**）。輸入資料後會產生「**指紋**」（fingerprint），又稱「**摘要**」（digest），或簡稱「**雜湊**」（hash）。區塊鏈技術並不使用**基本**雜湊函數，而是使用**加密**雜湊函數。

　　但在說明加密雜湊函數前，我們要先來認識一下基本雜湊函數。

## 基本雜湊函數

　　舉例來說，「使用輸入資料的首字母」就是非常基本的雜湊函數。這條函數可寫成：

Hash('What time is it?') → 'W'

　　「What time is it」是函數的輸入資料，稱為**原像**（preimage）或**訊息**。「W」是函數輸出值，稱為摘要、**雜湊值**（hash value），或簡稱雜湊。

　　雜湊函數會產生**具確定性**（deterministic）的結果：輸出值由輸入值來決定。將任何數值輸入確定性函數，每一次都會產生相同的輸出值。加、減、乘、除，所有數學函數都是確定性函數。

## 加密雜湊函數

加密雜湊函數是一種特別函數。之後會說明加密雜湊函數有哪些特點，適合用於加密技術和加密貨幣。根據維基百科的描述[6]，理想的加密雜湊函數具備五大特質（括號裡是我的註解）：

一、具確定性，相同訊息永遠產生相同雜湊。

二、可從任何訊息快速算出雜湊值（可輕易「前推」）。

三、除非計算過每一種可能訊息，否則無法用雜湊值得出原始訊息（無法「回推」）。

四、訊息有微小變動，雜湊值就大幅改變；新產生的雜湊和原本的雜湊看不出任何關聯（小改變產生大變化）。

五、兩則不同訊息，不可能產生一樣的雜湊值（不易發生雜湊對撞）。

這代表什麼意義？加密雜湊函數的第二項（可輕易「前推」）和第三項（無法「回推」）特質，讓加密雜湊函數也有「暗門函數」（trapdoor function）的稱號。可從訊息輕鬆產生雜湊，卻不能從雜湊重新產生輸入資料。你無法透過觀察雜湊，猜測或推論可能的訊息（第四項特質）。回推的唯一辦法，只有逐一嘗試各種可能的輸入資料組合，檢視產生的雜湊值是否等於想要回推的雜湊值。這叫「暴力攻擊法」。

---

6　https://en.wikipedia.org/wiki/Cryptographic_hash_function

　　所以剛才的雜湊函數（「使用輸入資料的首字母」）是好的加密雜湊函數嗎？我們來檢視看看：

　　一、符合，這是確定性函數。不論何時「What time is it?」都會產生「W」的雜湊結果。

　　二、符合，可以快速算出結果；取第一個英文字母即可。

　　三、符合，在只知道「W」的情況下，不可能猜出原始文句（但也請參見第五項特質）。

　　四、不符合，小改變不一定會改變結果。「What time is at?」也會產生雜湊值「W」。

　　五、不符合，我們可以輕易想出各種會產生相同雜湊值的輸入資料。凡是以「W」開頭的句子都會發生雜湊對撞。

　　所以先前這個雜湊函數並非好的加密雜湊函數。

　　那什麼是好的加密雜湊函數呢？有一些符合業界標準的知名加密雜湊函數，五項特質完全符合，例如：MD5[7]（訊息摘要法）和SHA-256（安全雜湊演算法）。除此之外，這些函數還具備一項優點，就是輸出值長度通常固定。因此，不論你在雜湊函數輸入什麼，句子也好，檔案也好，硬碟資料也好，甚至輸入一整個資料中心的資料，都會得到簡短的摘要。

---

7　MD5 曾經廣泛使用好一陣子，但目前普遍認為 MD5 有瑕疵，無法防止雜湊碰撞。其他加密雜湊函數取代了 MD5，不過 MD5 仍應用於某些風險較低的場合。

以下範例說明你會得出的雜湊值樣式：

```
MD5('What time is it?') →
67e07d-17d43ee2e70633123fdaba8181

SHA256('What time is it?') →
8edb61c4f743ebe9fdb967171bd3f9c02ee74612ca6e0f6cbc-9ba38e7d362c4d
```

你也可以在自己的電腦上試試。如果你用 Mac 電腦，請打開「終端機」應用程式並輸入：

md5 -s "What time is it?"

或

echo "What time is it?" | shasum -a 256

你會看見跟我一樣的結果。當然囉，這是加密雜湊函數最重要的特點：具確定性。

稍微改變一下輸入資訊，會得到非常不同的結果：

```
SHA256('What time is it?') →
8edb61c4f743ebe9fdb967171bd3f9c02ee74612ca6e0f6cbc-9ba38e7d362c4d

SHA256('What time is at?') →
2d6f63aa35c65106d86cc64e18164963a950bf21879a87f741a2192979e87e33
```

你可以用雜湊函數，在不表明事物的情況下，證明兩件事物彼此相同。舉個例子，假如你想預測某件事情的演變，但不希望其他人事先得知你的預測，希望事後才揭曉。你可以私下把預測寫好，做成

雜湊值，把雜湊值傳給你想公布的對象。這樣大家就知道你做好預測了，但不能回推你的預測。之後再公布答案，其他人可以根據結果計算雜湊值，確認他們的雜湊值跟你公布的答案是否一樣。

比特幣有一些地方會用到由加密雜湊函數產生的**加密雜湊值**，包括：

- 挖礦過程。
- 當作交易識別碼。
- 當作區塊識別碼連結區塊，形成區塊鏈。
- 確保資料竄改即時揭露。

# 數位簽章

　　比特幣和區塊鏈的許多環節用到數位簽章。數位簽章「簽署」交易訊息，確認所建立的交易有效，即可順利將加密貨幣從帳戶轉入他人帳戶。

　　密碼學如何定義數位簽章？這個嘛，偶爾掉一下書袋，無傷大雅：**數位簽章**（digital signatures）為**電子簽章**（electronic signatures）的子集合，而電子簽章具有不同的形式。

### 以下只有一種是「數位」簽章

| | | |
|---|---|---|
| Joe Bloggs \| | *Joe Bloggs* (手寫簽名) | ```---BEGIN PGP SIGNATURE---`<br>`iQIzBAABCAAd-`<br>`FiEE0IeYn4a0rYj3TpgW-`<br>`ck54d72pJBYFAlrPq0EAC-`<br>`gkQck54d72pJBakcw//akztOK`<br>`UDE7h/uAMcqMlj6r7V/UYsHZ7`<br>`AR5j2eplX/Nc8sw/Cif`<br>`---END PGP SIGNATURE---``` |
| 不是把姓名打在框框裡就叫數位簽章 | 看起來像親手簽名的圖案也不是數位簽章 | 數位簽章是透過數學算式連結到相關內容和你的私密金鑰 |

　　簡單將姓名打在框框裡是一種電子簽章格式：

**Joe Bloggs**

這是電子簽章，但不是數位簽章。

下面這種看起來很像親筆簽名、插入文件裡的圖片檔，也只是電子簽章。

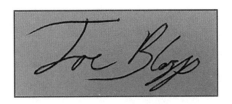

這也是電子簽章，不是數位簽章。

那數位簽章長什麼模樣呢？我先用「Here is a message I want to sign」（這是我要簽署的訊息）製作一小段訊息。然後用先前製作的 PGP（私密）金鑰簽署。以下就是我的數位簽章：

-----BEGIN PGP PUBLIC KEY BLOCK-----

iQIzBAABCAAdFiEE0IeYn4a0rYj3TpgWck54d72pJBYFAlrPq0EACgkQck54d72p
JBakcw//akztOKUDE7h/uAMcqMlj6r7V/UYsHZ7AR5j2epIX/Nc8sw/CifK6uPQ/
XWanoI85PaOJgq00i4s5NKC/B0GHDaE+mrkjDjYYJj/U66jHczpBFiMcJHGM8rOB
SJAIlvI3NLRq45zkV9IizrPbGrrIZ15Kiqvqd7AtSsUjwe1ARsZEoqwsXds6EdZA
9oNaz7XN5uNJQ9gVjzxboGP6DXOEdpQWZm0qt6bXq8NaPibLB7MqOdHDY0DFLo
iY
Q5IdWRQzE0T3iECHG8rSSNbwDPvi6BsBTCie5OdfFr-1Mice3UZaflehKqUks4uti
cwLKbtwSXApROOV4cVBUm12+Atqlpggq4O/zj0mlpoInKOK16IXKzjhz334iE39u
Pw7pLmnhAcI+kRt4OXD0LOakUhV3iV4/jUo1WEpd2RcBzgGRcGn3tTlkMF+fDpZx
8dGNip40glpRUDHWPSRJYM66eIQq7gfDkEUo7j34EVBPIzIWkDqD2vdqsZaZHFmA
8TGttea0RdouUSsc0RBbF/t0PpI7xbh3uaeiqyJfEw-FoapWGYPfXwPPg7+zUn+O2
32ZAEOnswzGribliVYgOGSr1ABMhWAPmVwBk0FRbbjdvkYwUpZ3dEBG8+6AmKlav
559racy4D6pAiFQ9iYWwoQ1A7BKICY51ErvXVY/2Ci-E04Q6MCjw=
=vp1n

-----END PGP SIGNATURE-----

這就是數位簽章了。看起來很像英文字母亂打一通，有何獨到之處？能用來證明什麼？

數位簽章來自你要簽署的訊息和套入**私密金鑰**的數學算式。任何擁有你公布的**公開金鑰**的人，都能透過數學模型驗算，確認簽章來自對應私密金鑰的持有者（但無法得知私密金鑰本身為何）。

因此，任何人都可以獨立驗證**這一段資料**，是否由**這一把公開金鑰**的對應私密金鑰持有者簽署。

**重點精華：**
**訊息＋私密金鑰 → 數位簽章**
**訊息＋數位簽章＋公開金鑰 → 通過／未通過驗證**

數位簽章有哪些地方勝過紙上親筆簽名呢？親筆簽名的缺點在於，簽名和要簽署的資料本身並無關聯，會衍生兩種問題：

一、無從得知你把姓名簽在文件下方**以後**，文件是否被竄改過？
二、在你不知情下，簽名可以輕易複製並用於其他文件。

你在紙上親筆簽下名字，這個簽名並不會隨著簽署物件改變：你會簽支票、簽信件、簽文件，但簽名看起來統統一樣，**這就是最大的問題**。其他人要複製你的簽名非常容易！超級不安全！

相對來看，數位簽章僅適用**同一則資料**，無法複製貼到其他資料下方，也不能挪作他用。竄改過的資訊會導致簽章無法通過驗證。數位簽章是只能使用一次的驗證工具，用於證明私密金鑰持有者認可

該則訊息。除非別人拿到你的私密金鑰，否則除了你，全世界再沒另一個人可以製作這個數位簽章。

現在，我們再說得更深入一點。透過數學算式用私密金鑰「簽署」訊息，其實是一道加密的過程。還記得我們先前是用公開金鑰替資料加密，用私密金鑰來解密嗎？有一些加密機制則是顛倒過來──用私密金鑰加密，用公開金鑰解密。在這一個驗證數位簽章的例子當中，其實就是運用大家都知道的公開金鑰來解密，看看解密後的簽章是否對得上簽署訊息。

但如果簽署訊息非常龐雜呢？例如，高達幾十億位元組的資料？這個嘛，超長的數位簽章會減損效率，你一定不會想用。因此，其實大部分的簽署機制是用私密金鑰來簽署訊息**雜湊**（指紋），不論簽署資料規模如何，都能以此產生簡短的數位簽章。

微軟 TechNet 論壇的網站解釋得簡明扼要[8]：

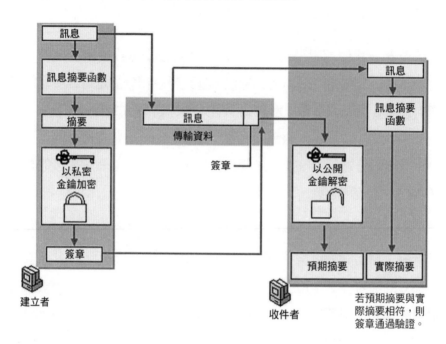

所以數位簽章可以用來認證交易或訊息，也可以用來確保訊息的資料完整性。另外，除非私密金鑰被人複製，否則你不可能在簽署後表示「不是我簽的」——這叫「不可否認性」（non-repudiation），交易雙方都能心安。

區塊鏈交易使用數位簽章來進行，因為數位簽章可以證明你是帳戶持有者，而且不需要第三方、不必連上網路，就能自己透過數學運算，驗證數位簽章的效力。以傳統銀行的流程來說，當你想要指示

8　https://technet.microsoft.com/en-us/library/cc962021.aspx

銀行付款，首先要登入銀行網站，或親自向銀行出納員出示身分證件，證明身分。銀行相信你是帳戶持有者，就會依照指示替你付款。在區塊鏈這邊，由於區塊鏈系統刻意去除組織，沒有任何組織為你提供或管理帳戶，數位簽章就是你有權進行交易的關鍵證據。

## 為何以愛麗絲和鮑伯當例子？

密碼學似乎經常以愛麗絲和鮑伯來當範例名稱。為什麼？因為一九七八年，羅納德‧李維斯特（Ron Rivest）、阿迪‧薩莫爾（Adi Shamir）和倫納德‧阿德曼（Leonard Adleman）最初發表論文〈數位簽章與公開金鑰密碼系統取得方法〉（A method for obtaining digital signatures and public key cryptosystems）[9] 就是用愛麗絲和鮑伯作為人物名稱，而不是枯燥乏味的某甲和某乙。後來，大家習慣沿用這兩個名字，向三位創始者致敬。

等等，不只如此……維基百科上有一串常用角色名單，[10] 以下是我特別喜歡的幾個人物名稱：

- 「克雷格」（Craig）：破解密碼的人（password cracker）
- 「伊芙」（Eve）：偷看傳輸資訊的人（eavesdropper）
- 「葛蕾絲」（Grace）：通常會反對加密技術的政府（government）

---

9　https://dl.acm.org/citation.cfm?doid=359340.359342
10 https://en.wikipedia.org/wiki/Alice_and_Bob

- 「瑪洛麗」（Mallory）：有惡意的中間人（malicious man-in-the-middle）
- 「西碧」（Sybil）：用大量假名發動攻擊，令愛麗絲和鮑伯招架不住的人。

這樣你就懂為什麼每次都用愛麗絲和鮑伯來當範例人物了吧？

Part

# 4

**Cryptocurrencies**

# 加密貨幣

我們要從哪裡說起呢？加密貨幣有千百種，每一種依照不同的規則和機制運作，想要確切歸納加密貨幣的類別沒那麼容易，不論我們如何描述總有例外。例如，比特幣系統以「工作量證明」（proof-of-work）機制確保，即使沒有協調存取、發放許可的核心執行者，在這個系統中，不管是誰，都能順著系統步調向區塊鏈添加區塊（至少，理論上每個人都能辦到）。在工作量證明機制下，想要添加區塊的人，都可以公平競爭。這些競爭行為會消耗電力——極多的電力[1]——所以有些人說比特幣浪費能源。

但並非所有加密貨幣——想當然，更不可能所有的區塊鏈技術——都以這種方式運作。因此，以偏概全地說「加密貨幣」或「區塊鏈」高耗能既不正確，也沒有幫助。比特幣這樣運作，並不代表其他加密貨幣也以相同機制運作。

我們仍然會從認識比特幣的運作機制著手，但請牢記：並非所有加密貨幣都一樣。之後會說明比特幣和其他加密貨幣的差異，以及其他加密貨幣遵循的區塊鏈協定（都會講到，別擔心！）。

---

1 https://www.wired.com/story/Bitcoin-mining-guzzles-energyand-its-carbon-footprint-just-keeps-growing/

# 比特幣

有人說比特幣是數位貨幣，有人說是虛擬貨幣，有人說是加密貨幣；將比特幣看成電子**資產**，應該比較容易理解。**貨幣**一詞容易使想要理解比特幣為何的人走岔了路。當人們試圖從傳統貨幣的角度切入，一不小心就會陷入僵局，因為這些角度並不適合比特幣。例如：支撐比特幣的資產是什麼？（沒有這種資產）。誰來設定利率呢？（沒有誰）。另外有一些人說比特幣是**數位代幣**。從某些角度來看確實如此，但糟糕了，「代幣」一詞現在也有具體的指稱對象（後面章節會介紹數位代幣），所以我們最好也不要使用這個模糊的說法。

## 什麼是比特幣？

比特幣是一種數位資產（所以稱作比特「幣」），它用電子帳本來記錄所有權。帳本在全世界約一萬臺獨立運作的電腦上[2]，以幾乎同時的速度更新；這些電腦互相連結和傳播流言，比特幣系統的帳本稱為「區塊鏈」。每一筆記載比特幣所有權轉移的交易，都必須根據協定創建和驗證——協定是定義事物運作的一串規則，用以管理

---

2　這是撰寫本書時，https://bitnodes.earn.com 網站記載的可達節點數量。請注意，並非像有些人說的「數百萬臺電腦」；例如，唐・泰普史考特（Don Tapscott）在一場 TED 演講表示：「執行交易紀錄會傳到全世界數以百萬計的電腦上。」這其實是誇大了一百倍！

帳本的更新狀態。參與者透過電腦軟體（即應用程式）來執行協定。這些應用程式的執行設備是網絡中的「節點」。每一個節點，獨立驗證各個地方有待完成的交易，並在確認交易區塊通過驗證時，更新節點的帳本紀錄，稱為「礦工」的專業節點，會將有效交易捆綁成區塊，並將區塊散布給網絡的其他節點。[3]

任何一個人都可以購買、持有和流通比特幣。每一筆比特幣交易都在比特幣的區塊鏈上，以明文形式公開記錄和共享。許多媒體文章說比特幣的區塊鏈經過加密，但事實**並非如此**。比特幣設計成讓每一個人都能看見所有交易細節。理論上，每一個人都能自行創造比特幣。這是區塊建置過程中的一個環節，稱為「挖礦」，我們會再回過頭來講挖礦是什麼。

## 使用比特幣的意義？

比特幣的存在目的寫在白皮書裡。白皮書是一位化名中本聰（Satoshi Nakamoto）的人士所撰寫的簡短文件，於二〇〇八年十月公開發布。文中描述比特幣的**存在理由**和**運作方式**。這份僅有九頁的白皮書，網路上就找得到[4]，值得完整一讀。其中，文件摘要寫道：

---

3　審定註：在二〇二一年十月七日之際，全球運作中的電腦節點約有一萬三千兩百四十二個。

4　例如，可在 https://bitcoin.org/bitcoin.pdf 取得這份白皮書。

這是完全的點對點電子現金，雙方不須透過金融機構，即可直接在線上付款給另一方。使用數位簽章可解決一部分問題，但倘若仍然需要由受信賴的第三方來防止雙重支付問題，那比特幣就會喪失掉主要的好處。我們提出以點對點網絡作為解決雙重支付問題的對策。這個網絡會將交易雜湊成一條不斷延伸「基於雜湊的工作量證明」的鏈，為交易加蓋時戳，除非重新完成所有工作量證明，否則不能更改這些紀錄。最長的鏈除了作為一連串事件的見證，也證明這條鏈來自最大的 CPU 算力池。只要控制主要 CPU 算力的節點不配合攻擊網絡，這一條就是領先攻擊方的最長鏈。網絡本身僅需最基本的架構。訊息必須盡可能散播出去，節點可自由離開或重新加入網絡，重新加入時，必須接受最長的工作量證明鏈，作為離開期間所發生的交易事件的證明。

摘要第一句話便說明了一切，闡述比特幣的存在目的，以及比特幣的價值與效用何來。這是人類史上頭一回，發明出一套系統，不須實際移動物品，也不須特定第三方中間機構介入，即可將價值由甲方轉移至乙方。支付方式大幅改良，這樣的里程碑，重要程度不言可

---

5 現今民族國家將觸角過度伸入個人活動的監控和審查，當中包含了私人金融交易活動，因此審查抵抗是極其重要的特性。有些人並不在意，認為政府應該要能檢查和掌控人民的每一個私生活面向，他們住在政府還很善良的國家，真是幸運。金融隱私權和審查抵抗在世界每個角落都極其重要。政府利用金融機構來執行政策。舉個例子，政府利用金融訊息網絡 SWIFT 將金融服務變成一種武器：縱使 SWIFT 聲稱自己是位於比利時的非政治中立合作機構，但 SWIFT 一再受不同國家政府的施壓，要把某些國家排除在全球金融網絡之外，SWIFT 都照做了。中心化的系統裡總有人承受壓力，總有異議人士被關進監牢或排除在外。這是中心化系統的一項特色。先不管名稱定義，大家都同意恐怖主義很糟糕、切斷恐怖分子的資金是好事。儘管如此，政府卻有可能會以相同手法，去凍結同性戀人士、移民或其他不得歡心的團體或個人的銀行帳戶——這麼做絕對不是用公權力去維護社會大眾的利益。

喻。每當我從這個角度去思考比特幣存在的意義，都不由感到肅然起敬。[5] 如加密貨幣評論家提姆‧史旺森（Tim Swanson）[6] 所說，比特幣被設計成為一種**可以抵抗審查的數位現金**——這個概念透過史旺森的介紹而普及。

雖然我們經常從媒體聽到比特幣建立在區塊鏈上、區塊鏈是打造比特幣的基礎技術，但原始比特幣白皮書完全沒有提及區塊鏈。發展出區塊鏈是為了實現目標，並非比特幣的存在目的——區塊鏈的設計旨在解決商業問題。

# 比特幣如何運作？

比特幣區塊鏈由軟體管理，執行軟體的是互相交流形成網絡的電腦。市面上有許多這類相容的軟體實作，最常見的是「比特幣核心」（Bitcoin Core）。在 GitHub[7] 網站上，有比特幣核心的公開原始碼。這套軟體裡面有維持比特幣網絡運作的各種必要功能。你可以用比特幣核心執行下列任務（本章將會一一介紹）：

- 與比特幣網絡的參與者連結
- 從其他參與者那裡下載區塊鏈
- 儲存區塊鏈
- 關注新交易

---

6　提姆的部落格 blog www.ofnumbers.com 是首屈一指的加密貨幣資料驅動分析部落格。

7　https://github.com/Bitcoin/Bitcoin

- 驗證交易
- 儲存交易紀錄
- 將有效交易的紀錄轉傳至其他節點
- 關注新區塊
- 驗證區塊
- 在區塊鏈內儲存區塊紀錄
- 轉傳有效區塊
- 建立新區塊
- 「挖掘」新區塊
- 管理地址
- 建立和發送交易

但實際上，這套軟體通常只用來執行簿記功能，本節後面會再深入說明。

要了解比特幣如何運作，以及為何如此運作，可不能忘了比特幣的存在目的：建立一套不受審查的電子支付系統，讓每一個人，**「不須透過金融機構，即可直接付款給另一方」**。

在這套系統裡，不能有中央管理者插手帳本管理。比特幣透過刻意的設計，免除金融機構這樣的集中管理機構。因此每一名參與者都要能執行系統，個人不需要表明身分，也不需要取得管理者批准。一旦參與者需要表明身分，他們就會失去隱私，容易受到干擾和脅迫，甚至可能招致牢獄之災或是更嚴重的後果，系統管理者和使用者

統統無法置身其外。因此比特幣的每一個設計環節，都絕對不能忘記這些限制。

中本聰如何設計出解決辦法？就讓我們從典型的集中管理模式開始講起，想想看怎麼做才能分散權力，一步一步設計比特幣吧。

先看由管理者管理帳本餘額紀錄的情形。我們可以把帳本想成一份清單，清單左行列帳戶，右行寫餘額[8]。

### 典型的集中管理模式

| 簿記員 | |
| --- | --- |
| 帳戶 | 餘額 |
| 000001 | $100 |
| 000002 | $50 |
| 000003 | $240 |

管理者配給客戶一個帳號。當客戶要指示管理者付款時，必須先證明自己持有帳戶、通過認證流程，管理者才會執行付款指令。因此，每一名客戶都要記名，會設一組與帳戶搭配的安全密碼。

### 帳戶對應程序

| 帳戶 | 使用者名稱 | 密碼 |
| --- | --- | --- |
| 000001 | 愛麗絲 | 1234 |
| 000002 | 鮑伯 | 8888 |
| 000003 | 查理 | 9876 |

---

8 我們先以通用的金錢符號「$」來標示，之後會討論為何要改成「比特幣」（BTC）。

管理者負責維護帳戶餘額的集中紀錄和支付所有款項，必須確保沒有人花掉不屬於自己的錢，或同一筆錢花掉兩次（雙重支付）。

但如果我們不想被掌控或審查，想讓每一個人都能自由互相交易，**就得剔除管理者**。

我們先把管理者從**開戶流程**除去吧。這樣一來，任何一個想要開戶的人，不必得到管理者的許可，也能開戶。

## ◎問題：開戶許可

開戶時，要有一個人建立戶頭，並將戶頭分配給你。要由管理者負責分派無人使用的帳戶號碼，並配給你某種使用者名稱（可能是你的名字）和密碼。如此一來，當你要求管理者替你支付款項，管理者就能知道，付款要求確實來自於你。

管理者有可能在設定帳戶的過程**允許**你開戶，也有可能拒絕。只要中間存在可核准或拒絕的機構，那就表示系統中有第三方控制點。第三方控制是我們想消除的東西。

有沒有什麼辦法，能讓你不需要別人允許就能開戶？這個嘛，從密碼學裡可以找到我們要的答案。

## ▶ 解決辦法：用公開金鑰當作帳戶號碼

不如捨棄名稱、帳戶號碼和密碼，改成用公開金鑰來當帳戶號碼，並用數位簽章取代密碼吧？

改用公開金鑰當帳戶號碼，每一個人都可以用自己的電腦建立帳戶，不必要求管理者替用戶指派帳戶號碼。別忘了，公開金鑰來自隨機選取數字形成的私人金鑰。所以建立帳戶時，你要先隨機挑選一個數字（私密金鑰），然後做點數學運算，從私密金鑰得出公開金鑰。比特幣和大部分的加密貨幣帳戶號碼稱為地址，來自將公開金鑰套入數學算式，並非公開金鑰本身。[9]

**捨棄帳戶，採使用者產生的地址**

| 簿記員 | |
|---|---|
| 地址（來自公開金鑰） | 餘額 |
| 1mk41QrLLeC9Cwph6UgV4GZ5nRfejQFsS | $100 |
| 1Lna1HnAZ5nuGyyTjPWqh34KxERCYLeEM1 | $50 |
| 1PFZiJCYYaWc1C2FCc2UWXDU197rhyP | $240 |

你可以把這個比特幣地址告訴大家，讓其他人付錢過來。[10] 除非別人有你的私密金鑰（只有你有這把金鑰），否則任何人都不能動用帳戶的錢。你想設幾個地址都行，統統交給錢包軟體管理就好。

---

9　審定註：此觀念十分重要，許多人誤將公鑰與地址劃上等號，其實該對應關係須經過數學運算。

10 在某些方面，比特幣位址比銀行帳戶更安全。我們實在不建議你把銀行帳戶資訊公開。二〇〇八年《頂級跑車秀》（Top Gear）節目主持人傑瑞米‧克拉克森（Jeremy Clarkson）為了證明別人只能用銀行帳戶資訊匯錢給他，不能把錢從帳戶匯出去，而把自己銀行帳戶資訊刊登在《太陽報》（The Sun），結果證明他錯了。他的銀行帳戶資訊被人設定轉帳代繳五百英鎊。犯人還算有道德，是用慈善機構來當這筆轉帳金額的受款人。克拉克森先生後來把話吞回去（這可不常發生）。參見：https://www.theregister.co.uk/2008/01/07/clarkson_bank_prank_backfires/

　　別人會不會已經用了我隨機挑選的地址？是有這個可能，但機率微乎其微。我們在介紹密碼學的章節說明過，在比特幣機制裡，使用者可從 0 到 115,792,089,237,316,195,423,570,985,008,687,907,853,269,984,665,640,564,039,457,584,007,913,129,639,935 隨機挑選一個數字，當作私密金鑰。可以挑選的私密金鑰這麼多，碰巧遇到使用同一帳戶的可能性幾乎不存在。有一位時事評論家曾經這樣說：「回去睡覺，不必擔心這種事情會發生。」[11]

　　使用公開／私密金鑰對，也解決了認證的問題。你不必登入帳戶去證明自己是帳戶持有者，只要用私密金鑰，對交易簽署數位簽章，就能發出付款指令。數位簽章向管理者證明：指令真的來自於你、你就是帳戶持有者。你不需要連接網絡，離線也能簽署交易。當你把簽署好的交易資訊廣播給管理者，管理者只要檢查數位簽章和帳戶號碼是否對得上，不必儲存一份清單，管理包括你在內的所有交易方，各自使用哪些名稱和密碼。

**再也不需要使用者名稱、密碼和帳戶對應程序**

| 帳戶 | 使用者名稱 | 密碼 |
|---|---|---|
| 000001 | 愛麗絲 | 1234 |
| 000002 | 鮑伯 | 8888 |
| 000003 | 克萊兒 | 9876 |

---

11 米高・莫雷諾（Miguel Moreno）在部落格計算過發生位址碰撞的機率，參見：https://www.miguelmoreno.net/bitcoin-address-collision/

## ◎問題：單一中央簿記員

現在我們把第三方管理者從**建立帳戶**的過程中剔除了。但還是有一個第三方管理者擔任中央簿記員的角色——中央簿記員負責居中協調，維護交易和餘額清單，以及依照商業和技術規則驗證、安排你的交易指令。由這個單一控制點決定帳戶最終顯示的內容，以及交易是否通過批准。這個單一控制點是金融機構，他們不得不依照法規識別你和其他客戶的身分——這是一道稱為「了解你的顧客」（Know Your Customer）的程序。除此之外，金融機構有可能被迫對交易施行審查。

我們的數位現金系統想要不受第三方影響，包括不被控制和審查，就必須排除這個單一控制點。[12]

### 單一簿記員：無法抵抗審查

| 簿記員 | |
| --- | --- |
| 地址（來自公開金鑰） | 餘額 |
| 1mk41QrLLeC9Cwph6UgV4GZ5nRfejQFsS | $100 |
| 1Lna1HnAZ5nuGyyTjPWqh34KxERCYLeEM1 | $50 |
| 1PFZiJCYYaWc1C2FCc2UWXDU197rhyP | $240 |

---

12 這是我們從有中央管理者的檔案分享系統 Napster 身上學到的教訓。Napster 最後失敗收場，為沒有中央管理者的檔案分享系統 BitTorrent 鋪了一條路。新的 BitTorrent 系統比較不容易被完全關閉。

## ▶ 解決辦法：複製帳本

你和愈多人一起共享一套安全系統和系統上的資訊，資訊就愈不容易被操弄。但是，即使擁有一群「值得信賴的簿記員」，最後仍然免不了要設置共同管理者，這樣一來，就又回到中央控制點的問題。解決辦法就是讓每一個人隨時隨地都能擔任簿記員，不需要向誰徵詢許可，也沒有層級之分。不論簿記員身在何處，所有人都能管理完整的帳本紀錄，每個人都是地位相同的「同儕」，一同查驗帳戶餘額記錄。若有簿記員被迫審查交易或操弄資料庫，其他人會忽略他的紀錄，或將他排除在外。

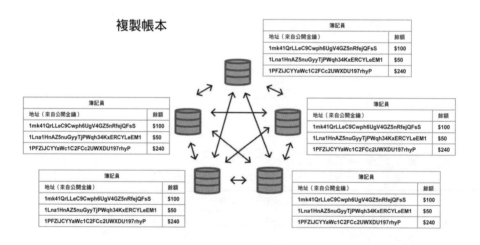

只要在維護帳本的過程中，所有簿記員都能一致納入或排除相同的紀錄，就是一套能快速因應問題的系統。即使其中一名簿記員被迫停止工作，其他人也能繼續運作。任何人都可以加入這個由簿記員組織而成的網絡，不需要由誰批准。所以不管誰在什麼時間加入或離開，網絡都能迅速恢復正常運作。

在比特幣系統裡，只要你有電腦、適當的儲存空間和連線能力，就能下載軟體（或自己撰寫程式）連上幾個社群，成為簿記員。

新交易資訊會透過流言傳播網絡廣播給所有簿記員，由簿記員接力，盡可能將新交易擴散出去。這麼做可以確保交易資訊最後散播至每一名簿記員。

## ◎問題：交易排序

當系統中有一名以上的簿記員同時運作，他們要如何跟上彼此的進度？每一名簿記員對交易順序的認知不同。當交易在世界各地發生，同一時間交易數量可能多達數百筆。簿記員必須花時間才能把交易紀錄傳播給整個網絡，要是每一名簿記員都嘗試為交易排序，就會出現許多牴觸的版本，讓我們無從得知交易的「正確」順序。假使位於中國的簿記員先收到甲的交易資料，再收到乙的交易資料，但位於美國的簿記員先收到乙的交易資料，才收到甲的交易資料呢？

當交易在世界上的某個地方產生，這筆交易發生的地理位置、相關技術條件、連線能力、網路流量、伺服器和頻寬，會影響交易在其他地方顯示的速度和順序。**你在某個地方**（例如倫敦）的交易清單排序，會跟別人的清單排序落差很大，就連隔壁鄰居顯示的清單都會跟你不一樣，更別說是位於奈及利亞拉哥斯、紐約、奧克蘭或肯亞奈洛比的其他簿記員了。

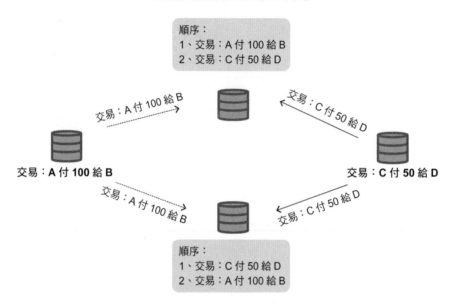

分散式網絡的交易排序問題

大家要如何就交易順序達成共識？

## ▶ 解決辦法：區塊

　　我們無法控制每一秒**產生**多少筆交易，但我們可以控制帳本上的**資料輸入**。方法是從單筆交易紀錄，改為按頁數的分批交易紀錄。每一筆通過驗證的「待處理」交易會先在網絡裡傳開，然後以發生頻率較低的整批形式輸入帳本。這一批一批的交易資料，稱為**區塊**！

將交易捆綁成產生頻率較低的區塊

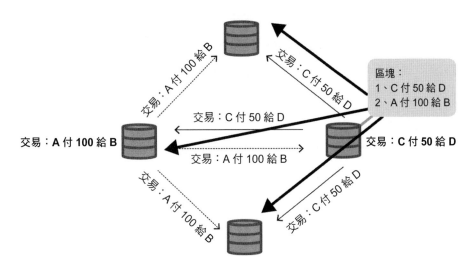

區塊的產生頻率比交易低得多，所以我們比較有可能在下一個區塊產生前，讓網絡中的簿記員統統收到區塊。這代表簿記員在執行兩種功能：

一、驗證和傳播「待處理」交易。
二、驗證、儲存、傳播交易區塊。

將簿記系統的「資料輸入」程序速度放慢以後，位於世界各地的簿記員就有更多時間就交易區塊的順序達得共識。如此一來，簿記員便不需要針對**交易順序**達成共識，只要對產生頻率較低的**區塊順序**有一致共識即可。由於有了更多時間來達成區塊順序共識，簿記員比較不會對區塊排序產生分歧意見，網絡共識的達成機率將會因此提高。至於網絡如何處理衝突區塊，我們之後討論。

　　你的交易會和其他交易捆綁在一起，形成有效區塊並在網絡傳開，此時，你的這筆交易會被確認，成為有「一個確認」的交易。當下一個區塊加進來，連帶之前的交易區塊，你的交易會變成有「兩個確認」的交易。隨著新區塊在初始區塊之後不斷堆疊，交易在帳本的位置會愈走愈深，成為確認度愈來愈高的一筆交易。這件事情很重要，因為在某些情境，頂鏈（最新區塊）有可能被其他區塊取代，導致看似確認的交易被剔除[13]。稍後我們會談，比特幣區塊鏈裡有一項「最長鏈規則」（longest chain rule）。[14]

　　在這裡，我們犧牲有效交易寫入區塊鏈的速度，好讓簿記員更容易就交易順序達成共識，這是一種有捨有得的做法。用一個例子來說，假設我們每天只能建立一個區塊，簿記員們可以輕輕鬆鬆地對區塊順序達成共識，但另一方面，網絡成員不會希望交易確認時間拖那麼久。

　　在比特幣系統，區塊平均每十分鐘產生一次。不同加密貨幣，區塊產生目標時間不同。

## ◎問題：誰可以建立區塊，多久建立一次？

　　我們已經了解，為何要將待處理交易捆成區塊，再把區塊傳播至整個網絡，由簿記員將區塊加進自己的帳本。我們之後會講到，若

---

13 是的，區塊鏈並不像有些人說的「不可更改」。

14 審定註：因為具有「最長鏈規則」，每筆交易須經過六次確認（區塊鏈長度增加六個區塊），才代表該交易確實被寫到區塊鏈上。簡言之，全世界的節點都在算區塊，誰的鏈比較長，就依誰的鏈為準。

區塊之間產生分歧或出現競爭區塊，將會依「最長鏈規則」來決定哪個區塊勝出。

現在，我們的第一步是要管理區塊的建立和產生頻率。怎麼做呢？如果由某個人收集所有待處理交易、將交易捆綁成區塊，再將區塊傳送給每一名簿記員，我們就退回到集中單一控制點的模式——這是我們從一開始，就設定要避免的情況。

所以我們要讓大家不需要允許就能建立區塊，並將區塊傳送給網絡成員。但要如何控制區塊的建立速度？如何讓一群匿名的區塊建立者輪流建立區塊，同時確保區塊建立速度不會太快或太慢？

有沒有可能讓簿記員遵守前後區塊間隔至少十分鐘的限制，使得太快建立新區塊變成一種無效的舉動？在網路上，延遲現象可能會令某些人享有不公平的優勢——我們不清楚個別簿記員收到最新區塊的確切時間，也不能去相信區塊的時間戳記，因為時間戳記很容易造假。除此之外，我們也不能信任個別簿記員，他們有可能更動規則或電腦時鐘，辦到在十分鐘內接受區塊。

我們或許可以設一個指揮官，讓他負責隨機指派下一名區塊建立者，將下一個區塊的建立時間控制在前一區塊產生的十分鐘後？不，那樣也行不通。指揮官也是網絡的中央控制點，我們不要中央控制點。

又或者可以隨機指派區塊建立者，好比擲某種虛擬骰子，由擲出兩顆六點的人，來當下一名區塊建立者。那也行不通——要怎麼

證明自己有沒有作弊？誰來擲骰子？如何隨機指派下一名區塊建立者，並確保沒有一個人對過程的公平性有異議？

## ▶ 解決辦法：工作量證明

解決辦法非常巧妙，就是必須參與機率遊戲並從中勝出，才能建立區塊，而且每一名網絡成員都要參與這場遊戲，要耗費一定的時間才有結果，例如：平均耗費十分鐘。

這場遊戲必須讓所有區塊建立者有相同的勝出機會，而且不能有進入障礙，否則就會變成由管理者擔任中央控制點的一套系統。此外，遊戲不得有捷徑且必須有公開證明，以表示誰是贏家。這是一場絕對無法作弊的遊戲。

至於贏得比賽的獎勵，就是可以建立下一個區塊。

比特幣使用的是稱為「工作量證明」的機率遊戲。區塊建立者知道有交易產生，但這些交易尚未納入任何既存區塊，於是區塊建立者依照特定格式，將它們捆成區塊。建立者再根據區塊資料計算加密雜湊。[15] 還記得嗎？雜湊值只是一個數字。比特幣「工作量證明」的機率遊戲規定，**當區塊的雜湊值小於目標數字**，這個區塊就是所有簿記員都必須接受的有效區塊[16]。

---

15 從技術來看，雜湊函數是在區塊資料的子集上運作，這個稱為「區塊標題」的子集包含區塊的交易雜湊。

16 還有其他規則決定區塊是否「有效」，例如區塊的位元組大小，不過，我們在這裡只關心工作量證明雜湊。

如果區塊雜湊值大於目標數字呢？區塊建立者要退出這一輪遊戲嗎？不是。此時區塊建立者要修改輸入雜湊函數的資料，重新計算區塊的雜湊值。他們可以在區塊中移除或加入新的交易，或是改變區塊中的交易順序。但這個辦法不太理想，參與者可能要把各種排列組合統統算過一遍。我們可不希望區塊內的交易資料被瞎搞一通。

比特幣系統的解決辦法是每一個比特幣區塊都有一個特別部分，能讓區塊建立者置入任意數字。這麼做的唯一目的是讓區塊建立者填入數字，當雜湊區塊與「雜湊值小於目標數字」的規則不符，只需要更換這裡的數字。所以，假如區塊建立者第一次計算出來的雜湊值無法勝出，只要改變一下這裡的數字就行了。這個數字叫「隨機數」（又稱 nonce 值），與區塊內的金融交易毫不相干，唯一功用是改變雜湊函數的輸入資料。

**挖掘區塊**

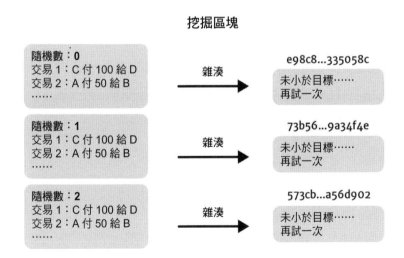

　　所以，區塊建立者將交易集合成區塊，並在隨機數欄位填入數字，計算區塊的雜湊值。若結果符合有效區塊的「雜湊值小於目標數字」規則，那麼這就是一個有效區塊，可以傳送給其他簿記員，繼續製作下一個區塊。若結果不符規則，建立者可以更改隨機數（例如，數字加一），並重新計算雜湊值，不斷重複，直到找出有效區塊為止。這個過程稱為**挖礦**。

　　米勒（Miller）等人在論文〈以無法代行的刮刮樂謎題防止比特幣聯手挖礦〉（Nonoutsourceable Scratch-Off Puzzles to Discourage Bitcoin Mining Coalitions）[17]給這種做法取了一個好聽的名字，叫「刮刮樂謎題」。礦工必須耗費一些精力，像玩刮刮樂一樣，刮開來才知道自己有沒有得獎。

　　這樣建立有效區塊的權力就不是來自第三方，而是在重複執行的單調數學運算步驟中自行產生，每一臺電腦都能辦到。[18]請注意，挖礦是**單調乏味的重複工作**──取交易資料和隨機數、計算雜湊值，看看雜湊值是否小於某個數字；如果超過，用另外一個隨機數再計算一次。這個過程不是像媒體普遍描述的「解開複雜的數學題」。計算雜湊很簡單，但過程很無聊！如果你有耐心的話，甚至可以拿鉛筆和

17 Non-outsourceable Scratch-Off Puzzles to Discourage Bitcoin Mining Coalitions. Andrew Miller, Elaine Shi, Ahmed Kosba, and Jonathan Katz. ACM Computer and Communications Security (CCS), October 2015. http://soc1024.ece.illinois.edu/nonoutsourceable_full.pdf

18 現在有一種叫作「特殊應用積體電路」（Application Specific Integrated Circuit，簡稱 ASIC）的專用晶片，針對挖礦任務專門設計打造而成。ASIC 計算 SHA-256 雜湊的效率非常高，但其他方面幾乎派不上用場。因此，拿比特幣礦工每秒可以（專門）計算的資訊數量，去跟可執行任何運算工作的超級電腦相比並不實際，兩者的比較基準點不同。

白紙自己動手算，只不過光靠這些工具的算力，贏得區塊的機率很低。肯恩·薛里夫（Ken Shirriff）沒有用計算機，用紙筆算了一輪雜湊函數。你可以到他的部落格，看看他是如何計算的。[19]

採用這種方式，大家都能當區塊建立者、建立有效區塊，再把有效區塊傳送給簿記員。簿記員的唯一工作只有：接收包含隨機數的區塊，並把雜湊函數計算一遍，親自驗證區塊的雜湊值是否小於目標數字。

工作量證明還能防止系統遭受女巫攻擊（Sybil attack）。女巫攻擊[20]是指同一個攻擊者企圖以多個偽造身分癱瘓網絡。可以想成臉書或推特機器人……一小群不守規矩的人，掌控大量使用者名稱。

在比特幣系統，區塊的贏得機率與雜湊算力成正比，比特幣白皮書說這叫「一 CPU 一票」（one-CPU-one-vote）。若比特幣系統讓每一個**節點**（區塊添加者）擁有相同的區塊贏得機率，那叫「一節點一票」──女巫攻擊發動方會製造無上限個區塊添加者、企圖爭取每一個區塊，因為攻擊者只要花一點點成本就能建立許多分身。由此可知，工作量證明也有助於解決女巫攻擊的問題。原因在於，工作量證明機制的**電腦運算成本極高**，參與者必須消耗大量**電力**和付出昂貴的**硬體成本開銷**（統統是錢），企圖透過雜湊算力去癱瘓網絡是很花錢

---

19 http://www.righto.com/2014/09/mining-bitcoin-with-pencil-and-paper.html
20 女巫攻擊的名稱來自一九七三年史萊柏（Flora Rheta Schreiber）的著作《變身女郎》（Sybil），患有多重人格障礙的案例研究主角在書中化名西碧·朵賽特（Sybil Dorsett）。（中文版《變身女郎－西碧兒和她的十六個人格》，野鵝，二〇〇〇年出版）

的事，會拉高破壞者的攻擊成本。理論上，當你握有如此龐大的雜湊算力，你也可以挖掘區塊賺錢（好吧，是賺比特幣），而不是試圖破壞網絡。

## ◎問題：區塊建立者的誘因

執行單調無聊的雜湊演算需要資源，你要有電腦、電力、頻寬……每一樣都要花錢。為什麼有人會大費周章去建立區塊？能從中得到什麼？我們要如何激勵參與者建立區塊，讓系統不停運作？

## ▶ 解決辦法：手續費

解決辦法就是付錢彌補區塊建立者消耗的時間和資源！但要由誰付錢給他們？付哪一種貨幣？使用外部的付款或獎勵機制，由第三方付錢給區塊建立者，會造成過程中心化和捆綁限制，違背抗審查的目的。所以那樣行不通。使用美元或任何法定貨幣也都行不通，因為法定貨幣存放在銀行帳戶，銀行可能接到凍結帳戶的指示。

採用**內部或內在誘因機制**，可避免系統遭第三方控制。比特幣系統向每一筆交易收取這樣一筆金額不高的手續費，當作區塊建立者的佣金。費用是可依照固定比率或以均一價的方式收取，並將收費規則寫入程式──有一點類似「每個區塊至少十分鐘」的時間規定──但我們很難定出一個最適當的金額。比特幣系統透過市場機制來解決這樣的問題。由交易者自行設定手續費金額，區塊建立者可優先選擇處理手續費較高的交易，將手續費較低的交易排在後頭。

**自定手續費誘因機制**

A 付 50 給 B（礦工手續費：0.1）
C 付 500 給 D（礦工手續費：0.08）
E 付 0.5 給 F（礦工手續費：0.06）
A 付 50 給 E（礦工手續費：0.02）
E 付 50 給 G（礦工手續費：0.01）
G 付 50 給 B（礦工手續費：0）

> 用手續費最高的幾筆
> 交易製作我的區塊

　　如果愛麗絲想要用比特幣交易，她可以選擇支付一筆手續費給挖掘這筆交易的幸運礦工，[21] 這筆費用促使礦工在建立區塊時優先寫入愛麗絲的交易。區塊受限於網絡的規定，能接受的資訊量有限。以比特幣來說，容量限額為每區塊一百萬位元組（1MB）[22]。在有大量交易等著寫入區塊的時段，手續費通常會被抬高；交易數量下降，又會恢復至較低水準。

## ◎問題：初期如何啟動系統？

　　區塊建立者受到什麼鼓勵？為什麼願意在早期——甚至在像現在這樣的淡季（有時數小時都沒有一筆交易的期間）——不停建立區塊？雜湊演算可是要消耗電力和燒錢的工作。

---

21 實際運作方式是愛麗絲建立交易，並指定受款人收到的金額略低於帳戶扣除金額。以行話來說，交易輸出小於交易輸入，兩者之間的差額，就是礦工的手續費。礦工加總區塊上的所有交易手續費，並將手續費納入支付礦工費用的「幣基」（coinbase）交易，這點稍後說明。

22 但現在，隨著「隔離見證」（Segregated Witness）這類新技術的誕生，有一部分區塊資料不計入區塊大小，情況更複雜一些。

## ▶ 解決辦法：區塊獎勵

**區塊獎勵**是吸引參與者建立區塊的第二種誘因機制（目前，比另一種機制強很多）。區塊建立者其實可在一定限額內，每建立一個區塊，就開張支票給自己。這種設計的背後概念是：區塊獎勵有助啟動系統，並在系統啟動後，逐步淘汰區塊獎勵機制，由手續費來取代獎勵。[23]

**啟動獎勵機制**

區塊
幣基交易：創造 12.5 顆比特幣給我　　　　　礦工的獎勵
交易 1：A 付 50 給 B（礦工手續費：0.1）
交易 2：C 付 500 給 D（礦工手續費：0.08）
……

區塊上的第一筆交易稱為**幣基交易**（coinbase transaction）[24]。幣基交易很特別，因為只有這一筆交易會產生比特幣，其他交易只是讓現有比特幣在不同的地址間移動。區塊建立者可建立一筆交易，將符合比特幣協定規範金額上限、數量任意的比特幣，支付到任一地址（通常指定自己）。二〇〇九年，金額上限為每一區塊五十顆比特幣。之後，每二十一萬個區塊金額上限會減半一次，用每十分鐘建立一個區塊來算，大約四年減半一次。目前，二〇一八年中，區塊獎勵上限為十二·五顆比特幣，下次減半預估發生在二〇二〇年五月[25]，

---

23 審定註：這是一個常被忽略的觀念，比特幣只是作為協助儲存帳本的獎勵，即使未來無礦可挖，仍能進行加密貨幣交易。

24 別和美國的加密貨幣錢包公司「Coinbase」混淆了。

第六三○○○○塊的地方[26]。區塊獎勵機制至今約創造一千七百萬顆比特幣，區塊獎勵持續減半的機制，將比特幣的最終數量，控制在略低於兩千一百萬顆。最後一顆比特幣應該會在即將邁入二一四○年時誕生，除非日後規則有變。

區塊獎勵機制吸引參與者持續建立區塊。區塊建立者投入資源執行單調乏味的雜湊演算工作，為系統建立有效區塊，收到具價值的比特幣作為回饋。請注意，區塊建立者沒有義務將交易寫入他們的區塊，但選擇寫入交易的話，除了交易本身包含手續費，替交易建立區塊也可賺入比特幣。

這套系統最棒的地方在於，建立區塊賺得的利潤本身就寫在協定裡，不由系統的外部第三方支付。

## ◎問題：雜湊增加、區塊建立變快、貨幣供給提高

如果任何人都能尋找隨機數、讓區塊雜湊值符合特定條件，透過這種方式來建立有效區塊並收取報酬，那麼只要用更多電腦設備去計算雜湊值，不就可以更快建立有效區塊，獲取更多報酬！平均而言，雜湊算力增加一倍，建立有效區塊的速度就會加快一倍。

可是像這樣不受拘束隨意增加算力的話，系統會變得亂七八糟。區塊建立過程，有愈多人投入更多雜湊算力（電腦設備），區塊的建

---

25 審定註：二○二○年五月十三日比特幣獎勵再次減半（Bitcoin Halving），每個區塊的比特幣獎勵降
　　至六・二五個。

26 http://www.Bitcoinblockhalf.com/

立速度就愈快。別忘了，我們希望區塊慢慢建立，這樣簿記員比較容易維持共識。再說，比特幣產生的速度加快，會大幅提高貨幣供給量，可能導致貨幣的單位價值下降。

## ▶ 解決辦法：提高難度

當區塊建立速度高於設定的十分鐘區間，網絡必須要能自己調整和放慢速度。怎麼辦到？答案就是改變雜湊計算的目標數字。總的來說，網絡成員要找出小於目標數字的雜湊值，改變目標數字可提高或降低困難度。好比擲兩顆骰子，數字加總在八以下相當容易，但如果限制在四以下，你就要多擲幾次了。所以縮小目標數字，可使有效區塊的產生速度放慢。

比特幣系統的目標數字，從稱為「難度」的數字計算出來。每兩千零一十六個區塊，就會把先前兩千零一十六個區塊的消耗時間套入公式，進行一次難度調整（以每區塊十分鐘計算，約兩週一次）。前兩千零一十六個區塊的產生速度愈快，難度就會提高愈多。難度和雜湊目標數字呈負相關，難度愈高、目標數字愈小，想要建立有效區塊就會變得更難、更慢。

這個網絡會自己找到絕佳平衡點。若參與者投入的雜湊或挖礦算力增加，區塊建立速度會加快一陣子，但接下來系統會調整難度，讓挖掘有效區塊變難，減緩區塊產生速度。若挖礦算力退出網絡，區塊挖掘時間就會拉長，直到下一次難度調整為止。此時系統會調降難度，讓挖掘有效區塊變容易，完全不需要負責協調的中央單位。

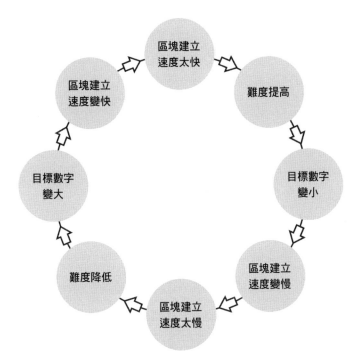

## ◎問題：區塊排序

　　交易捆成區塊，像帳本分頁一樣，用比單筆交易慢的處理速度，傳送給網絡的所有簿記員。但要怎麼知道區塊的編排順序？在一般書籍裡，每一頁都有一個頁碼，由小至大排序。假如頁面脫落了，你可以依照正確順序，把書重新拼好。區塊能不能也有獨一無二的「區塊碼」呢？原則上可以，但別忘了，挖礦是一個競爭過程，系統以當前難度決定目標數字，區塊建立者要搶先算出小於目標數字的雜湊值，即可贏得區塊。想像一下，當第一○○○號區塊被挖掘出來，傳給網絡上的每一個節點，礦工們開始挖掘第一○○一號區塊，此時可能會有狡猾的礦工先下手為強，動手挖掘第一○○二號區塊。等第一○○

一號區塊一被挖出來，就能將第一〇〇二號區塊馬上報出去，領取區塊獎勵。別忘了，挖掘第一〇〇二號區塊的礦工不必納入任何一筆交易，只要計算空白區塊的雜湊值，接在第一〇〇一號區塊之後，領取幣基交易的獎勵（coinbase reward）即可。嗯……使用編號不是好主意，參與者會想方設法鑽漏洞。

　　該怎麼做，才能限制礦工只挖掘下一個區塊？如何防範「提早挖掘」的行徑？

### ▶ 解決辦法：區塊鏈！

　　與其為區塊「編號」，不如規定後方區塊必須參照前一個區塊的雜湊值。礦工要將前一個區塊的**雜湊值**，添加到他們正在建立的區塊。意思是，第一〇〇二塊的礦工必須知道第一〇〇一塊的雜湊值。要等第一〇〇一塊被挖掘出來，才能挖掘第一〇〇二塊。強迫礦工引用第一〇〇〇塊的雜湊值，專心挖掘第一〇〇一塊，沒人能投機取巧。一個一個的區塊串連起來，形成一條區塊鏈。串連依據並非可預測的區塊**編號**，而是無法預測的區塊**雜湊值**。後方區塊引用前一區塊的雜湊值，不依編號大小排列。

這就是**區塊鏈**（英文稱作 chain of blocks 或 blockchain）。

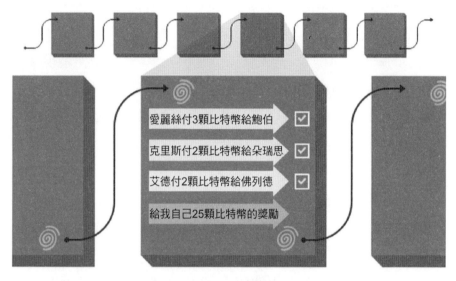

愛麗絲付3顆比特幣給鮑伯　☑

克里斯付2顆比特幣給朵瑞思　☑

艾德付2顆比特幣給佛列德　☑

給我自己25顆比特幣的獎勵

區塊鏈[27]的每一個區塊都要包含前一區塊的雜湊值，不以編號排序。

　　以雜湊值串連區塊還有另外一項好處，就是區塊鏈內部具有一致性，這種一致性有時稱為「不可竄改性」（immutability）。現在我們來假設，最新的第一○○○塊已經傳給網絡的所有節點。有一個壞心眼的簿記員企圖竄改前面的區塊，譬如竄改第九九○塊，並試圖重新發布竄改過的新區塊。這名簿記員可以採取以下兩種做法：

　　一、發布包含新資料和舊雜湊值的第九九○塊

　　二、發布包含新資料和新有效雜湊值的第九九○塊（重新挖掘區塊）

27 https://bitsonblocks.net/2015/09/09/a-gentle-introduction-to-blockchain-technology/

在第一種情況裡，其他簿記員都不視其為有效區塊，因為區塊雜湊值與內部資料不符，本身即存在不一致；在第二種情況裡，則是區塊雜湊值與第九九一塊的參考資料不符。因此，想要竄改用來組成區塊鏈的紀錄非常困難——你想要說服的對象一定會立刻發現哪裡不對勁。這就是區塊鏈「**不可竄改**」的意思。當然，沒有什麼東西是不能竄改的（不能更改），但竄改區塊鏈會很明顯，別人一下子就能看出資料是否被人無意間或刻意修改。

## ◎問題：區塊對撞／共識

由於雜湊演算是一個隨機的過程，不同參與者仍然有可能同時建立區塊。如果簿記員從兩名區塊建立者（礦工）收到兩個有效區塊，兩名礦工都是參考前一個區塊的雜湊值，此時簿記員怎麼知道該棄誰選誰？網絡如何在使用哪個區塊的問題上達成共識？當礦工收到兩個有效的競爭區塊，如何知道該用哪一個區塊去銜接區塊鏈？

## ▶ 解決辦法：最長鏈規則

區塊鏈協定裡還有一項最長鏈規則 [28]。假如礦工看見同一個區塊高度上，有兩個有效區塊，礦工可以從中選擇一個（通常會挖掘先看到的），並將另一個區塊先記在腦海裡。其他人也會選擇挖掘其中一

---

28 雖然很多人說比特幣以工作量證明當作「共識機制」，但比特幣的共識機制其實是最長鏈規則（想賣弄學問的話，你可以說，比特幣的共識機制是工作量最大的一條區塊鏈，通常包含最多區塊）。顯示工作量證明是添加區塊的進入價格，這種資料輸入機制能對抗女巫攻擊，但決定哪一條區塊鏈取得共識的機制，是最長鏈規則。

個區塊。最後，會有一個區塊成為其他區塊的基礎，往後產生一連串的區塊。根據協定，**最長的**區塊鏈是正統的紀錄串，被丟棄的區塊稱為**孤塊**（orphan block）。

孤塊內的交易，則視為未曾納入有效區塊，所以是「未確認的」交易，會直接和其他未確認交易一併納入後面的區塊。系統假設，這些交易不會和區塊鏈的已確認交易衝突。

## ◎問題：雙重支付

雖然最長鏈規則聽起來很合理，但有心人士會利用這條規則進行雙重支付，惹是生非。方式如下：

一、創造兩筆使用相同比特幣的交易，一筆付給網路零售商，另外一筆付給自己（你擁有的另一個比特幣地址）。

二、只廣播付給零售商的那一筆交易。

三、款項加入「誠實」區塊後，零售商看見紀錄，把商品寄送給你。

四、暗中建立較長區塊鏈，排除付給零售商那筆款項並用付給自己的款項取而代之。

五、發布較長區塊鏈。由於其他節點遵循最長鏈規則，他們會重新組織區塊鏈，丟棄含有給零售商那筆款項的誠實區塊，用你發布的較長區塊鏈取代。誠實區塊變成「孤塊」，不論當初的意圖和目的是什麼，這個區塊都不復存在。

六、誠實節點會將原本付給零售商的那筆款項視為無效交易，因為在你那一條比較長的替代區塊鏈裡，這些比特幣已經花掉了。你會收到商品，但本來該付給零售商的款項，會被網絡拒絕。

**雙重支付的運作方式**

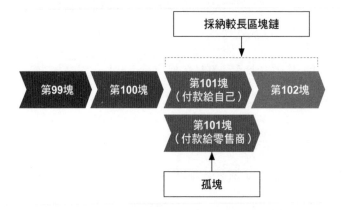

## ▶ 解決辦法：等待大約六個區塊

　　因此一般建議，收到比特幣的一方應該要等交易下沉幾個區塊，也就是上方多幾個區塊被挖掘出來，再完成交易。這樣交易就會確立，不會被隨便解除，你就可以放心了。[29] 此時想要建立比現有區塊鏈還要長的區塊鏈，所要挖的礦數量非常龐大，[30] 所以有理性的礦工寧願專心投入雜湊值的計算工作，靠著建立合法區塊來賺取區塊獎勵和手續費，不會想要耗費心力破壞網絡。

　　換句話說，多等幾個區塊能刻意提高產生有效區塊的難度。要是有人想更換區塊，動作必須非常快，才能超越其他（應該是誠實的）網絡成員。這也是有人說比特幣無法被竄改或更改的原因。但如果網絡裡，總雜湊算力有超過百分之五十被用來重寫區塊，區塊就可以被更改，因為這樣一來，區塊的產生速度會快過其他算力較低的另一半成員。這叫「51% 攻擊」（51% attack）。算力低於一半的一方還是能重寫區塊鏈，但成功機率較低。[31] 有幾款人氣沒那麼旺的加密貨幣，就曾經發生被幾名礦工發動 51% 攻擊得逞的例子。

---

29 在像比特幣這樣的區塊鏈裡，永遠不會有人去結算你的交易。其他地方可能會有比較長的區塊鏈被網絡成員接受。所以用加密貨幣支付的款項不會直接確定結清，而是有被結清的可能。交易在區塊鏈愈深的位置，被較長區塊鏈篡位的機率就愈小。

30 系統以一項極端的措施來防範雙重支付，就是礦工必須等待一百個區塊被建立，才能使用他們從挖礦獲得的幣基區塊特殊獎勵，稱為「幣基成熟」（coinbase maturity）。

31 參見：http://hackingdistributed.com/2013/11/04/bitcoin-is-broken/

## 使用哪幾顆比特幣？

　　先前我在雙重支付運作方式提到「使用相同比特幣的交易」，這是什麼意思？以實體現金來說，每一顆硬幣或每一張鈔票都是獨一無二的物品，你不能用**同一顆硬幣或同一張鈔票**付給兩個人，但數位貨幣不是這樣。你放在傳統銀行帳戶裡的錢全部混在一起，帳戶餘額以「總金額」顯示。收到錢的時候，所得存入帳戶，立刻跟其他的錢攪在一塊，好比把水倒進半滿的浴缸。付款時，從帳戶餘額的總金額中扣款，好比從浴缸舀水。你不能指定支付哪幾塊錢。舉個例子，假設你想花八元買杯咖啡，你不會說：「用一月二十五日匯入的薪資，去支付這八元。」你只會說：「從我的帳戶總金額扣款，支付這八元。」不指定哪一顆硬幣或哪一張鈔票的做法，提高了數位貨幣的**可替代性**（fungibility），帳戶內的某一塊錢和別的一塊錢毫無差別。

　　比特幣也是數位貨幣，但它在這方面和實體現金比較像。使用實體現金付帳時，你會打開錢包，拿出先前收到的**某一張**十元鈔票，來支付買咖啡的八塊錢，並且知道自己會收到兩塊錢的找零。比特幣的使用方式類似：每一筆款項都要指定用**哪幾顆**比特幣來支付。換句話說，用先前收到的哪幾顆比特幣來付款？你透過當時收到這些比特幣所產生的交易雜湊值[32]來**指定**比特幣——就像區塊利用前一區塊的雜湊值來建立下一區塊，交易也以先前交易的雜湊值來建立下一筆交易。用比特幣支付款項時要說：「用**這一筆交易**付給我的**這一堆**

---

32 實際運作中，因為一筆交易裡會有許多款項要付，所以你要在位址中指明交易的雜湊值和該筆款項。

**錢**，從中取一部分付到**這個帳戶**，並將剩下的錢退還給我。」

　　這是一筆比特幣交易。[33] 可以看見，這筆交易從地址 17tVxtsxh-kjH5PUKXWtCa4j6QoqP5WieQM，將一‧四二七顆比特幣中的○‧五九九九顆匯到地址 1Ce2QzzZrxGoEoDqZ2ncyrcJ2BvTcd7cwK，餘下的○‧八二七顆退回 17tVxtsxhkjH5PUKXWtCa4j6QoQp5WieQM。等一等，這兩筆款項加總起來，金額低於付出去的款項。○‧五九九九加○‧八二七○，等於一‧四二六九，不到一‧四二七。中間○‧○○○一顆比特幣的差異，就是挖礦費。礦工可以把這○‧○○○一顆比特幣加進區塊的幣基交易，付給自己。

　　檢視這筆交易發生的區塊，[34] 會發現礦工在幣基交易付給自己十二‧五二七二三九五一顆比特幣，等於十二‧五顆比特幣的區塊獎勵，加上區塊中的交易的交易手續費總金額：

33 https://tradeblock.com/bitcoin/tx/237e0b782a27f83873e781298f13ffae93fd6c274d49b36b015b7c2a814adea3
34 https://tradeblock.com/bitcoin/block/525908

| < 區塊 525,908 > >> | | B |
|---|---|---|
| **技術** | | **貨幣** |

**技術**

| 區塊時間 | 06/04/18 17:04:03（42分鐘前） |
| 確認 | 6 |
| 礦工 | 未知 |
| 區塊鏈 | 主鏈 |
| 雜湊值 | 0000000000000000002a16be42ffb1464f862224bd18df0c56e7113f70 |
| 難度 | 4.31萬億次雜湊（T） |
| 隨機數 | 24,198,794 |
| 大小 | 955.233位元組 |
| 手續費／大小 | 2.85163883聰／位元組 |
| 版本 | 536870912 |

**貨幣**

| 交易筆數 | 1,189 |
| 平均交易量 | 12.19655384 |
| 交易量 | 14,489.50572438 |
| 挖礦費 | 0.02723951 |
| 區塊獎勵 | 12.50000000 |
| 輸出量 | 14,502.03296389 |
| 價格（XBX） | $7601.10 |

**交易** ⊞

| 日期 | 輸入 | | 輸出 | | 費用 | 大小 | 交易雜湊 |
|---|---|---|---|---|---|---|---|
| 06/04/18 17:04 | 幣基 | | 2 筆輸出 | 12.52723951 | 0.00000000 | 207 | b229c7a... ↗ |
| 06/04/18 08:23 | 1 筆輸入 | -8.72374468 | 2 筆輸出 | 8.72374300 | 0.00000168 | 140 | e858d5c... ↗ |
| 06/04/18 08:23 | 1 筆輸入 | -6.34447272 | 2 筆輸出 | 6.34447104 | 0.00000168 | 140 | 6736566... ↗ |
| 06/04/18 08:24 | 1 筆輸入 | -5.22046665 | 2 筆輸出 | 5.22046499 | 0.00000166 | 138 | 4007766... ↗ |

因此，所有比特幣都可以溯源。你可以看見，匯入帳戶的每筆比特幣究竟如何組成，包括來源和內容，也可以從先前的帳戶，追蹤這筆款項的每一部分，一路追溯到一開始誕生的幣基交易。

我特別指明「每筆比特幣」，沒有寫「每顆比特幣」，因為比特幣不是一顆一顆匯出去，而是整筆金額一次匯出。以下用實際例子說明。

首先假設你有一個空白地址，你的礦工朋友剛才成功挖掘出一個區塊，從幣基交易獲得「一筆總額為十二‧五顆的比特幣」。這十二‧五顆比特幣就像放置在錢包裡的一張鈔票，必須整張付出去。礦工朋友同情你連一顆比特幣都沒有，想給你一顆，便建立一筆交易，將那十二‧五顆比特幣傳給兩名接收者：一顆傳給你，十一‧五顆傳給自己。現在你的帳戶裡有「一筆」一顆的比特幣。

　　這一天你非常幸運，又分別透過不同的交易，從其他幾個人那裡收到比特幣。分別是一筆兩顆的比特幣，以及一筆三顆的比特幣。所以現在，你的錢包裡有三筆總額六顆的比特幣：一筆一顆、一筆兩顆、一筆三顆。

　　如果你想把其中一·五顆給另外一個朋友，要怎麼進行呢？有幾種可行方法：

**選項一：傳送兩顆為一筆的比特幣**
你可以建立這樣的交易：
傳送：一筆兩顆的比特幣
支付：一·五顆給朋友，一筆〇·五顆的找零給自己

**選項二：傳送三顆為一筆的比特幣**
你可以建立這樣的交易：
傳送：一筆三顆的比特幣
支付：一·五顆給朋友，一筆一·五顆的找零給自己

**選項三：傳送一顆為一筆、兩顆為一筆的比特幣**
你可以建立這樣的交易：
傳送：一筆一顆和一筆兩顆的比特幣
支付：一·五顆給朋友，一筆一·五顆的找零給自己

**選項四：傳送一顆為一筆、三顆為一筆的比特幣**
你可以建立這樣的交易：
傳送：一筆一顆和一筆三顆的比特幣
支付：一·五顆給朋友，一筆二·五顆的找零給自己

**選項五：傳送一顆為一筆、兩顆為一筆、三顆為一筆的比特幣**
你可以建立這樣的交易：
傳送：一筆一顆、一筆兩顆和一筆三顆的比特幣
支付：一·五顆給朋友，一筆四·五顆的找零給自己

選項一看起來最合乎直覺，你應該會用這種方式從實體錢包掏錢給別人，但理論上，這些都是支付比特幣的可行選項，殊途同歸。存在帳戶的錢稱為「未花費的交易輸出」（Unspent Transaction Outputs，簡稱 UTXO）。大部分的人從「帳戶餘額」去思考自己的錢（帳戶餘額增加或減少），但比特幣系統是用「交易」的角度思考金錢（交易傳送**這筆錢**，匯到**那裡**）。一筆一筆的款項是交易的結果，或稱**交易輸出**，因為你還沒花掉，所以是**未花費**的交易輸出。比特幣系統這樣描述選項一：

選項一：傳送兩顆為一筆的比特幣

交易**輸入**：（花掉的錢）

　一、一筆兩顆的比特幣

交易**輸出**：（還沒花掉的錢）

　一、一‧五顆給朋友

　二、一筆〇‧五顆的找零給自己

整筆交易會計算出一個雜湊值，也就是交易識別碼（Transaction ID），以提供未來的交易使用。如果你之後想要花掉給自己的那一筆〇‧五顆比特幣，你會說：「使用這筆交易的第二項輸出，花費方式是……」

現在，假設你採用前面描述的選項一，帳戶裡還剩多少錢呢？剛開始，你有一筆一顆、一筆兩顆和一筆三顆的比特幣。你花掉一筆兩顆的比特幣，拿回〇‧五顆，所以現在手中還有三筆比特幣：一筆一顆、一筆三顆，以及新的一筆〇‧五顆。在區塊鏈紀錄上，那〇‧

五顆來自你自己的帳戶,所有人都可以從那○‧五顆追蹤到原本兩顆一筆的比特幣,再往前查詢兩顆比特幣的來源。

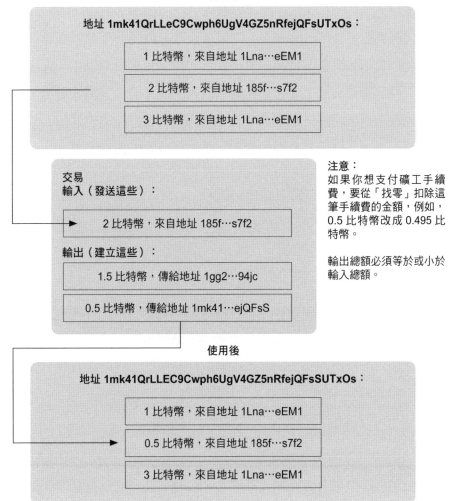

## 使用未花費交易輸出（UTXO）

### 使用前

地址 **1mk41QrLLeC9Cwph6UgV4GZ5nRfejQFsUTxOs**：

> 1 比特幣,來自地址 1Lna…eEM1

> 2 比特幣,來自地址 185f…s7f2

> 3 比特幣,來自地址 1Lna…eEM1

交易
輸入（發送這些）：

> 2 比特幣,來自地址 185f…s7f2

輸出（建立這些）：

> 1.5 比特幣,傳給地址 1gg2…94jc

> 0.5 比特幣,傳給地址 1mk41…ejQFsS

注意:
如果你想支付礦工手續費,要從「找零」扣除這筆手續費的金額,例如,0.5 比特幣改成 0.495 比特幣。

輸出總額必須等於或小於輸入總額。

### 使用後

地址 **1mk41QrLLEC9Cwph6UgV4GZ5nRfejQFsSUTxOs**：

> 1 比特幣,來自地址 1Lna…eEM1

> 0.5 比特幣,來自地址 185f…s7f2

> 3 比特幣,來自地址 1Lna…eEM1

　　發送者用私密金鑰簽署建立好的交易。接著，這筆簽署好的交易會傳送到某個節點，由該名簿記員依照商業規則（例如：這筆UTXO是否存在？這筆錢是否已經花掉？）和技術規則（例如：交易內的資料占多大空間？數位簽章是否有效？），去驗證交易效力。如果這是一筆有效交易，簿記員會將這筆交易和他們知道的其他「未確認交易」，一起放入「內存池」（英文為 memory pool 或 mempool），並將交易傳播給網絡中的鄰近節點。這每一個鄰近節點，又會以相同流程，將交易傳播給其他鄰近節點。直到一名礦工（區塊建立者）挑到這筆交易，決定是否將其納入區塊。若決定納入區塊，就會進入區塊挖掘程序。礦工成功挖掘區塊後，會把區塊傳播給其他礦工和簿記員，每個節點都要將交易記錄為已確認的區塊交易。

## 點對點系統

　　大家都說比特幣是一套「點對點」系統，這是什麼意思？

　　首先，簿記員是以點對點的方式**傳送資料**。換句話說，不透過中央伺服器，使用者直接互相傳送交易和區塊，每一名簿記員都是地位同樣重要的**同儕節點**。資料透過網際網路傳遞，中間沒有像主要銀行使用的 SWIFT 網絡那種第三方基礎設施。

　　再來，比特幣付款也經常被描述為「點對點付款」（沒有中間人）。但這是真的嗎？在某種程度內是沒錯。如果你用的是實體現金，交易過程中只有付錢和收錢的人，沒有別人，所以實體現金交易

是點對點交易，毫無疑問。但比特幣還是有像礦工和簿記員這類中間人。用比特幣付款和銀行轉帳之間的差異是，比特幣系統**沒有特定的中間人**，而且中間人可以互相取代，但傳統銀行和集中式付款服務**有特定的中間人**。舉例來說，如果你的戶頭設在匯豐銀行，你不能指示花旗銀行動用你的錢，但比特幣系統的每一名礦工，都可以把你的交易加入他們正在挖掘的區塊。

點對點的資料發布模式類似流言傳播網絡，由各個同儕節點共享最新資料。點對點系統必須複製和多次驗證資料（每臺設備驗證一次，每次變更都會產生許多紛雜的流言），所以在許多方面比主從架構來得沒有效率。但每個同儕節點都是獨立的，即使發生節點暫時斷線，網絡仍然可以繼續運作。而且因為沒有會受到控制的中央伺服器，點對點網絡的運作比較穩健，不容易被人刻意或不小心斷網。

你不能輕易相信匿名使用的點對點網絡，每一個同儕節點在運作的時候，都必須抱持其他同儕都是壞人的心態，所以節點要自己做功課驗證每一筆交易和每一個區塊，不能相信其他同儕。如果在網絡上運作的大部分都是誠實節點，那這個網絡的運作就很可靠。

接著我們要來看看，搞破壞的人可以做到什麼程度，以及破壞行為的成本和誘因。

## 壞蛋

網絡裡的壞蛋可以做到和做不到哪些事？

　　抱持惡意的**簿記員**對網絡的影響非常有限。他們可以扣住交易，不把交易傳給其他簿記員，或是可以在有人對區塊鏈有疑問時，提供假意見。但你只要去找其他簿記員核對，馬上就能看出端倪。

　　抱持惡意的**礦工**能造成的影響就比較大了。他們可以：

・對交易加以選擇，嘗試建立包含或排除特定交易的區塊。

・嘗試建立「較長區塊鏈」，讓先前被接受的區塊變成不納入主鏈的「孤塊」，製造雙重支付。他們必須在整個網絡裡掌控大量的雜湊算力，才能真正辦到這件事。

　　但惡意礦工無法：

・從你的帳戶偷走比特幣，因為他們無法假造你的數位簽章。

・憑空製造比特幣，因為沒有其他礦工或簿記員會接受這筆交易。

　　所以其實惡意礦工能做的也很有限。此外，如果礦工被抓到進行雙重支付，其他網絡成員只要同意採取非正式的應對措施，就能馬上將這名礦工踢出去。誠實礦工可以不同意在惡意礦工的區塊上建立區塊。

## 小結

　　比特幣交易是指要求從使用者產生的某個帳戶（地址），將特定數量的比特幣輸出（UTXO）到另外一個帳戶。使用者透過錢包軟體建立交易，以獨一無二的數位簽章認證以後，傳送給簿記員（節點），由簿記員根據大家熟知的商業和技術規則，獨自驗證交易的有效性。

簿記員再將有效交易加入**內存池**，並散布給網絡中相連的簿記員。

　　礦工將個別交易收集到區塊，並互相競爭，看誰能最快把區塊內容（確切來說是隨機數欄位）調校成小於某個目標數字的雜湊值。目標數字來自當時設定的難度，難度取決於前一組區塊的挖掘時間，目的在讓整個網絡符合「每十分鐘挖掘一個新區塊」的頻率。礦工必須投入資源，才能不停計算建立有效區塊所需要的雜湊值，與其他礦工競爭。新產生的比特幣和手續費是礦工可以贏得的金錢獎勵，可用來補貼投入資源的開銷，這是促使礦工繼續努力的誘因。

　　區塊之間以獨特的順序相連後形成帳本，就是比特幣區塊鏈。成千上萬臺執行比特幣軟體的電腦，在世界各地幾乎同時記下一模一樣的帳本內容。如果某一筆比特幣交易沒有記錄在這條區塊鏈裡，就不能算是比特幣交易，這筆交易並不存在。不在檔案內的比特幣交易，無法構成帳本。

　　世界上並沒有哪個中央機構控制帳本，也沒有哪個中央機構可以審查特定的交易。

　　不同的區塊鏈平臺或系統，以不同的方式運作。系統的目標或限制放寬了、改變了，解決辦法的設計也會隨之改變。有些解決辦法比較簡單，例如，我們之後會談到，有一些私人區塊鏈並不在意審查抵抗的問題，設計上就可以單純一些。

## 比特幣生態系

　　我們可以從右頁這張圖，拼湊出比特幣生態系裡有許多人扮演不同的角色。礦工和簿記員專心建立和維護區塊鏈，錢包供應商讓人們方便使用加密貨幣，交易所和加密貨幣付款處理商是連接法幣和加密貨幣世界的橋樑。

比特幣網絡圖，出處 www.bitsonblocks.net

**資料庫**
分散式資料庫

公開（非許可制）
工作量證明
比特幣　以太坊　NXT
權益證明

公開（非許可制）
超級帳本　多鏈
Eris.db　Clearmatics
無智慧合約
智慧合約

**比特幣支付處理器**
一般由付款處理商向顧客收取比特幣，到交易所將交換成法定貨幣，再將法定貨幣匯入商家帳戶。
付款引擎
節點

**業餘愛好者**
節點

節點是軟體，會和自己的比特幣網絡中的其他節點互動，節點從其他節點收到交易後，會先依照技術和商業的邏輯規則驗證交易，再傳遞給其他節點。收到區塊時，節點會先驗證，然後將這些驗證過的區塊納入自己的區塊鏈。

**單一礦工**
區塊建立者
節點
單一礦工會嘗試建立並挖掘區塊。區塊建立者和礦工是同一個人（礦池則是由一群礦工組成）。

**礦池**
礦池參與者（礦工）
礦池經營者
區塊建立者
節點
區塊建立者將交易捆綁成區塊，並且加入不可或缺的「挖礦獎勵」款項。礦工猜測符合比特幣隨機數字的有效區塊隱碼，解開「區塊的數學題」。

這是分散式資料庫版本的定義，也是金融機構感興趣的部分......
......但是他們對這部分不感興趣

「區塊鏈」
「公開/非許可制」
使用者
區塊建立者和礦工
www.bitsonblocks.net
節點

比特幣......
以分散式帳本將交易儲存
與前一區塊參照相連的區塊
不需自我識別，人人皆能加入網絡
以及提交交易資料、建立和傳遞交易和區塊。
使用者
統統交由「比特幣軟體」處理

**交易平臺**
節點
使用者

**比特幣交易所**
比特幣交易所成為人們打造用真正的錢去買賣比特幣的市場。交易所將客戶的法定貨幣存放在他們的銀行帳戶，並將客戶的比特幣存放在比特幣錢包。

所有人同步更新比特幣
區塊鏈

**比特幣相關網站**
分所
節點
使用者

**錢包服務供應商**
節點
使用者

使用者在自己的裝置上建立和簽署交易（比特幣款項）。之後節點將去驗證交易，並將通過驗證的交易散布給網絡成員。使用者透過錢包管理帳戶、簽署金鑰和交易。

# 實際運用比特幣

理論聽起來很棒，但比特幣在實務上，並不如大家所說的權力分散，在某些方面也不如支持者所言的那般出色。

## ▶ 簿記節點

雖然全世界大約有一萬個節點在執行簿記任務，以及負責傳遞交易和區塊，但節點主要是靠同一套軟體維持運作；這套名為「比特幣核心」的軟體，由一小群人撰寫出來，所以他們也掌控軟體。這群人是「比特幣核心開發者」。

### 比特幣節點（二○一八年五月二十六日）
coin.dance

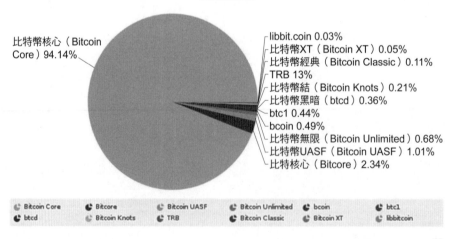

比特幣核心（Bitcoin Core）94.14%

libbit.coin 0.03%
比特幣XT（Bitcoin XT）0.05%
比特幣經典（Bitcoin Classic）0.11%
TRB 13%
比特幣結（Bitcoin Knots）0.21%
比特幣黑暗（btcd）0.36%
btc1 0.44%
bcoin 0.49%
比特幣無限（Bitcoin Unlimited）0.68%
比特幣UASF（Bitcoin UASF）1.01%
比特核心（Bitcore）2.34%

Bitcoin Core　　Bitcore　　Bitcoin UASF　　Bitcoin Unlimited　　bcoin　　btc1
btcd　　Bitcoin Knots　　TRB　　Bitcoin Classic　　Bitcoin XT　　libbitcoin

資料來源：coin.dance[35]

---

35 https://coin.dance/nodes

這些與比特幣核心不一樣的軟體版本或實作，在規則上各有些許不同之處，但差異並未大到使軟體無法相容。舉例來說，有些軟體會在願意變更規則的簿記員人數到達門檻時，以標誌發出簿記員準備採用新規則的訊號。

## ▶ 挖礦

雖然人人皆可挖礦，但挖礦實際上已變成密集產業，市面推出新的硬體設備和晶片，專門用於大幅提高 SHA-256 雜湊演算的效率。二〇一四年，特殊應用積體電路（ASIC）成為挖礦必備規格，將其他可節約能源的比特幣挖礦硬體統統給比了下去。戴夫・哈德森（Dave Hudson）在其出色的部落格《計算雜湊》（Hashing It）[36] 討論 ASIC 的影響。大眾媒體經常拿這些專用晶片和超級電腦的算力比較，但 ASIC 不能用於通用電腦，所以拿超級電腦和 ASIC 比較沒有意義。只有少數人有辦法從挖礦獲利，這些人通常透過專門的「礦場」挖礦——礦場大多集中在電費便宜的地方。下方圖表顯示，近期各方礦工的區塊挖掘比例。這個比例，大致與他們在網絡占據的雜湊算力比例相當。

36 http://hashingit.com/analysis/22-where-next-for-bitcoin-mining-asics
37 https://blockchain.info/pools?timespan=4days past 4 days of blocks，擷取日期二〇一八年五月二十七日。

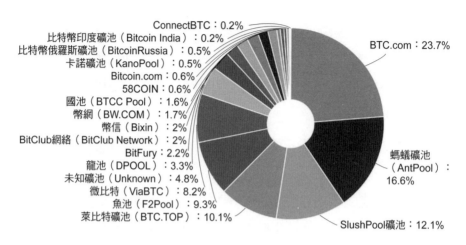

ConnectBTC：0.2%
比特幣印度礦池（Bitcoin India）：0.2%
比特幣俄羅斯礦池（BitcoinRussia）：0.5%
卡諾礦池（KanoPool）：0.5%
Bitcoin.com：0.6%
58COIN：0.6%
國池（BTCC Pool）：1.6%
幣網（BW.COM）：1.7%
幣信（Bixin）：2%
BitClub網絡（BitClub Network）：2%
BitFury：2.2%
龍池（DPOOL）：3.3%
未知礦池（Unknown）：4.8%
微比特（ViaBTC）：8.2%
魚池（F2Pool）：9.3%
萊比特礦池（BTC.TOP）：10.1%

BTC.com：23.7%

螞蟻礦池（AntPool）：16.6%

SlushPool礦池：12.1%

比特幣的挖掘過程未分散權力！　　資料來源：blockchain.info[37]

　　其中有一些是單一挖礦者，有一些則是任何人都能加入的挖礦團體。挖礦團體的成員各自貢獻雜湊算力，並依照貢獻度比例分配獎勵。我們粗估全世界約有百分之八十的雜湊算力掌握在中國挖礦者手中。BTC.com、螞蟻礦池（Antpool）、萊比特礦池（BTC.TOP）、魚池（F2Pool）、微比特（viaBTC）都是中國團體[38]，而且 BTC.com 和螞蟻礦池都屬於比特大陸公司（Bitmain）。因此，假如前三大礦池決定聯手，他們就可以重新組織區塊並進行雙重支付。由於他們的雜湊算力加起來超過百分之五十，沒有人有能力阻止。可見這並非一套徹底分權的系統。[39]

---

38 雖然礦池掌握在中國團體手中，但向礦池貢獻雜湊率（hashrate）的人不一定都是中國人，理論上，他們可以按照意願自由轉換礦池。

雖然大家常說，聯手進行雙重支付會導致人們對比特幣信心流失，引發比特幣價格下跌，使礦工手中持有的比特幣價值貶損，所以礦工不會這麼做。可是野心勃勃的礦工團體可以在進行雙重支付前，建立大量的臨時空頭交易部位，從比特幣價格下跌中獲利。

## ▶ 挖礦硬體

我們討論過，礦工使用特殊應用積體電路「ASIC」，這種晶片專門用於提升 SHA-256 雜湊演算的效率。由於一般商用晶片製造商在刻意提升 SHA-256 雜湊演算效率的晶片設計方面開發速度很慢，專門供應比特幣 ASIC 的產業在市場需求的帶動下應運而生。掌控前兩大礦池的比特大陸就是 ASIC 的主要供應商。根據估計，在比特幣的所有區塊之中，有百分之七十到八十的區塊，用比特大陸生產的硬體設備開挖。[40] 比特幣硬體設備製造也沒有徹底分權。

## ▶ 比特幣持有者

比特幣本身也集中在少數人手裡：

---

39 審定註：中國國家發展和改革委員會於二〇二一年九月二十四日發布通知指出，虛擬貨幣挖礦造成能源消耗與大量碳排放，故將虛擬貨幣「挖礦」列為「淘汰類」產業，除了嚴格限制其用電，並將逐步淘汰現有相關企業。英國劍橋大學的劍橋另類金融中心（Cambridge Centre for Alternative Finance，CCAF）於同年十月十三日指出，美國已取代中國成為全球最大比特幣挖礦地區。

40 https://www.cnbc.com/2018/02/23/secretive-chinese-bitcoin-mining-company-may-have-made-as-much-money-as-nvidia-last-year.html

## 比特幣分布

| 餘額 | 地址數目 | 地址百分比（總比例） | 顆數 | 美元金額 | 顆數比例（總比例） |
|---|---|---|---|---|---|
| 0 - 0.001 | 10883342 | 49.38% (100%) | 2,171 BTC | 15,919,352 USD | 0.01% (100%) |
| 0.001 - 0.01 | 4962026 | 22.51% (50.62%) | 20,194 BTC | 148,058,699 USD | 0.12% (99.99%) |
| 0.01 - 0.1 | 3804708 | 17.26% (28.11%) | 122,128 BTC | 895,429,283 USD | 0.72% (99.87%) |
| 0.1 - 1 | 1688044 | 7.66% (10.85%) | 544,622 BTC | 3,993,117,911 USD | 3.22% (99.15%) |
| 1 - 10 | 554922 | 2.52% (3.19%) | 1,464,218 BTC | 10,735,507,983 USD | 8.65% (95.93%) |
| 10 - 100 | 131602 | 0.6% (0.68%) | 4,348,552 BTC | 31,883,178,092 USD | 25.69% (87.28%) |
| 100 - 1,000 | 15651 | 0.07% (0.08%) | 3,687,811 BTC | 27,038,686,890 USD | 21.79% (61.59%) |
| 1,000 - 10,000 | 1530 | 0.01% (0.01%) | 3,338,428 BTC | 24,477,042,089 USD | 19.72% (39.8%) |
| 10,000 - 100,000 | 111 | 0% (0%) | 2,941,590 BTC | 21,567,458,295 USD | 17.38% (20.08%) |
| 100,000 - 1,000,000 | 3 | 0% (0%) | 457,218 BTC | 3,352,282,885 USD | 2.7% (2.7%) |

| 高於以下金額的地址 | | | | | | |
|---|---|---|---|---|---|---|
| 1 美元 | 100 美元 | 1,000 美元 | 10,000 美元 | 100,000 美元 | 1,000,000 美元 | 10,000,000 美元 |
| 15,451,012 | 5,125,085 | 2,014,741 | 505,564 | 119,653 | 10,734 | 1,033 |

資料來源：bitinfocharts.com[41]

　　這份分析資料顯示，有將近百分之九十的價值，被低於百分之〇‧七的地址掌握。不過，我們當然要謹慎看待這類分析，有很多使用者的加密貨幣由交易所代管，這些交易所的錢包規模很大。表格可能誇大了比特幣的集中程度。另一方面，有些人將比特幣分散存放在多個錢包，避免引起注意。做法非常容易。所以這張表格也可能低估比特幣的集中程度。無論如何，比特幣非常可能如同非加密貨幣世界那樣，由極少數人掌握比例極高的價值。驚訝吧！

## ▶ 更新比特幣協定

　　比特幣網絡和比特幣協定的更新也相當集中。成員可以在「比特幣改進協議」（Bitcoin Improvement Proposal）文件提出建議。這

---

41 https://bitinfocharts.com/top-100-richest-bitcoin-addresses.html，擷取日期二〇一八年五月二十七日。

些文件誰都可以撰寫，但文件內容最後會上傳到同一個網站（https://github.com/bitcoin/bips）。若建議事項寫入 Github 網站（https://github.com/bitcoin/Bitcoin）的「比特幣核心」軟體——使用者最多的比特幣執行軟體，亦即比特幣的參考實作（reference implementation）——協定內容將會更新一部分，形成新版「比特幣核心」。我們知道，絕大多數參與者同意，才能進行更新。

## ▶ 手續費

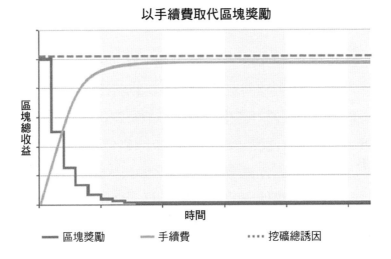

### 以手續費取代區塊獎勵

區塊總收益

時間

── 區塊獎勵　　── 手續費　　⋯⋯ 挖礦總誘因

理論上，每個區塊都可以收取手續費，目的是在網絡成員日漸增加之後用來填補減少的區塊獎勵。但實際情況顯示似乎沒有作用。

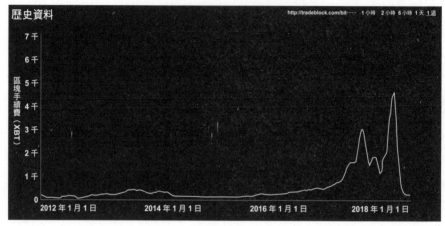

從這張圖可以看出，除了二〇一七年底手續費短暫飆升，整體而言，交易手續費始終頑強地維持在約每週兩百比特幣的低檔。相較之下，幣基獎勵每週新產生一萬兩千六百顆比特幣（每區塊十二・五顆×每小時六區塊×每天二十四小時×每週七天＝一二六〇〇顆；這是二〇一六年減半過後的數字，預估將在二〇二〇年再次減半）。用來填補區塊獎勵的手續費沒有大幅提高，比特幣挖礦經濟勢必會有所變化。

## 比特幣的前輩

比特幣和多數創新事物一樣並非憑空產生。其誕生基礎在於：

---

42 https://tradeblock.com/bitcoin/historical/1w-f-tfee_per_tot-01071

汲取既有經驗、以創新方式拼湊各種千錘百鍊的概念，為去中心化的數位現金構思新特色。以下是直接或間接啟發比特幣的技術或概念：

## ▶ 數位現金公司

　　早期的密碼龐克大衛・喬姆（David Chaum）曾說，電子現金是一種可以保障隱私及消滅金融義務的數位資產。電子現金的發展，喬姆功不可沒。一九八三年，他在期刊《密碼學進展學報》（Advances in Cryptology Proceedings）發表論文〈不可追蹤付款機制的盲簽章〉（Blind signatures for untraceable payments），描述了電子現金的概念。他呼籲銀行業者為客戶開發可以使用數位簽章技術的數位現金。客戶在商店使用數位現金，再由商家向銀行兌換現金。商家向銀行兌換現金時，銀行知道那筆數位現金沒有問題，但無法得知錢來自哪個客戶。因此對銀行來說，每一筆交易都是匿名的。總部設在阿姆斯特丹的數位現金公司（DigiCash），以將數位現金技術商業化為成立宗旨。他們推出「eCash」系統（有時稱「喬姆 eCash」）與「Cyber-Bucks」代幣。過去曾經有幾間銀行嘗試使用 CyberBucks，不過 Digi-Cash 在一九九八年因無法談成交易，導致經營不下去而申請破產。

## ▶ b-money

　　一九九八年十一月，在美國接受教育的加密技術研究者和密碼龐克戴維發表一篇短文[43]，描述 b-money 必須遵守兩項協定。b-mon-

---

43 http://www.weidai.com/bmoney.txt

ey 在不可追蹤的網絡中運作，只能看見傳送者和接收者的數位假名（即公開金鑰）。每一則訊息都要有傳送者簽章，經過加密後再傳給接收者。交易會廣播給網絡中的每一個伺服器，由這些伺服器記錄帳戶餘額，並在收到簽署過的交易訊息後，更新帳戶餘額。參與者每隔一陣子透過競價達成創造新貨幣的協議。

## ▶ 雜湊現金

　　一九九二年，辛西亞・德沃克（Cynthia Dwork）和莫尼・諾爾（Moni Naor）在共同撰寫的論文〈處理或打擊垃圾郵件的收費法〉（Pricing via Processing or Combatting Junk Mail）[44]，描述了一種迫使電子郵件發送者通過關卡，來減少垃圾郵件的技術。郵件發送者必須在想要發出的郵件裡附上某種證據或單據，來證明自己支付了一點點發信「成本」。收件人不會收下沒有附上單據的信件。對發信量正常的人來說這筆「成本」很低，但成千上萬封信件累積起來就不容小覷，有嚇阻發送大量郵件的效果。所謂的成本並非支付給第三方的「金錢」，而是必須反覆執行運算的「任務工作量」，目的在確保收件人收下電子郵件。單據是反覆運算的「證明」，也可以理解成寄件人必須完成的「工作」──這就是「工作量證明」一詞的由來。

　　一九九七年，亞當・貝克（Adam Back）提出類似概念[45]：一種他稱之為「雜湊現金」（Hashcash）的「部分雜湊碰撞郵資機制」。

---

44 https://link.springer.com/content/pdf/10.1007%2F3-540-48071-4_10.pdf

45 http://www.hashcash.org/papers/announce.txt

比特幣在挖礦程序運用這個概念，強迫參與者工作並提出工作證明才能存取資源。後來，貝克又在二〇〇二年發表論文〈雜湊現金：阻斷服務攻擊對策〉（Hashcash—A Denial of Service Counter-Measure）[46]，描述工作量證明的改良和應用，其中包括以雜湊現金作為戴維所提之 b-money 電子現金的造幣機制。

## ▶ 電子黃金網站

　　一九九六年創立的電子黃金網站（e-gold），全名「e-gold Ltd」，由金銀準備公司（Gold & Silver Reserve Inc.）負責營運，供客戶開立戶頭和交易數位黃金。有存放在美國佛羅里達州銀行保險箱裡的黃金，作為這些數位黃金的支撐資產。e-gold 不會要求使用者表明身分，對黑社會很有吸引力。網站經營得非常成功，報導指出，二〇〇五年，e-gold 在一百六十五個國家，共有高達三百五十萬個帳戶，每天新開一千個帳戶。[47] 不過 e-gold 網站因為詐欺事件和被控助長犯罪最終關門大吉。[48] 它和比特幣的不同之處在設有集中式帳本。

## ▶ 自由儲備銀行

　　總部設在哥斯大黎加的自由儲備銀行（Liberty Reserve）就像 e-gold，客戶只要提供幾項個人資料，包括姓名、電子郵件地址、出生日期等，即可開立帳戶。就算客戶使用一眼就知道不對勁的假

46 http://www.hashcash.org/papers/hashcash.pdf

47 https://www.wired.com/2009/06/e-gold/

48 https://www.justice.gov/usao-md/pr/over-566-million-forfeited-e-gold-accounts-involved-criminal-offenses

名（例如米老鼠），自由儲備銀行也不會去驗證這些資料。調查指出[49]，一名美國特勤人員在自由儲備銀行，曾以「偷光光」（ToStealEverything）為使用者名稱，替居住在「紐約州瞎掰市假街一二三號」的「假喬伊」成功開了一個用途為「幹壞事」的戶頭。《ABC新聞》（ABC News）報導[50]，由於自由儲備銀行管理鬆散，被許多人拿來洗錢和進行不法勾當，涉及超過六十億美元的不法金額。自由儲備銀行共有超過一百萬名客戶，在二〇一三年被美國政府依《美國愛國法》（Patriot Act）勒令關閉。

### ▶ Napster

　　Napster 是一九九九到二〇〇一年之間的一套點對點檔案分享系統，由尚恩・范寧（Shawn Fanning）和尚恩・帕克（Sean Parker）共同創辦，深受喜歡分享音樂和不想付錢買歌曲的人歡迎，經常用來傳送 MP3 格式音樂檔。Napster 的設計概念是想讓每一個人都能複製分享儲存在硬碟裡的內容。顛峰時期的 Napster 總共約有八千萬名註冊用戶。最後，由於 Napster 在有版權的檔案共享措施上管理太寬鬆，遭到原先可從這些共享檔案獲利的人士反對，導致系統被迫關閉。

　　Napster 的技術弱點在使用中央伺服器。用戶搜尋歌曲時，設備會向 Napster 的中央伺服器發送搜尋請求，中央伺服器再回傳一份儲存那首歌曲的電腦清單，並讓用戶連接其中一臺電腦（即點對點位

---

49 https://www.theatlantic.com/magazine/archive/2015/05/bank-of-theunderworld/389555/

50 http://abcnews.go.com/US/black-market-bank-accused-laundering-6b-criminal-proceeds/story?id=19275887

元），從電腦下載歌曲。雖然 Napster 本身不儲存資料，但 Napster 可帶用戶輕易找到其他儲存資料的人。經營集中式服務的機構和這類集中式服務很容易被迫關閉。Napster 也被關閉了。之後，被去中心化的點對點檔案分享系統 BitTorrent 所取代。

## ▶ 魔力國度

魔力國度（Mojo Nation）執行長吉姆·麥考伊（Jim McCoy）表示，魔力國度是融合了 Napster 和 eBay 的開放原始碼計畫。這套系統約在二〇〇〇年上線[51]，結合檔案分享和用 Mojo 代幣付款的小額付費功能，讓分享內容的人收取費用。魔力國度將檔案切割成分散於各處的加密區塊，沒有任何一臺電腦存有完整的檔案。魔力國度並未大受歡迎，但魔力國度出身的祖科·威爾考克斯－歐亨（Zooko Wilcox-O'Hearn），後來創立了針對交易隱私設計的加密貨幣「大零幣」（Zcash）。

## ▶ BitTorrent

BitTorrent 是很成功的點對點檔案分享協定，至今仍有許多人使用。BitTorrent 公司（BitTorrent Inc）的其中一位創辦人是魔力國度的開發者布拉姆·科恩（Bram Cohen）。BitTorrent 在喜歡共享音樂和電影的用戶之間大受歡迎，這些可能是從 Napster 轉戰過來的用戶。它是一套去中心化的系統：使用者直接對其他使用者發送搜尋要

---

51 https://www.wired.com/2000/07/get-your-music-mojo-working/

求，不需透過中央搜尋伺服器。由於沒有中央管理者，這套系統不容易被審查或關閉。

　　不論我們講的是貨幣系統（e-Gold、自由儲備銀行、比特幣等），還是資料傳輸系統（Napster、BitTorrent 等），我們一再看到，去中心化協定比由中央控制點（或中央故障點）提供服務的系統，更不容易被強制關閉。我推測，去中心化的趨勢會在將來延續下去。主管機關過度插手私人社群事務，會是其中一項原因。

## 比特幣的早期歷史

　　比特幣擁有多采多姿的歷史。有些社會公認的智慧結晶，歷史可能都沒那麼豐富。有些比特幣擁護者說比特幣（協定）不曾遭到駭客入侵，但他們說錯了。比特幣**曾經遭到**駭客入侵。以下是我從 historyofBitcoin.org 網站 [52] 和比特幣維基（Bitcoin Wiki）[53] 整理出來的事件，加上我對事件的個人看法。

### 二〇〇七年

　　有一個化名中本聰的人開始設計比特幣。

### 二〇〇八年八月十八日

　　有人透過 anonymousspeech.com 網站註冊 bitcoin.org。anonymous-

---

52 http://historyofBitcoin.org/

53 https://en.bitcoin.it/wiki/Category:History

speech.com 是一個可以代替匿名客戶註冊網域的網站。由此可知，參與比特幣系統的人或團體非常注重隱私。

## 二〇〇八年十月三十一日

化名中本聰的人，於深受密碼龐克喜愛且非常迷人的 metzdowd.com 祕密電子郵件名單，發布他撰寫的比特幣白皮書。維基百科這樣描述密碼龐克：

密碼龐克以行動提倡廣泛應用可大幅提升隱私的加密技術，他們認為這是促進社會與政治革新的一種方式。這個非正式團體起初是以密碼龐克電子郵件名單進行通訊，希望藉由積極運用密碼學，提高隱私和安全性。密碼龐克自一九八〇年代晚期開始投入運動。

在比特幣信仰者眼中，中本聰撰寫的簡短白皮書有如《聖經》。

## 二〇〇九年一月三日

比特幣的創世區塊（第一個區塊）被挖掘出來，為數五十顆的第一批比特幣於焉誕生，記錄於比特區塊鏈的第一個區塊「第〇塊」。這筆包含挖礦獎勵的交易（幣基交易），訊息中寫了：

泰晤士報二〇〇九年一月三日，財政大臣即將第二次替銀行紓困（Chancellor on brink of second bailout for banks）。

這段文字提到英國《泰晤士報》（The Times）的報紙標題。大家認為，這件事證明第〇塊的挖掘時間與那一天相去不遠，並且推測，刻意選擇加入這個標題具特殊涵義：銀行失敗的損失由社會人眾承擔，不需要銀行即可運作的比特幣問世了！

資料來源：thrivemovement.com[54]

　　所以，如果有人告訴你，他們在二○○九年之前就「加入比特幣的行列」，那你可要小心！我有好幾次在座談會上，遇到想要提高可信度的專家小組成員，滿腔熱情地告訴聽眾他們很早就加入比特幣的圈子。有時候，他們會向熱切的聽眾，說自己二○○九年以前就加入了……

---

54 http://www.thrivemovement.com/Bitcoin-lessons-thriving-world.blog

提一件有趣的事：第一個區塊挖掘出來的五十顆比特幣不能花用。這些比特幣存放於地址 1A1zP1eP5QGefi2DMPTfTL5SLmv7Divf-Na，但化名中本聰的帳戶持有者（不管他是男性、女性還是一群人），因為某些怪異的程式設定，無法將這些比特幣轉給別人。

## 二○○九年一月九日

中本聰發布第○‧一版比特幣軟體和原始碼。每個人都可以檢視程式碼，以及下載執行這套軟體，成為簿記員和礦工。對任何想要下載使用的人來說，比特幣都是非常容易取得的軟體。開發者可以詳細檢查程式碼，並繼續改良，為軟體做出貢獻。

## 二○○九年一月十二日

第一筆比特幣款項發生在第一七○塊，由中本聰的地址，發送到哈爾‧芬尼（Hal Finney）的地址 [55]，這是比特幣的第一筆轉移紀錄。哈爾‧芬尼是一位程式設計師，同時也是密碼專家和密碼龐克。有些人相信他是中本聰這個假名的其中一名幕後操盤手。[56]

## 二○一○年二月六日

bitcointalk.org 論壇使用者「dwdollar」創辦第一個比特幣交易所：比特幣市場（The Bitcoin Market）[57]。

---

55 https://blockchain.info/block/00000000d1145790a8694403d4063f323d499e655c83426834d4ce2f8dd4a2ee
56 審定註：彭博新聞（Bloomberg News）資深分析師巴丘納斯（Eric Balchunas）於二○二一年八月指出，哈爾‧芬尼就是中本聰本人；然而哈爾‧芬尼已於二○一四年八月二十八日因漸凍症逝世，因此真實身份可能永遠石沉大海。
57 https://bitcointalk.org/index.php?topic=20.0

在此之前，人們透過聊天室和留言板，以比較缺乏組織的方式
交易比特幣。有了交易所之後，買賣比特幣開始變得比較方便，價格
也愈來愈透明。

## 二〇一〇年五月二十二日

這一天是比特幣披薩日！美國佛羅里達州的一位程式設計師拉
斯洛・漢耶茲（Laszlo Hanyecz）在 bitcointalk 論壇上，表示願意用
一萬顆比特幣換披薩，[58] 留下史上第一筆用比特幣在真實世界付錢交
換東西的紀錄。

---

58 https://bitcointalk.org/index.php?topic=137.0

**laszlo**
正式成員

活動：199
積分：270

**披薩換比特幣？**
2010年5月18日，上午12:35:20

推薦：Seccour (50)、alani123 (12)、OgNasty (10)、the_poet (10)、leps (10)、mnightwaffle (10)、arthurbonora (10)、cheefbuza (7)、d5000 (5)、Betwrong (5)、mia_houston (5)、klondike_bar (3)、malevolent (1)、EFS (1)、vapourminer (1)、iluvbitcoins (1)、ETFbitcoin (1)、HI-TEC99 (1)、jacktheking (1)、LoyceV (1)、S3cco (1)、bitart (1)、Astargath (1)、　#1 apoorvlathey (1)、coolcoinz (1)、Kda2018 (1)、Financisto (1)、TheQuin (1)、Toxic2040 (1)、amishmanish (1)、Toughit (1)、nullius (1)、lonchafina (1)、alia (1)、inkling (1)

我要付 10,000 顆比特幣買兩盒披薩……可能兩盒大的吧，這樣明天還有披薩可以吃。我喜歡留一些披薩明天慢慢啃。你可以自己做披薩送到我家，也可以替我叫外送，但我的要求是用比特幣叫食物，不必點餐，也不必自己煮，類似飯店的「早餐拼盤」，那種拿到手就能開心吃的東西！

我喜歡的配料有洋蔥、辣椒、香腸、蘑菇、番茄、義式臘腸……都是常見的配料，不要奇怪的魚肉配料或類似的怪東西。我也喜歡一般的起司披薩，這種口味自己做，或到店裡去買，應該都比較便宜。

有興趣的人請告訴我，我們來談筆交易吧。

謝謝。
Laszlo 留

比特幣地址：157fRrqAKrDyGHr1Bx3yDxeMv8Rh45aUet

　　另一名開發者傑瑞米，斯圖迪凡（Jeremy Sturdivant；暱稱 jercos）接下了這筆差事，打電話給達美樂披薩替拉斯洛叫了兩盒披薩，並從拉斯洛那裡收到一萬顆比特幣。[59] 不過傑瑞米叫披薩的店，並不是盛傳的約翰老爹連鎖披薩店（Papa Johns）。

**laszlo**
正式成員

活動：199
積分：270

**回覆：披薩換比特幣？**
2010年5月22日，下午07:17:26
#11

我只是要告訴大家，我成功用 10,000 顆比特幣買到披薩了。
照片：http://heliacal.net/~solar/bitcoin/pizza/
Jercos 謝謝！

比特幣地址：157fRrqAKrDyGHr1Bx3yDxeMv8Rh45aUet

---

59 http://bitcoinwhoswho.com/index/jercosinterview

交易紀錄如下 [60]：

**交易** 檢視比特幣交易資訊

a1075db55d416d3ca199f55b6084e2115b9345e16c5cf302fc80e9d5fbf5d48d

1XPTgDRhN8RFnzniWCddobD9iKZatrvH4　　➡　　17SkEw2md5avVNyYgj6RiXuQKNwkXaxFyQ　　　10,000 BTC

10,000 BTC

　　拉斯洛沒有立刻關閉交易需求。接下來一個月，還有一些人以每次一萬顆比特幣為跑腿費，替他訂購披薩，直到拉斯洛把交易需求關閉為止：

| laszlo<br>正式成員<br>●●●<br>活動：199<br>積分：270<br>♟ | **回覆：披薩換比特幣？**<br>2010年8月4日，下午05:51:05<br>#17<br><br>真沒想到回響這麼熱烈，我沒辦法再每天生出幾千顆比特幣，所以不能繼續下去了☺謝謝大家替我買披薩，但我現在要暫時關閉交易了。<br><br>比特幣地址：157fRrqAKrDyGHr1Bx3yDxeMv8Rh45aUet |

　　這是除了比特幣買賣之外，比特幣用於經濟活動的第一筆交易。

## 二〇一〇年七月十七日

　　卡片交易所「Mt. Gox」的創辦人傑德‧麥卡勒布（Jed McCaleb）在這一天將平臺轉型成比特幣交易所。轉型之前，Mt. Gox 是實體卡片收集遊戲「魔法風雲會」（Magic: The Gathering）的卡片交易平臺，全名「魔法風雲會線上交易平臺」（Magic: The Gathering Online eXchange）。最近傑德‧麥卡勒布則是以瑞波公司（Ripple）為

---

60 https://blockchain.info/tx/a1075db55d416d3ca199f55b6084e2115b9345e16c5cf302fc80e9d5fbf5d48d?

基礎，自立門戶創辦「恆星」（Stellar）加密貨幣平臺。

在 Mt. Gox 平臺上，使用者最初可使用 PayPal 進行帳戶儲值，但在十月，改成透過自由儲備銀行儲值。最後，Mt. Gox 在二〇一三年十一月到二〇一四年二月之間垮臺。但 Mt. Gox 在全盛時期是全球最大、最知名、最多人使用的交易所。

## 二〇一〇年八月十五日

比特幣協定被駭客入侵了。雖然大家經常說「比特幣從來沒被駭客入侵過」，但你可要小心這句話。比特幣的潛在漏洞被發現後，有人利用漏洞，在第七四六三八塊替自己創造了一千八百四十億顆比特幣。這筆怪異的交易很快就被人發現。在多數社群成員的同意下，整個區塊鏈「分叉」，恢復到原本的狀態。至於什麼是分叉，之後再討論。

比特幣的不可竄改性至此告終，事情總有例外。

錯誤後來被修正。布魯諾·斯科沃（Bruno Skvorc）在他的部落格 bitfalls.com[61] 詳細說明始末。bitcointalk 論壇上，也有主要開發者討論這個程式錯誤的一串貼文 [62]。

---

61 https://bitfalls.com/2018/01/14/curious-case-184-billion-bitcoin/
62 https://bitcointalk.org/index.php?topic=822.0

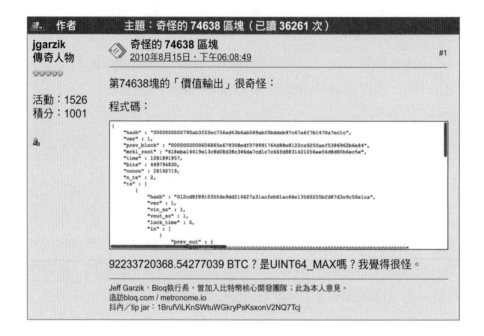

jgarzik
傳奇人物
🏅🏅🏅🏅🏅

活動：1526
積分：1001

奇怪的 **74638** 區塊
2010年8月15日，下午06:08:49　　#1

第74638塊的「價值輸出」很奇怪：

程式碼：

```
{
    "hash" : "0000000000790ab3f22ec756ad43b6ab569abf0bddeb97c67a6f7b1470a7ec1c",
    "ver" : 1,
    "prev_block" : "0000000000606865e679308edf079991764d80e8122ca9250aef5386962b6e84",
    "mrkl_root" : "618eba14419e13c8d08d38c346da7cd1c7c66fd8831421056ae56d8d80b6ac5e",
    "time" : 1281891957,
    "bits" : 469794830,
    "nonce" : 28192719,
    "n_tx" : 2,
    "tx" : [
        {
            "hash" : "012cd8f8910355da9dd214627a31acfeb61ac66e13560255bfd87d3e9c50e1ca",
            "ver" : 1,
            "vin_sz" : 1,
            "vout_sz" : 1,
            "lock_time" : 0,
            "in" : [
                {
                    "prev_out" : {
```

92233720368.54277039 BTC？是UINT64_MAX嗎？我覺得很怪。

Jeff Garzik，Bloq執行長，曾加入比特幣核心開發團隊；此為本人意見。
造訪bloq.com / metronome.io
抖內／tip jar：1BrufViLKnSWtuWGkryPsKsxonV2NQ7Tcj

如果遇到有人說比特幣沒被駭客入侵過，你可以反問：「二〇一〇年八月發生整數溢位錯誤，導致有人傳給自己一千八百四十億顆比特幣，那是怎麼一回事？」

## 二〇一〇年九月十八日

全世界第一個礦池「Slush's pool」* 在這一天挖出他們的第一個區塊。礦池是許多礦工組成的團體，目的在集中雜湊算力，好提高贏得區塊的機率。參與者依照對雜湊算力的貢獻比例來分配獎勵，有一點像集資買彩券。現在礦池的規模已經日漸擴大。

---

* 譯按：Slush's Pool 即 Slush Pool，全名「Bitcoin.cz Mining Pool」，其中 Slush 來自創始人馬雷克‧帕拉提諾斯（Marek Palatinus）的綽號。目前礦池經營團隊為首腦公司（Braiins），因此又有「首腦礦池」之稱。

## 二〇一一年一月七日

十二顆比特幣售出，換得三百兆元，應該是史上最高的比特幣兌換率，但這三百兆元是辛巴威幣。辛巴威幣是經濟衰退後可能導致的後果的最佳例證，提醒人們，法定貨幣必須妥善管理。

## 二〇一一年二月九日

比特幣在 Mt. Gox 交易所來到與美元平價兌換的價格（一比特幣＝一美元）。

## 二〇一一年三月六日

傑德‧麥卡勒布將 Mt. Gox 網站和交易所賣給住在東京的法國創業家馬克‧卡佩勒斯（Mark Karpeles）。傑德將交易所賣給馬克是因為他認為馬克有能力讓公司壯大。可惜，馬克並沒實現傑德的期待。Mt. Gox 在二〇一四年申請破產，馬克最終鋃鐺入獄。

## 二〇一一年四月二十七日

供客戶兌換法定貨幣和林登幣（Linden Dollars）的網站 VirWoX 納入比特幣交易。現在人們可以直接兌換比特幣和林登幣，很有可能開了虛擬貨幣互相兌換的先例。林登幣是電腦遊戲第二人生（Second Life）當中使用的虛擬貨幣。

## 二〇一一年六月一日

《連線》（WIRED）雜誌刊登一篇由陳力宇撰寫的知名文章，標題是「想得到的毒品都買得到的地下網站」（Underground website lets you buy any drug imaginable）[63]。文中描述，二十七歲的羅斯‧威

廉‧烏布利希（Ross William Ulbricht）在二〇一一年二月，以「恐怖海盜羅伯茲」（Dread Pirate Roberts）[64] 為暱稱，架設了「絲路」（The Silk Road）網站。報導說絲路就像「毒品的 eBay 網站」，這是一個只能從特殊瀏覽器 Tor* 進入的暗網市場 [65]，買家和賣家在上面配對交易毒品和其他非法或有爭議的用具。比特幣是這個市場使用的付款機制。

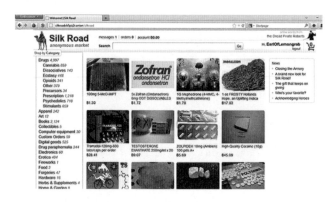

資料來源：stopad.io[66]

文章這樣描述比特幣：

絲路不接受以信用卡、PayPal 或其他可以追蹤、被阻擋的付款方式進行交易，唯一能使用的貨幣就只有比特幣。

---

63 參見：https://www.wired.com/2011/06/silkroad-2/。但我也在高客網（Gawker）看過這篇文章：http://gawker.com/the-underground-website-where-you-can-buy-any-drug-imag-30818160。我不確定是哪一家先刊登文章，或同時刊登。

64 出處為一九七三年的電影《公主新娘》（The Princess Bride），電影裡的「恐怖海盜羅伯茲」其實是一個封號，行事凶殘的海盜會在撈夠錢以後，將這個封號一代一代傳給下一個人。

* 譯按：Tor 是 The Onion Router（洋蔥路由器）的縮寫。

65 https://www.torproject.org/

66 https://stopad.io/blog/what-is-the-dark-web-and-how-it-is-differentfrom-deep-web

比特幣有「加密貨幣」之稱，相當於網路上的一牛皮紙袋現金。比特幣不由銀行或政府發行，它是一種由比特幣持有者的電腦創造和管理的點對點貨幣。（「比特幣」這個名字取自檔案共享技術先驅 Bit-Torrent。）比特幣據稱無法追蹤，受到賽博龐克（cyberpunk）、自由主義者和無政府主義者的擁戴。他們夢想打造一個不受法律管束的分散式數位經濟體，讓金錢可以在國境之間，以位元的形式自由流通。

要在絲路上面買東西，你得先透過 Mt. Gox 這類比特幣交易所購入比特幣。之後，在絲路網站申請一個帳戶，把一些比特幣存進去，就可以開始買毒品。一顆比特幣相當於八‧六七美元，不過兌換率每天波動很劇烈。

這是比特幣第一次受到廣大民眾的注意。最後，絲路網站在二〇一三年十月，被美國主管機關勒令關閉。但有許多人模仿絲路，取而代之。

## 二〇一一年六月十四日

維基解密（Wikileaks）和一些組織開始接受以比特幣捐款。由於比特幣可以抵抗審查，所以這些組織很喜歡使用比特幣。政府很容易透過傳統付款系統（如銀行、PayPal 等），達到監控交易以及阻擋資產和凍結帳戶的目的，加密貨幣提供了替代募資機制。當然，是好是壞，見仁見智。

## 二〇一一年六月二十日

這可能是實體商店接受比特幣付款，第一個有紀錄的證據[67]。德國柏林的餐廳七十七號房（Room 77）讓顧客以比特幣購買速食。

| ☰　作者 | 主題：柏林的餐廳／酒吧接受以比特幣為付款方式（已讀 16717 次） |
|---|---|

**yossarian**
英雄成員
🔹🔹🔹🔹🔹

活動：429
積分：500

📄　**柏林的餐廳／酒吧接受比特幣付款**
2011年6月20日，下午07:14:50　　　　　　　　　　#1

我今天在柏林克羅伊茨貝格，偶然來到七十七號房（http://www.tip-berlin.de/essen-und-trinken/restaurants-und-bars/room-77），這裡接受比特幣付款。

整套晚餐連一顆比特幣都不到，有可樂和美味可口的巨無霸起司堡。☺
可能是德國第一家正式接受比特幣的餐廳？

```
bitcointalk.org image proxy:
Invalid image
```

這麼划算的兌換率，實在物超所值。☺

歡迎隨時找我買賣比特幣，細節私訊。評價和GPG金鑰：http://is.gd/yossarian

在SEPA交易比特幣：https://www.bitcoin.de/r/nrnxg6

## 二〇一一年九月二日

　　麥克・考德威爾（Mike Caldwell）開始製作稱為「卡薩修斯」（Casascius）的實體比特幣。這是以雷射貼紙嵌入一個獨一無二私密金鑰的實體金屬圓形錢幣。每一顆卡薩修斯幣的私密金鑰都連結到一個比特幣地址，存有幣面標示的金額。

資料來源：比特幣維基[68]

---

67 https://bitcointalk.org/index.php?topic=20148.0

68 https://en.bitcoin.it/wiki/File:Casascius_25btc_size_compare.jpg

　　很多報導比特幣的文章，都是用卡薩修斯幣的圖檔來代表實體比特幣。這些錢幣深受收藏家青睞，買賣價格甚至高過標示面額，第一版有錯誤拼字的卡薩修斯幣，尤其珍貴。

## 二○一二年五月八日

　　二○一二年四月二十四日，賭博網站：中本聰骰子（Satoshi Dice）上線。使用者將比特幣傳送到特定地址，就有機會贏得最高賭本六萬四千倍的比特幣。每個地址有不同的賠率和勝率。五月八日，中本聰骰子的交易額在比特幣區塊鏈的占比，超過整體交易的一半。這個大受歡迎的網站，創辦人是自由主義者艾瑞克・沃希斯（Eric Voorhees）。早期的比特幣使用者似乎很喜歡賭博，除了賭博，他們也沒有太多地方可以使用比特幣。

　　這是一套很有意思的賭博系統。在其他線上賭場裡，賭客必須相信賭場不會作弊，但中本聰骰子不一樣，這裡用具確定性的加密雜湊當作亂數產生器，**足以證明遊戲的公正性**。當然，莊家擁有優勢，但優勢很少，只有百分之一·九，不僅公開，還能證明賭場確實遵守遊戲規則。

　　中本聰骰子的誕生，開啟了一連串關於交易「充斥」網絡，卻沒有服務條款的爭論。比特幣社群成員也開始思考，多少才是公平合理的手續費。

## 二〇一二年十一月二十八日

　　這一天比特幣區塊獎勵首次減半：在第二十一萬塊，區塊獎勵從五十顆比特幣，減半至二十五顆比特幣，減緩比特幣的產生速度。當時手續費還很低，所以減半日以後，礦工挖掘一個區塊的金錢報酬變成一半。

## 二〇一三年五月二日

　　加州聖地牙哥推出全世界第一臺比特幣雙向提款機。你可以透過這臺機器購買比特幣，或用比特幣換現金。這在世界各地掀起了架設比特幣單向販賣機（現金換比特幣）和比特幣雙向提款機的風潮。但在需求不如預期的情況下，許多機器沒有賺到多少利潤。新加坡曾經一度裝設超過二十臺這樣的機器，但現在能見到的機器已經不多。

## 二〇一三年七月

　　史上首檔比特幣指數股票型基金，向美國證券交易委員會提交上市申請。申請人是在一部關於臉書的電影《社群網戰》（The Social Network）紅起來的雙胞胎角色：泰勒・溫克沃斯（Tyler Winkle-voss）和卡麥隆・溫克沃斯（Cameron Winklevoss）。許多無法直接購買比特幣的基金，可以透過操作指數股票型基金投資比特幣，為社會大眾提供了更簡便的比特幣投資管道。也有其他比特幣指數股票型基金提交上市申請，但截至二〇一八年中，我都沒有看見，世界上有哪個地方推出比特幣指數股票型基金[69]。在傳統金融交易所，則有一些對比特幣價格曝險的投資工具[70]。

69 但有一些指數股票型基金納入一部分的比特幣，方舟創新指數股票型基金（ARK Innovation ETF）即為一例：http://www.etf.com/sections/features-and-news/barely-any-bitcoin-left-ark-etfs

70 審定註：美國已經有許多與加密貨幣有關的 ETF，例如二〇一八年一月成立的 Amplify Transformational Data Sharing ETF，交易代碼為 BLOK。但是這些 ETF 的組成大多是可在股票市場交易的區塊鏈公司，並非加密貨幣本身。若想選擇更貼近加密貨幣性質的投資，投資人現在可以選擇 BITO。BITO 成立於二〇二一年十月十八日，全名為 ProShares Bitcoin Strategy ETF，是美國證券交易委員會（SEC）允許在美國交易的第一個加密貨幣期貨的 ETF。然 BITO 實際上並沒有持有比特幣現貨，而是持有比特幣期貨合約，因此監管風險相對較低，方能通過 SEC 的審核。就在 BITO 上市幾天後，另一個同為期貨 ETF，代碼為 BTF 的 Valkyrie Bitcoin Strategy ETF 也獲准交易。期貨商品具有「溢價」的特性，也就是期貨價格並不等同於實際商品的現貨價格，這使得比特幣期貨 ETF 的持有者，無法即時藉由比特幣漲幅獲得報酬。期貨合約除了具備時間風險外，也與傳統期貨有相同的風險，受市場、波動、流動等因素影響，也有結算、展期轉換、操作手續費等衍生的持有成本。因此，許多投資分析師將比特幣期貨 ETF 列為「高度投機的資產類別」，表示該基金所投資的價值可能會在毫無預警的情況下，大幅下跌甚至歸零。相對於期貨型的 ETF，早在二〇一三年，美國就已經有許多業者提出比特幣現貨 ETF 的申請，以最近期的 VanEck 比特幣現貨 ETF 為例，從二〇二一年三月申請到十一月，最終還是無法獲得批准。主要的理由是礙於對加密貨幣的監管以及託管等議題，使得監理機構依然不願意鬆手，短期內似乎也不太有發行的機會。英國則是以高波動性為由，堅拒加密貨幣現貨 ETF 的提議，許多申請最後皆無功而返。綜上所言，受限於監管，市場上目前暫時還看不到開放「比特幣現貨 ETF」的曙光；反之，「比特幣期貨 ETF」的允許上市，則是在權衡監管與創新間，為投資加密貨幣開啟全新的一頁。

## 二〇一三年八月六日

有一位美國德州法官將比特幣歸類為貨幣。比特幣是貨幣？財產？證券？其他類型的金融資產？新玩意兒？關於比特幣是什麼，眾說紛紜，將比特幣歸類為貨幣則是其中一種論點。目前為止，世界尚無統一定義。或許「比特幣是什麼」這個問題，永遠不會有全球一致的答案。

比特幣的分類涉及繳稅和其他衍生議題，不同的司法管轄區有不同的規定。比特幣和加密貨幣的歸類，可能會在不同稅制地區，產生零稅率或懲罰性稅率的分別，所以有可能會影響到比特幣的接受和使用程度（參見下方「二〇一三年八月二十日」的段落）。

## 二〇一三年八月九日

人們可在深受傳統金融市場交易者青睞的彭博社（Bloomberg）軟體上，查詢到比特幣的價格。彭博社依據國際標準化組織貨幣代碼準則，以「XBT」標示比特幣。在國際標準化組織貨幣代碼（如USD、GBP）之中，前兩個字母表示國家，第三個字母表示貨幣單位。比特幣的常見縮寫「BTC」會在這套系統裡變成不丹幣[71]。另外，黃金（XAU）、銀子（XAG）、鈀金（XPD）和鉑金（XPT），這一類貴金屬在系統中視為「貨幣」，只是它們不屬於任何國家，所以使用「X」作為縮寫開頭。比特幣縮寫依循貴金屬模式，以X開頭。

---

71 https://en.wikipedia.org/wiki/ISO_3166-1

## 二〇一三年八月二十日

德國將比特幣納入私有貨幣的管理範疇[72]，持有超過一年可以免稅。由於比特幣和加密貨幣的買賣涉及資本利得，因此這些貨幣究竟是否應該課稅，在美國特別受關注，成為眾人的爭論焦點。如果你用一百美元買下一顆比特幣，並在價格上漲到一千美元時，把比特幣換成另一種加密貨幣「以太幣」，即使你持有的資產還是加密貨幣，沒有兌現成美元，你還是必須記錄資本利得九百美元，並根據這筆資本利得繳納稅負。可知，世界上有些司法管轄區的稅務機關，認定加密貨幣交易是以法定貨幣進行買賣，應當納入課稅項目。

## 二〇一三年十一月二十二日

維珍銀河老闆理查・布蘭森宣布接受以比特幣支付太空旅行的費用。比特幣和太空旅行耶！生活在這個年代，真是太美好了！

## 二〇一四年二月二十八日

Mt. Gox 發生系統遭駭、故障、管理不善、遺失錢幣、暫停提款、金融交易失敗和失職等一連串層出不窮的負面事件，最後在二〇一四年二月，向日本政府申請破產保護。Mt. Gox 表示，提出破產保護申請之際，已損失近七十五萬顆屬於客戶的比特幣，以及大約十萬顆屬於他們自己的比特幣，總值約莫四億七千三百萬美元。發生原因眾說紛紜，最合理的推測是駭客從熱錢包盜走 Mt. Gox 的錢，加上 Mt. Gox 本身管理不善。包括破產程序在內，整起脫序事件實在荒腔走板，連整份債權人名單都被洩漏出去（上面有完整的姓名和金額資

---

72 https://www.cnbc.com/id/100971898

訊）。Mt. Gox 的故事可以寫成一本書，不過維基百科條目[73] 對這起憾事的摘錄，也相當值得一讀。

Mt. Gox 自爆後有段期間，Bitfinex 變成全球最大的交易所。

Mt. Gox 破產事件的資產債權人直到今天都沒有獲得補償，就算將來拿到補償，也是以日圓計價，約等於每顆比特幣四百美元的價格，還不到我在寫書時比特幣現價的十分之一。[74]

## 比特幣的價格

比特幣就像黃金、石油這些資產，有以美元或其他貨幣計算的價格。這代表，人們願意用美元來交換比特幣，交換通常在加密貨幣交易所這樣吸引買賣雙方齊聚的市集進行。你可以在交易所看見加密貨幣在不同價位的供需指標（稍後詳談）。另外，你可以在大街、網路上，也可以透過媒合買賣雙方或代表客戶的經紀人，與世界各地的買

---

73 https://en.wikipedia.org/wiki/Mt._Gox

74 審定註：Mt. Gox 延宕多年的清償計劃，終於在二〇二一年十月二十日經過東京地方法院最終敲定，具有法定約束力。Mt. Gox 在二〇一四年的駭客攻擊事件當中，共計損失八十五萬枚比特幣，影響近二.四萬名債權人，其中近七十五萬枚屬於客戶資產，約十萬枚是 Mt. Gox 自有資產。雖然在同年底，Mt. Gox 宣稱尋回二十萬顆比特幣，但接著就進入冗長的法律程序，直到二〇一九年，法院裁定十四萬一千六百八十六枚比特幣交付信託保管，並協商由所有債權人投票，選擇清償方案，結果百分之九十九的債權人投票通過以「百分之九十比特幣持有數」為基礎賠償；換言之，持有一枚比特幣的投資人，可以獲得〇.九枚的賠償。乍看之下似不划算，但比特幣的價格從二〇一四年二月每枚七千美元，來到二〇二一年十月的高點六.六萬美元，翻漲近十倍。這之間當然也可能因債權人想盡速賣出持有的部分以了結獲利，造成幣價的走跌。

家和賣家交易比特幣。只要你有能力傳送或接收比特幣，也有能力接收或傳送其他資產（通常是當地貨幣），你就可以和別人交易比特幣。

　　比特幣的價格和所有在市場上交易的資產價格一樣，會依照供需上下波動。人們會根據當下認為合適的價格買賣資產。若買方力道較強，大家想買進更多比特幣，價格就會上漲。若有賣壓，大家想賣出更多比特幣，把比特幣換成法定貨幣，那麼比特幣的轉手價格就會下跌。之後我們會深入討論加密貨幣和代幣如何訂價，現在讓我們先專心討論比特幣的價格。

### ▶ 比特幣價格史

　　比特幣的價格上下起伏非常劇烈，最近一次幾乎漲到每顆比特幣兩萬美元，隨後跌回每顆六千美元，引起媒體關注：

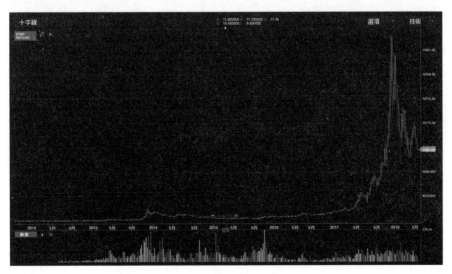

二〇一八年：每顆比特幣漲到兩萬美元，然後急跌百分之六十？真瘋狂！

　　但比特幣並非第一次如此劇烈波動。比特幣似乎每隔一段週期就會波動一次，每一次都像前一次，令人頭暈目眩。

　　以下是二〇一三、二〇一四年比特幣泡沫的詳細發生過程：

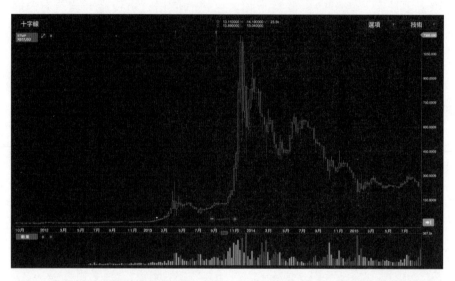

二〇一三和二〇一四年：每顆比特幣上漲到一千兩百美元，然後急跌百分之六十？也很瘋狂！

　　Mt. Gox 上比特幣價格最高來到每顆近一千兩百美元，之後急速下跌到兩百美元，接著價格回升，並在二〇一四年的「比特幣寒冬」連續下跌，來到兩百至三百美元之間。對比特幣持有者來說很痛苦，但對深具遠見的買家來說卻是入場的好時機。這次比特幣泡沫的形成原因有各種說法，包括交易機器人介入（自動買入賣出的程式），以及用戶無法從 Mt. Gox 提領法定貨幣。任何想要從 Mt. Gox 提款的人，都必須買進和提領比特幣（買進會促使價格上漲）。後來，中國政府

又宣布即將禁止比特幣交易，導致價格暴跌。但這可不是比特幣第一次泡沫化。

下方是二〇一三年初的放大截圖，我們可以看見價格在四月，從原本的十五美元，衝到兩百六十六美元的高點，後來又暴跌至五十美元左右。

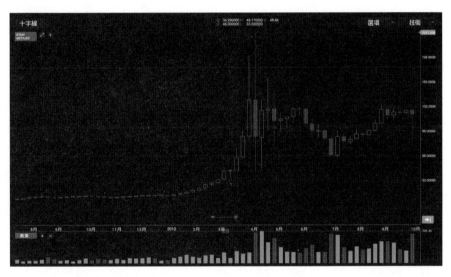

二〇一三年初：每顆比特幣兩百六十六美元，然後急跌百分之八十？同樣很瘋狂！

這次暴跌的常見解釋是賽普勒斯人在購買比特幣。那段時期，賽普勒斯的金融陷入一片混亂，有些人的銀行帳戶遭到凍結、有些自動提款機被提領一空，很多銀行帳戶餘額被政府抽取一次性稅收。另外一種理論是，有大型機構基金透過購買比特幣來建立部位，拉高了比特幣的可供給量。我不確定這些理論直接影響比特幣價格的機率多高，但只要人們相信某種說法，市場就會受影響。

以我們現在習慣的價格區間來看，這次泡沫化的金額較小，似乎不怎麼起眼，但百分之八十的下跌幅度，就是百分之八十，在當時同樣形成莫大壓力。

時序再往前推一點，二〇一一年六月也有一次泡沫：

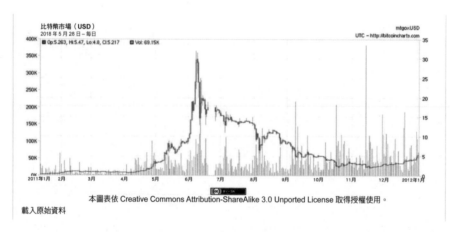

本圖表依 Creative Commons Attribution-ShareAlike 3.0 Unported License 取得授權使用。

載入原始資料

**二〇一一年：每顆比特幣三十一美元，然後急跌百分之八十？依然瘋狂！**

當時專門討論科技的線上雜誌《連線》和高客網刊登有關比特幣的報導，引起人們對比特幣的興趣，將比特幣價格從大約三美元，推升到約三十一美元的高點。接下來六個月，比特幣價格慢慢下跌到五美元以下，跌幅超過百分之八十。

下面這個例子，則是二○一○年七月發生的首次比特幣泡沫化：

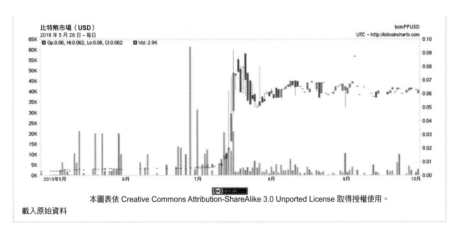

比特幣市場（USD）
2018 年 5 月 28 日－每日　　□ Op:0.06, Hi:0.062, Lo:0.06, Cl:0.062　　■ Vol: 2.9K

本圖表依 Creative Commons Attribution-ShareAlike 3.0 Unported License 取得授權使用。

載入原始資料

**二○一○年：每顆比特幣○‧○九美元，然後急跌百分之四十？也真瘋狂！**

知名科技雜誌《Slashdot》[75] 刊登一篇文章介紹新版比特幣軟體，引起人們的興趣，將交易所「比特幣市場」的比特幣價格從不到一美分，推升到接近十美分。之後比特幣價格下跌百分之四十，沿著六美分左右的價格走了幾個月，然後再次上漲。

75 https://slashdot.org/story/10/07/11/1747245/bitcoin-releases-version-03

# 存放比特幣

你可能聽過，**比特幣**存放在錢包裡。如果是這樣，那你複製一個錢包，不就多一倍比特幣嗎？數位貨幣顯然不可能那樣運作。所以，不對，比特幣不是存放在錢包裡。

那比特幣存放在哪呢？這個嘛，比特幣的**所有權**記錄在比特幣區塊鏈上。我們已經知道，這個資料庫將有史以來的每一筆比特幣交易，複製到全世界超過一萬臺電腦上。你可以檢視資料庫，看見此時此刻有多少數量的比特幣與某個地址相關。例如區塊鏈裡記錄：地址 1Jco97X5FbCkev7ksVDpRtjNNi4zX6Wy4r 擁有○‧五顆從其他地址傳來的比特幣，那○‧五顆比特幣尚未用到其他地方。比特幣的區塊鏈並不記錄**帳戶餘額**（它不是一份記錄帳戶號碼和比特幣餘額的清單），而是儲存**交易紀錄**。所以如果你想知道帳戶的目前餘額，你得檢視帳戶的所有匯出和匯入交易。

比特幣錢包儲存**私密金鑰**（並非比特幣！），用戶可以透過軟體輕鬆查詢自己持有多少比特幣，並且輕鬆匯出款項。如果你複製錢包，也只是複製私密金鑰，不能讓比特幣數量翻倍。

# 軟體錢包

比特幣錢包是至少包含以下功能的應用程式：

• 建立新的比特幣地址和儲存對應的私密金鑰。

- 向想要匯款給你的人顯示地址。

- 顯示地址有多少比特幣。

- 用比特幣付款。

我們來了解一下這些功能吧。

## ▶ 建立地址

建立新的比特幣地址不必連上網路，程序包括建立一對公開和私密金鑰。如果你喜歡，也可以用擲骰子的方式創造一個地址。[76] 這跟由第三方替你建立帳戶不一樣，例如，由銀行或臉書指定一個帳戶給你。

- 步驟一：從一到 $2^{256}$-1 隨機挑選一個數字，當作你的私密金鑰。
- 步驟二：透過數學運算得出公開金鑰。
- 步驟三：用公開金鑰連算兩次雜湊值，產生比特幣地址。
- 步驟四：儲存私密金鑰和對應地址。[77]

所以你可以自己指定一個地址，不必詢問或檢查是否已經有人使用。聽起來很可怕，如果已經有人選中你的私密金鑰了呢？簡單來說，這種情況發生機率極低。$2^{256}$ 是七十八位數的龐大數字，你可以從這麼多數字當中任意挑選。連英國樂透彩，得獎機率一千三百九十八萬三千八百一十六分之一，分母都只有八位數。七十八位數，

---

76 威廉・史旺森的部落格裡有教學，參見：https://www.swansontec.com/bitcoin-dice.html
77 建議先用好記的複雜密碼對私密金鑰加密。

大得驚人。照理說，某人可以每秒刻意製造上百萬或數十億個帳號，逐一檢視並偷走帳號內的加密貨幣，但有效帳號的數量極其龐大，可能要花一輩子的時間，才能找出一個使用過的帳戶。話雖如此，系統在實際運作上可能有漏洞，有心人士會利用私密金鑰隨機數字的瑕疵。當金鑰的隨機產生過程存在瑕疵且遭到利用，竊賊的搜尋空間就會縮小。[78]

## ▶ 顯示地址

如果有人想傳比特幣給你，你得把自己的比特幣地址告訴對方，就像告訴對方銀行帳戶號碼，讓他們把錢匯過來一樣。顯示地址的方法有幾種。很多人喜歡用的一種方法是顯示 QR 碼。

比特幣地址範例：

1LfSBaySpe6UBw4NoH9VLSGmnPvujmhFXV

對應的 QR 碼：

---

78 就像是如果你擲重量不均衡的骰子，老是擲出五點或六點，那小偷就很容易對中你的點數。

QR 碼不是魔法，只是把文字訊息嵌在視覺圖案裡面，讓 QR 碼掃描器容易判讀，並還原成原本的文字。

另外一種方法是直接複製貼上地址：

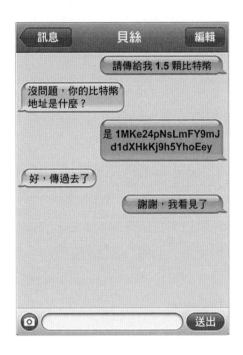

## ▶ 帳戶餘額

錢包必須要能存取截至目前最新的區塊鏈版本，才能得知與錢包連動的地址有哪些交易進出。錢包軟體透過兩種方式辦到這件事：一種是儲存整個區塊鏈並持續更新（稱為全節點錢包）；一種是連結到其他地方的節點，由其他節點負責儲存的苦差事（稱為輕錢包）。

　　全節點錢包可能要儲存超過一千億位元組（100 GB）的數據，必須持續和網路上的其他節點相連。所以這種方式有很多情況不適用，尤其是手機應用程式根本辦不到，市面上才會出現輕錢包軟體，讓輕錢包連上儲存區塊鏈資料的伺服器就好。手機錢包軟體會向伺服器查詢「地址 X 裡的餘額」，要求「傳送地址 Y 的所有交易紀錄」。

## ▶ 用比特幣付款

　　除了要能讀取帳戶餘額，錢包還要能讓使用者付款才行。用比特幣付款的時候，錢包要產生一組「交易」數據，當中包含支付錢幣的參考資料（由前次交易未花費交易輸出，所組成的交易輸入資訊），以及要匯入錢幣的帳戶（新的輸出資訊），這些我們在先前章節說明過了。接著，要用貨幣持有地址的私密金鑰，對這筆交易進行數位簽章。簽好以後，將交易傳送給鄰近節點——輕錢包透過伺服器節點進行，全節點錢包則直接傳送給其他同儕節點。交易最後來到礦工手中，由礦工添加到區塊。

## ▶ 其他功能

　　好用的錢包軟體還提供其他功能，包括將私密金鑰備份至使用者的硬碟或其他地方的雲端伺服器（備份過程以複雜密碼加密）、產生可保障隱私的一次性地址、提供數種加密貨幣的地址和私密金鑰。有些錢包甚至與交易所結合，用戶可以直接透過錢包軟體兌換不同的加密貨幣。錢包通常會讓你分割金鑰，或設置需要多重數位簽章才能匯出貨幣的地址。

　　你可以將私密金鑰分割成許多片區（shard），必須提供一定數量的片區才能還原金鑰。這叫私密金鑰「分片」（sharding）或「分割」（splitting），通常作三之二分片，意思是將金鑰分割成三個部分，任兩個片區可還原組成原始金鑰。以此類推，你也可以作四之二分片或四之三分片或指定任何分片組合和片區總數，也就是「N 之M」分片。透過一個叫作「Shamir 的秘密分享」[79]（Shamir's secret sharing）的演算法能夠完成私鑰分割。使得金鑰分割後能夠分別儲存於不同地方，且同時保有彈性。假如不幸遺失某些部分，還是能還原金鑰，不至於發生悲劇。

　　你也可以建立需要好幾個數位簽章，才能匯款的「多重簽章」地址。[80] 此時金鑰一樣可以作三之一分割、三之二分割、三之三分割（N 之 M 分割），效果類似於將一把私密金鑰分片成不同片區，但安全性更高。你先建立交易、簽署交易，再將交易發布到安全網路上，由另外一個人簽署，認證為有效交易（金鑰分割法只產生一個簽章）。你用這些地址來建立必須由多人簽署或認可交易的系統，就像有些公司支票必須由兩人簽名才能生效。

---

79 有個簡單的方式可幫助你理解三之二金鑰分割法。請想像圖表上有一條直線，假設這條線和 X 軸相交於一點，這一點就是私密金鑰。你可以在直線上隨意挑出三個點來。單獨任一個點都無法給你直線和 X 軸相交點的資訊，但只要有兩個點就能定出直線的位置，顯示直線和 X 軸的確切交點。

80 技術上稱為「支付到指令碼雜湊」（Pay to Script Hash，簡稱 P2SH）位址，但大家比較常說「多重簽章」位址。這類位址以數字「3」開頭，而不是數字「1」。

## ▶ 軟體錢包的例子

受到大家歡迎的比特幣軟體錢包有：

- Blockchain.info

- Electrum

- Jaxx

- Breadwallet（麵包錢包）

請注意，我並沒有推薦這些錢包，還有別家錢包可以選用。錢包都可能有程式錯誤，決定使用哪一家錢包之前要先做功課，自己研究一下。大部分的錢包軟體都開放原始碼，你可以查看程式碼有沒有後門或弱點，再決定要不要使用。

# 硬體錢包

有時候比特幣錢包會有硬體元件，將私密金鑰儲存在小型手持裝置的晶片上。「Trezor」和「Ledger Nano」都是受人歡迎的硬體錢包，市面上也有別家硬體錢包。

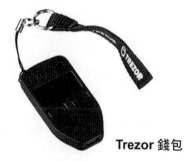

**Trezor 錢包**

**Ledger Nano 錢包**

這些是專門設計來安全儲存私密金鑰的裝置，僅能執行預先寫入程式的要求，例如：可以執行「簽署這筆交易」，但不能執行「顯示儲存的私密金鑰」的要求。因為私密金鑰儲存在不與網路連接的硬體上、只能透過少數事先寫好程式的介面與外界交流，所以駭客想要存取私密金鑰並不容易。

使用者介面軟體由線上機器執行。在交易的關鍵步驟（亦即簽署程序），未簽署交易會傳送到硬體錢包，再以不揭露私密金鑰的方式，由硬體錢包將簽署過的交易傳送回去。

硬體錢包比純軟體錢包安全，但凡事沒有絕對。

## 冷儲存（Cold Storage）

二〇一三到二〇一七年，硬體錢包尚未普及的時候，「以冷儲存保管錢幣」是很流行的一句話。別忘了，你不是儲存比特幣，而是儲存金鑰。「冷儲存」是將私密金鑰記錄在離線媒體上，例如寫在紙上或儲存在沒有連上網路的電腦裡。私密金鑰只是一串像下方這樣的字元：

「KyVR7Y8xManWXf5hBj9s1iFD56E8ds2Em71vxvN-73zhT99ANYCxf」

儲存方式很多。如果記憶力很好，你可以記在腦袋裡。你也可以用紙張列印出來，甚至可以刻在你戴的戒指上，就像《連線》雜誌

報導中[81]，查理・施瑞姆（Charlie Shrem）的做法。也可以儲存在沒有數據機或網卡的斷網電腦裡，提高安全度。或是寫下來，鎖在銀行的保險箱內。這些都是離線儲存私密金鑰的方法。

如果你把私密金鑰存在裝置裡或列印出來，你一定不會想讓別人看見，以免被人用來竊取比特幣。有一種提高安全性的做法，就是先用你可以記住的複雜密碼（passphrase）替私密金鑰加密，再儲存或列印經過加密的金鑰。複雜密碼比私密金鑰好記多了！加密過後，就算裝置或列印出來的金鑰落入別人手中，對方必須先用你的複雜密碼解密，才能得到金鑰。你可以分割金鑰，或使用多重簽章地址，進一步提高安全性。這樣一來，如果有一部分被偷走，沒有另一半也沒有用，而且如果有一部分不見了，另外兩個部分還是能夠使用。別忘了，你要同時防範兩件事：金鑰不見、金鑰遭竊。

## 熱錢包（Hot Wallet）

熱錢包是不需要人力介入，就可以自動簽署和廣播交易的錢包。我們之後會講到，持有大量比特幣的交易所，要處理的比特幣付款請求數量龐大。這些交易所通常使用「熱錢包」來管控一小部分的比特幣。交易所客戶喜歡按個按鈕就能自動執行程序，簽署和執行比特幣交易，將比特幣從交易所的熱錢包，提領到自己的個人錢包。這就表示，交易所私密金鑰必須存放在某處連上網路的「熱」機器。安全和

---

81 https://www.wired.com/2013/03/bitcoin-ring/

便利無法同時兼顧。連上網路的機器比斷網機器容易被駭，但它可以自動執行比特幣交易的建立和廣播程序。在安全和便利的取捨之下，交易所只會將足夠滿足客戶需求、一小部分的比特幣存放在熱錢包，類似銀行出納櫃臺只放少量現金的做法。

## 買賣比特幣

你可以向任何擁有比特幣的人購買比特幣，也可以把比特幣賣給任何一個想買的人。幸運的是，你可以在許多稱為交易所的地方，找到一群人願意用具有競爭力的價格交易比特幣。

## 交易所

比特幣或加密貨幣的交易所（以網站居多）就像證券交易所一樣，會吸引交易者前來，但你不是向交易所購買比特幣。例如，在證券交易所裡，你不是向**交易所本身**購買股票，而是向交易所的**其他使用者**購買——加密貨幣交易所是供人們進行買賣的網站。交易所只負責匯聚買方和賣方，來到交易所的人曉得，他們有可能在那裡拿到好價格。

金融服務術語稱交易所為「訂單匹配引擎」（order matching engine），具備配對買賣雙方的功能。此外，交易所也扮演「集中結算對手」的角色。配對成功的客戶並不直接互相交易，而是以匿名方式

與交易所進行交易。最後一點，交易所也是**現金和資產的託管場所**。客戶的法定貨幣存放於交易所的銀行帳戶，加密貨幣則是存放於交易所的錢包。

世界各地有各式各樣的加密貨幣交易所，提供不同的法定貨幣和加密貨幣交易選項。運作大致可分四個步驟：

**一、建立帳戶**

**二、存款**

**三、交易**

**四、提領**

### ▶ 建立帳戶

就像銀行一樣，想要使用交易所的服務，你得開設一個戶頭。交易所的進出金額很大，所以主管機關對交易所的監管力道正在日漸加深。世界排名前幾大的加密貨幣交易所，每一天出入金額達數十億美元之譜。在大部分的合法交易所，開戶過程和銀行很類似，新客戶必須提供詳細的身分資料和相關證明，例如提供護照資訊和水電帳單。[82] 這是一道依據風險累進的處理程序，你想要交易的法定貨幣或加密貨幣金額愈高，你要辦理的文件手續就愈是繁雜。時至今日，交易所已然成為一門具規模的事業，對客戶的開戶流程相當看重。

---

82 我覺得有一些加密貨幣交易所開戶流程的顧客體驗比傳統銀行好。

交易所收到需要的資訊且確認沒有問題，你的帳戶就建立好了。接下來就可以登入帳戶和存錢。

## ▶ 存款

你要先把錢放入戶頭，才能在交易所開始進行買賣。就像你必須在傳統經紀商的戶頭裡放錢，才能購入傳統金融資產。

交易所有銀行帳戶和加密貨幣錢包，只要點選網站上的「存款」並按照指示進行，就能完成儲值。如果你想用法定貨幣替帳戶儲值（假設你想買進加密貨幣），交易所會給你一個銀行戶頭把錢轉進去；如果你想用加密貨幣儲值（假設你想賣掉加密貨幣或買進另一種加密貨幣），交易所會給你一個加密貨幣地址把加密貨幣轉進去。

交易所查到銀行帳戶或加密貨幣地址入帳，這筆金額就會顯示在交易所網站上你的「帳戶餘額」裡，接下來就可以進行交易了。

## ▶ 交易

現在你可以用存放在帳戶的金額進行交易。例如，你存了一萬美元在帳戶，那你就可以買進最高價值一萬美元的加密貨幣。如果你存了三顆比特幣在帳戶，那你最多可以賣掉三顆比特幣，去換法定貨幣或交易所提供的其他加密貨幣。

貨幣價格採成對標示，有時寫成「BTC/USD」，有時寫成「BTCUSD」的形式，後面會接一個數字，例如 8,000，意思是「一單位比特幣要價八千美元」。不是所有貨幣都能交易，可交易幣別由

交易所決定。舉個例子，你可能會在交易所網站看見「BTCUSD」和「BTCEUR」的交易組合，表示可以進行比特幣和美元的買賣，也可以進行比特幣和歐元的買賣，但既然沒有列出「EURUSD」，就不能直接進行美元和歐元的買賣。在這種情況下，想要用美元兌換歐元，必須先賣掉美元、購入比特幣，再用比特幣買進歐元。

你會在螢幕上看見其他人的出價，代表他們願意交易的價格，可從中看出用戶們在某個價格進行交易的意願高低。你開出相同價格，就會配對成功；你也可以提出其他交易條件，這筆交易會列在委託簿上，等有人開出相同條件配對。

這是一個**金融交易市場**，意思是，你想購入或出售的數量愈大，價格就愈差。不像在超級市場裡，大量購入有優惠價格。有些人剛開始弄不清這是什麼道理，但其實很好解釋。你在交易所買商品，交易所自然會先幫你和出價最低的賣家配對。當你以對方願意脫手的價格買光一批商品後，你就得往上搜尋略高一點的次佳價格。出售商品也是採取同樣機制：出售商品時，交易所會先替你配對願意出最高價格的人，等你以對方願意入手的價格賣光一批商品，之後就得往下搜尋次高的價格，所以商品價格會低一些。

下面這是典型的加密貨幣交易所 Bitfinex 的螢幕截圖：

　　左側欄位會列出你的各種貨幣餘額資訊（這是範例帳戶，所以未顯示出來）。螢幕截圖的主要欄位是價格與數量的對應表，上頭有比特幣的價格和成交數量。下方三分之一顯示你的未平倉交易（還沒配對成功的交易）和完整的委託簿資訊（所有人的比特幣買賣委託單，以及他們的掛單數量和價格）。右下方的滾動欄位會即時顯示配對成功的交易價格與數量。

## ▶ 提領

　　最後，你會想要提領法定貨幣或加密貨幣。此時你要告訴交易所，提出來的貨幣要匯到哪裡？如果提領的是法定貨幣，那你要把銀行帳戶資訊提供給交易所，讓交易所把錢匯進去；如果提領的是加密

貨幣，那你要把加密貨幣地址提供給交易所，讓交易所完成這筆加密貨幣交易。交易所處理加密貨幣提款的時間，通常比處理法定貨幣的時間短，因為就像我們前面說過的，交易所多半都有「熱錢包」，可以自動處理將小額加密貨幣回傳給用戶的程序。

## ▶ 交易所怎麼賺錢？

交易所靠抽手續費賺錢，跟券商一樣。不同的交易所收取手續費的方式不同，有些收提領手續費（例如當你想要提領一萬美元，交易所可能只會撥九千九百五十美元給你，而且扣除銀行手續費之後，實際領到的金額更少）。有些交易所是每一次交易都會抽一部分當手續費，常見的做法是從收到的金額當中扣一點。比方說，你的交易所帳戶有八千美元，你用這筆錢購買每顆八千美元的比特幣，之後你收到的比特幣會略少於一顆，例如：○‧九九五顆比特幣。交易所會公告手續費用標準，通常交易次數愈頻繁，手續費就愈低。

## ▶ 各家交易所的訂價

加密貨幣交易所的資產價格由用戶決定。由於每間交易所的參與者不一樣，而且供需水準有別，所以在不同的交易所裡，各個加密貨幣會有不同的價格。價格差異通常只在幾個百分點。要是價差太離譜，會出現套利者，從價格較低的地方購入比特幣，以溢價賣到其他地方。[83]

---

[83] 審定註：加密貨幣套利就是俗稱的「搬磚」。雖然可能有獲利空間，但依然有不少風險，例如交易所惡意倒閉，以及可低價買入加密貨幣等行銷詐騙手法。

　　價格的一致性會受持續套利的空間多大所影響。套利者必須動用法定貨幣，才能成功完成一次套利，這個過程可能衍生成本和時間差。你得先把法幣匯到比特幣的價格比較低的交易所，從那裡購入比特幣，然後提領比特幣，匯入價格較高的交易所，再賣掉比特幣、領出法幣，反覆進行這樣的套利過程。每個步驟都有金錢成本，而且可能無法即時完成。有一些國家會用貨幣管制措施，來防止跨境換匯套利，所以交易所才會有一段時間出現差價。

　　二〇一三年底到二〇一四年間，大家發現 Mt. Gox 不能提領現金，只能買進和提領比特幣，開始在 Mt. Gox 上面，用比 Bitstamp 平臺高的溢價交易比特幣。Mt. Gox 形成一股對比特幣的人造需求。只不過，在 Bitstamp 購買便宜比特幣、到 Mt. Gox 賣出套利的做法行不通，因為你無法從 Mt. Gox 領出法定貨幣！

### ▶ 管制

　　加密貨幣交易所的活動可能會要符合司法管轄區的法律規定。雖然交易工具是加密貨幣，但這並不表示，交易所不必遵循在地的交易和財稅揭露規範。但法條內容、監管不確定性，以及加密貨幣的歸屬類別，使得交易所的營運落在法律的灰色地帶，尤其是不包含法定貨幣、只交易加密貨幣的專門交易所。

# 場外交易經紀商

在交易所購買比特幣，必須和交易所的另一名客戶在價格和數量上達成共識。交易所只是託管代理人，負責代為保管**你的金錢**和**對方的比特幣**，直到哪些比特幣變成**你的比特幣**、哪些錢變成**對方的錢**為止。所有交易所參與者都能看見每一筆交易，委託簿內容會隨著交易活動即時更新。想要在交易所完成一大筆交易的人可能不樂見這種透明度。有時候你不會希望別人看見大筆交易額完成，進而影響市場氛圍。

如果你找的是經紀商，你就是和經紀人或經紀公司建立交易關係，不必像在交易所，把掛單全數一清二楚地顯示在委託簿上。經紀商會和你針對一整筆交易的理想金額和數量進行磋商，直接和你交易，稱為「鉅額交易」。交易細節不會向社會大眾公布。這些大宗私人交易完全沒有違反法規的疑慮，傳統金融市場裡也有這樣的做法。合法經紀商同樣必須透過「了解你的顧客」程序以識別客戶身分，也有可能必須遵循在地的財務資訊揭露規範。

與經紀商交易分成兩種模式：經紀商是**當事人**、經紀商是**代理人**。如果經紀商是當事人，那你和經紀商就是交易雙方，經紀商是你的交易對手。你說出你想買進或賣出多少數量，經紀商把他們認為合理的價格報給你，你再決定接受或拒絕交易。就像大宗批發交易，經紀商要有充足的錢或加密貨幣來完成一筆交易。由於經紀商直接和你交易，所以在會計術語上，這類交易是經紀商的**資產負債表內交易**。好比你在機場的貨幣兌換櫃臺，向櫃臺直接購買外幣。

如果經紀商是代理人，那這一筆交易就是你和經紀商代理的客戶所進行的交易。經紀商是為雙方提供匿名交易服務的中間機構。因為那不是經紀商的錢，經紀商只負責媒合買賣雙方，所以在會計術語上，這筆交易是經紀商的**資產負債表外交易**。在這種模式下，你要聯絡經紀商，告訴他們你想達成的交易。接著經紀商會找到另外一名希望達成反向交易的客戶（交易對手）。經紀商會替你們傳達各自希望的交易金額和數量，促成交易。經紀商會向其中一方或雙方收取服務費用。

由於經紀商有一定的行政開支，如果行政費用高昂，利潤卻很少，處理這一筆交易就不會划算，所以經紀商通常會設定交易金額的下限，低於下限就不會理你。金額可能落在每筆交易一萬到十萬美元之間，往往會隨著市場逐漸成熟而調高。

## Localbitcoins 網站

要是你不想去交易所或經紀商，也不想提供任何身分識別資訊呢？有一個 Localbitcoins 網站，像 eBay 那樣，供人們在網站上面買賣加密貨幣。大家會在上面張貼願意買賣比特幣的價格。你可以瀏覽清單，搜尋位於附近的用戶。如果你願意用那樣的價格交易比特幣，你可以把一疊鈔票當面拿給對方，也可以把錢匯入對方的銀行戶頭。其運作方式有一點像電子布告欄或 eBay，有一套可以評分和留下意見回饋的評價機制，另外也提供臨時保管加密貨幣的託管功能。

# 中本聰是誰？

我們現在要來談「中本聰是誰」這個問題，以及這個問題的重要性。

中本聰是撰寫比特幣白皮書的人。他是密碼龐克郵件名單上的活躍人士。這群密碼龐克志同道合，喜歡討論如何在電子時代奪回個人隱私。中本聰發布原始白皮書後，仍持續參與比特幣論壇的活動，直到二〇一三年十二月才銷聲匿跡。

此外，中本聰持有（掌握）為數眾多的比特幣。二〇一三年，加密貨幣安全顧問賽吉歐·勒納（Sergio Lerner）[84] 估算中本聰擁有一百萬顆比特幣。假如比特幣協定日後維持不變，這一百萬顆接近總數兩千一百萬顆的百分之五。二〇一八年，比特幣的價格大約是每顆一萬美元，這就表示，中本聰持有的比特幣名目價值達一百億美元。要是中本聰曾經考慮動用他（她）的比特幣，比特幣社群成員一定會馬上發現。交易資訊會顯示在區塊鏈上，而且那些被懷疑跟中本聰有關的地址，一舉一動都引人注目。要是中本聰動用比特幣，絕對會對比特幣價格造成影響。[85]

中本聰在現實世界裡究竟是誰很重要，因為要是這個真實人物或團體的身分曝光，這個人或團體的看法或意見可主宰比特幣的未來。

---

84 https://bitslog.wordpress.com/2013/04/24/satoshi-s-fortune-a-more-accurate-figure/

85 會往上還是往下？答案是都有可能。假如有跡象顯示中本聰賣出比特幣，可能會引發中本聰不再相信比特幣計畫的恐慌心理；但反過來說，假如比特幣被轉入可有效凍結比特幣的「焚毀」位址，可以降低市場供給量，進一步增強人們對比特幣的信心，使比特幣價格上揚。

但中本聰極力避免中心化。再說，身分曝光也會讓中本聰的身家安全擔冒極高的風險。讓別人知道你家財萬貫（尤其是身懷鉅額加密貨幣），絕對不是什麼好主意，就連有人「相信」你是富翁都不好。

有一些備受關注的加密貨幣持有者，曾經公開表明出脫所有加密貨幣。二〇一八年一月，萊特幣（Litecoin，LTC）創辦人李查理（Charlie Lee）公開宣布，將手中的萊特幣全部賣掉或捐出去。[86] 同一個月，蘋果電腦共同創辦人史蒂夫‧沃茲尼亞克（Steve Wozniak）也宣布出清比特幣。[87] 雖然他們這麼做有自己的原因，但我懷疑其中一項理由應該是：當大家都知道你有價值極高的加密貨幣，人身安全也會成為你的顧慮。我和幾名幸運的比特幣持有者聊過，他們之所以對擁有多少加密貨幣資產守口如瓶，就是基於這個理由。

曾經有好幾次，有人刻意高調揭露中本聰的可能身分，用媒體圈的話來說，就是「肉搜」：公開網路暱稱的真實身分。儘管如此，這些嘗試肉搜的作為，應該都沒有成功披露中本聰的實際身分。

二〇一四年三月十四日，《新聞週刊》（Newsweek）的封面報導聲稱中本聰是一位居住於加州，名叫中本多利安（Dorian Nakamoto）的六十四歲日裔男性（他出生時的名字是中本聰）。

---

86 https://www.reddit.com/r/litecoin/comments/7kzw6q/litecoin_price_tweets_and_conflict_of_interest/

87 https://www.businessinsider.com/bitcoin-steve-wozniak-stockholm-apple-seth-godin-nordic-business-forum-2018-1

　　這篇文章刊登出多利安居住的郊區位置，甚至有一張他家的照片，導致出刊後幾個星期，多利安和家人不斷被人騷擾。多利安當然不是中本聰。中本聰創造出具革命性、無法阻擋的匿名數位貨幣，他是如此熱愛隱私的一名密碼龐克，光是想到這樣的一個人會用本名當網路暱稱，就太荒唐牽強了。找出中本聰的住家地址很不道德。儘管如此，有小道消息指出，雖然當年撰寫文章的記者已盡力尋找，多利安在歷經一段痛苦不堪的時期後，現在的他很享受身為「假中本聰」的新名聲──我希望，他也因此荷包滿滿。

　　二〇一五年十二月，《連線》雜誌刊登一篇文章[88]，指出澳洲電腦科學家克雷格‧萊特（Craig Wright）可能是比特幣背後的金頭腦。二〇一六年三月，克雷格在《GQ》雜誌[89]、BBC[90]和《經濟學人》[91]

88 https://www.wired.com/2015/12/bitcoins-creator-satoshi-nakamoto-is-probably-this-unknown-australian-genius/

的專訪中聲稱自己是中本聰團隊的首腦。他甚至在個人部落格寫下這件事，不過內容已經刪除了。克雷格說他也不想自己跳出來，可能有來自外界的壓力迫使他這麼做。二〇一六年六月，《倫敦書評》（London Review of Books）刊出長文 [92]，記者安德魯‧歐哈根（Andrew O'Hagan）花不少時間採訪克雷格‧萊特。這篇文章值得完整拜讀，以下是我最喜歡的段落：

幾個星期後，我在萊特的倫敦租屋處廚房，和萊特一起喝茶。此時我注意到流理臺上擺著一本《懷德堂》（Visions of Virtue in Tokugawa Japan）。那時我已經做了一些研究，很想揭曉中本聰這個名字的謎底。

我問：「所以你說那是中本的由來？你用中本，這個姓氏來自十八世紀批評當代一切信仰的反傳統主義者？」

「對。」

「那聰呢？」

他說：「聰（Satoshi）代表灰燼（Ash）。中本聰的理念是建立中性的中心交易路線。目前人們使用的系統必須燒毀重建。加密貨幣的作用就在這──它是浴火鳳凰……」

89 https://www.gq-magazine.co.uk/article/bitcoin-craig-wright

90 http://www.bbc.com/news/technology-36168863

91 https://www.cconomist.com/news/briefings/21698061-craig-steven-wright-claims-be-satoshi-nakamoto-Bitcoin

92 http://www.lrb.co.uk/v38/n13/andrew-ohagan/the-satoshi-affair

「所以聰（Satoshi）代表鳳凰重生的灰燼……」

「對，而且 Ash（小智）也是寶可夢裡面一個傻氣的角色的名字。他是皮卡丘的夥伴。」萊特面露微笑：「小智的日文名字就叫 Satoshi。」

「所以基本上你用皮卡丘好朋友的名字，來替比特幣之父取名。」

他說：「對，那會讓某些人氣得半死。」他常常說這句話，彷彿惹惱旁人是一種藝術。

只可惜，密碼學證據和萊特博士在鏡頭前後的表現並非鐵證。關於他的說法，真實性究竟為何，比特幣社群尚無定論。

其他幾位疑似中本聰的人物，還包括：密碼龐克及 PGP 開發者哈爾・芬尼、智慧合約和比特幣黃金發明人尼克・薩博（Nick Sza-bo）、密碼專家及 b-money 創始人戴維，以及電驢（e-donkey）、Mt. Gox、恆星平臺的創辦人傑德・麥卡勒布，還有戴夫・克萊曼（Dave Kleiman）。CoinDesk 上面有更詳盡的名單 [93]，列出了可能是中本聰的人物。

我猜測中本聰並不是一個人，這個化名背後應該是一群政治立場相近的人士，他們希望繼續隱姓埋名。克雷格・萊特可能是團隊的其中一員。團隊成員可能連其他人在真實世界是何身分都不曉得。比特幣普及後，有些成員可能已經去世了。等到二○二○年，鬱金香信

---

93 https://www.coindesk.com/markets/2013/04/01/who-is-satoshi-nakamoto/

託基金約一百萬顆比特幣可以領取時，我們或許會從中得到一絲線索。據說鬱金香信託基金的設立人是與中本聰共事的夥伴戴夫・克萊曼，基金包含早期那些可能屬於中本聰的比特幣。

如果你想調查一下中本聰身分的來龍去脈，有幾件似乎被眾人遺忘的事，應該要記住：數位簽章是可以用來驗證私密金鑰的持有和使用，但私密金鑰可以提供給幾個人共用，所以你無法保證私密金鑰只會對應到一名使用者；私密金鑰也有可能遺失；不同的人可以共用同一個電子郵件地址；白皮書可以由一群人撰寫，從語法判斷線索，只能顯示編輯者的書寫習慣，不見得是撰寫人的習慣，你很難認定白皮書的作者是某一人。

此外，中本聰沒有被找出來，或許也是好事。

# 以太坊

## 什麼是以太坊？

以太坊的願景是建立一個可抵抗審查、自給自足、無法阻擋、去中心化的世界電腦。以太坊為了達成這個目的，用我們在比特幣看見的概念作為發展基礎。如果在你的認知裡，比特幣是去信任化驗證機制、分散（交易）資料**儲存**，那麼以太坊同樣也是去信任化驗證機制、分散**儲存及運算**資料和邏輯。

以太坊的公開區塊鏈包含一萬五千臺電腦[94]，區塊鏈使用的代幣稱為以太幣，是目前第二受歡迎的加密貨幣。

以太坊就像比特幣，由許多寫成**程式碼**的**協定**組成；以太坊軟體執行程式碼，納入**以太幣**（ETH）的資料，形成以太坊**交易**，交易資訊記錄於以太坊的**區塊鏈**。以太坊和比特幣的不同之處在，以太坊交易列出的資訊可以包含付款資料以外的資訊，而且以太坊的節點可以驗證和處理的，不只是單純的付款交易。

---

94 https://www.ethernodes.org/network/1，於二〇一八年四月。

　　在以太坊，你可以提出建立**智慧合約**的交易——智慧合約是儲存在以太坊所有節點區塊鏈上的小型通用邏輯位元；將以太幣傳送過去，可以啟動智慧合約，有一點像擺一臺自動唱片點唱機，投入錢幣就會播放音樂。智慧合約啟動後，所有的以太坊節點都要執行程式碼，並依照結果更新帳本。所有參與者透過一套稱為「以太坊虛擬機」（Ethereum Virtual Machine）的運作系統，執行交易和智慧合約。

　　參與者可以利用 etherscan.io 這類網站，查閱以太坊的區塊鏈資料。以太坊也像比特幣，在主要的以太坊網絡之外還有分叉，例如：同樣也是公開區塊鏈的以太坊經典（Ethereum Classic）。每個分叉都有自己的錢幣（以太坊的錢幣縮寫符號是 ETH，以太坊經典的符號是 ETC）。這些分叉和以太坊擁有相同的歷史，直到某個時間點，區塊鏈出現分歧為止（分叉之後說明）。


## 如何加入以太坊的運作？

　　想要參與以太坊網絡，你可以下載一些稱為「以太坊客戶端」的軟體，如果有耐心，你也可以自己撰寫軟體。以太坊客戶端就像BitTorrent 或比特幣，會在網路上與執行類似客戶端軟體的其他電腦相連，開始從那些電腦下載以太坊區塊鏈，跟上區塊鏈的最新狀態。軟體也會獨立驗證每一個區塊是否符合以太坊的協議規則。

以太坊客戶端軟體能做些什麼？你可以用它來：

- **連接以太坊網絡**
- **驗證交易和區塊**
- **建立新交易和智慧合約**
- **執行智慧合約**
- **挖掘新區塊**

你的電腦是網絡裡的一個「節點」，用跟其他節點一樣的行動，讓以太坊虛擬機運作。別忘了，在點對點網絡裡沒有所謂的「主要」伺服器，每一臺電腦的地位相同。

# 以太坊和比特幣的相似處？

## ▶ 以太坊有內建的加密貨幣

以太坊的代幣叫作「以太幣」，簡寫 ETH，可以用來交易其他的加密貨幣或主權貨幣，跟比特幣一樣。以太幣的所有權記錄於以太坊的區塊鏈，就像比特幣的所有權記錄於比特幣的區塊鏈。

## ▶ 以太坊有區塊鏈

以太坊和比特幣一樣有區塊鏈，區塊鏈裡有許多資料區塊（包括單純的以太幣付款資料，以及智慧合約），由參與者挖掘區塊，並將區塊散播出去，給其他參與者驗證。你可以在 etherscan.io 網站上查詢這條區塊鏈的資料。

以太坊區塊像比特幣的區塊一樣，參照前一個區塊的雜湊值來形成下一區塊，串成一條區塊鏈。

## ▶ 以太坊是非許可制公開區塊鏈

主要的以太坊網絡跟比特幣一樣是非許可制公開網絡。每個人都可以下載或撰寫軟體與網絡相連，開始建立交易和智慧合約、驗證交易和智慧合約，以及挖掘區塊，無需登入或向任何組織註冊帳戶。

大家提到以太坊的時候，通常是指主要的非許可制公開網絡。但就跟比特幣一樣，你也可以拿以太坊的軟體稍微修改一下，建立不與主要公開網絡相連的私人網絡。只不過，這些私人代幣、智慧合約和原本的公開代幣無法替代使用，就像私人比特幣網絡無法與原本的公開網絡相容。

## ▶ 以太坊採取工作量證明挖掘機制

以太坊系統和比特幣系統一樣，參與挖掘的人要耗費電力進行運算，找出數學問題的對應解答，才能建立有效區塊。以太坊的工作量證明數學題有個名字，稱為「Ethash 演算法」，與比特幣的演算法略有不同。Ethash 演算法刻意設計降低 ASIC 專用晶片（比特幣挖礦常用的晶片）的效率優勢，對使用一般硬體的人比較友善。標準商用硬體也能有效率地與專用硬體競爭，使挖礦過程大幅去中心化。但實際上還是有專用硬體，多數以太坊區塊，仍由一小群礦工所建立。[95]

---

95 https://etherchain.org/miner

最近二十四小時礦工排名

資料來源：https://www.etherchain.org/charts/topMiners，擷取日期二〇一八年四月十六日。

　　以太坊的未來願景是發布軟體「Serenity」（寧靜），將耗費電力的工作量證明挖掘機制，轉變成能源效率較高的權益證明挖礦協定：「Casper 協定」。採用權益證明挖礦協定表示，成功地建立有效區塊的機率，與挖礦錢包內的錢幣數量成正比──相較之下，採用工作量證明協定的有效區塊建立機率，則是與硬體能完成的運算週期數成正比。[96]

　　這對社群有何影響？轉變之後，參與者可大幅減少挖掘加密貨幣的能源足跡。礦工再也不需要為了爭取區塊，競相消耗電力。但另一方面，有人認為權益證明比較不民主，因為已經累積大量以太幣的人，贏得區塊的機率較高。依照這個論點，新錢會流向富裕的一方，

---

96 審定註：目前以太坊官方認證的共識演算法為工作量證明（Proof-of-Work，PoW）與權威證明（Proof-of-Authority，PoA）。以太坊正研擬採用持有量證明（Proof of Stake，PoS）共識演算法來解決耗用運算能源的問題。

拉高以太幣持有者的吉尼係數[97]。

　　「比較不民主」的論點有瑕疵。採用工作量證明機制，參與者必須投入大量資金、擁有豐富的專業知識，所以實際上只有非常少數的人可以透過挖礦賺錢，並未真正做到大眾化。但採用權益證明，每一顆以太幣都享有均等的挖掘機會，不必花大錢投資設備就能起步。可以把權益證明想像成利息：你擁有的錢愈多，就能賺取愈多利息；金額較少的人，至少也能獲得利息。另外我認為，減少工作量證明帶來環境汙染的負面外部性，是值得嘉許的正向目標。

# 以太坊和比特幣有何差異？

　　這個部分牽涉比較多技術，從許多方面來看，也複雜許多。

### ▶ 以太坊虛擬機可以執行智慧合約

　　下載和執行以太坊軟體後，你的主機上會創建並啟動一個單獨的虛擬電腦，稱為「以太坊虛擬機」（簡稱 EVM）。EVM 可處理所有的以太坊交易和區塊，並且記錄所有帳戶餘額和智慧合約結果。以太坊網絡的所有節點執行相同的 EVM、處理相同的資料，因此擁有相同的世界觀。我們可以將以太坊描述為一個**複製的狀態機**（replicated state machine），所有讓以太坊運作的節點對 EVM 狀態達成一

---

97 吉尼係數是用來顯示人口貧富差距的指標，介於〇到一之間，〇代表財富均等，愈接近一，貧富差距愈大。

致共識。

相較於比特幣的基本指令碼語言，以太坊部署執行智慧合約的程式碼比較先進、對開發者也更友善。我們之後會詳細介紹智慧合約，現在，可以先把智慧合約看作是在以太坊虛擬機所有節點上執行的程式碼。

## ▶ 燃料

在比特幣交易裡，你可以設定小額比特幣，當作給成功挖礦者的手續費。這筆手續費包含在礦工挖掘的區塊裡，是貼補礦工驗證交易效力的費用。以太坊也有類似的機制，你可以設定小額以太幣給成功挖掘區塊的礦工。

以太坊的複雜之處在交易類別較多。不同類型的交易，運算的複雜程度有所區別。舉個例子，比起單純的以太幣款項交易，上傳或執行智慧合約的交易就比較複雜。所以在以太坊有燃料（gas）的概念，燃料類似價格表，根據你指示礦工在交易執行的運算複雜程度，分成不同的作業項目來收取，包括：搜尋資料、擷取資料、計算、儲存資料、變更帳本內容。下方是 ethdocs.org 網站列出的價格表[98]，但取得多數網絡成員同意後，價格是可以調整的：

---

98 http://www.ethdocs.org/en/latest/contracts-and-transactions/account-types-gas-and-transactions.html

| 作業名稱 | 燃料費 | 備註 |
|---------|-------|------|
| 逐步執行 | 1 | 各執行週期預設量 |
| 停止 | 0 | 免費 |
| 自殺 | 0 | 免費 |
| sha3 雜湊 | 20 | |
| sload 指令 | 20 | 從永久儲存取得 |
| sstore 指令 | 100 | 放入永久儲存 |
| 餘額 | 20 | |
| 建立 | 100 | 建立合約 |
| 呼叫 | 20 | 啟動唯讀呼叫 |
| 記憶 | 1 | 擴充記憶的每一個字 |
| 交易資料 | 5 | 交易資料或程式碼的每一位元組 |
| 交易 | 500 | 基本費交易 |
| 合約建置 | 53000 | 家園階段自 21000 往上調整 |

將以太幣從一個帳戶匯到另一個帳戶,這樣的基本交易要花二萬一千單位的燃料。更新和執行愈複雜的智慧合約,需要的燃料就愈多。提交以太坊交易時,你要指明燃料價格(每一單位燃料願意付多少以太幣),以及燃料上限(交易消耗的燃料最多是多少)。

挖礦費(以太幣數量)=燃料價格(每一單位燃料支付多少以太幣)× 消耗燃料(燃料數量)

#### ▶ 燃料價格

燃料價格是指你願意為待處理交易的每一單位燃料支付多少以太幣。就像比特幣的手續費,這是一個競爭市場,基本上網絡交易愈是繁忙,使用者願意支付的燃料價格愈高。在需求高漲的時段,燃料價格會狂飆。

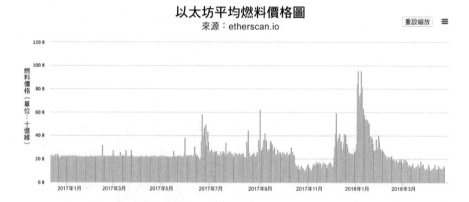

資料來源：https://etherscan.io/chart/gasprice。高峰通常與備受關注的首次代幣發行（ICO）有關係，很多人會在這時將以太幣傳送到 ICO 智慧合約。二〇一七年十二月的高峰與以太坊遊戲謎戀貓有關。二〇一八年，正常的燃料平均價格落在，每一單位燃料〇‧〇〇〇〇〇〇〇〇五顆以太幣（五十億維）到〇‧〇〇〇〇〇〇二〇顆以太幣（二百億維）。

## ▶ 燃料上限

你設定的燃料上限代表你最多願意為一筆交易花費多少燃料，這麼做可以保護你，不讓挖礦費用超支。你知道，燃料上限乘以燃料價格，就是你最多要付的挖礦費。防止你以為交易很單純，結果不小心提交非常複雜的交易，導致開支過高。

打個比方：開車十公里要消耗一定的燃油。如果燃油提前耗光，還沒抵達目的地，車子就會停駛。油價取決於市場條件，會上下波動，但油價跟你要開多遠的距離無關。以太坊交易消耗的燃料，情況與此類似。提交以太坊交易時，你要指定打算以多少燃料「執行」交易（**燃料上限**），以及每一單位燃料願意支付多少以太幣給礦工（**燃料價格**）。相乘得出你願意為待處理交易支付的以太幣總額。

礦工會執行交易並收取燃料費，費用等於你指定的燃料價格乘

以耗費的燃料。就像比特幣系統的挖礦費也是由你設定，你要知道，自己在和其他筆交易競爭，別人可能設定比你高的燃料費。

舉例來說，從一個帳戶匯款到另一個帳戶的基本交易要花兩萬一千單位的燃料，所以你可以把這類交易的燃料上限設定在兩萬一千單位的燃料，或是更高，但這筆交易只會耗費兩萬一千單位的燃料。假如你設定的燃料上限低於必須耗費的燃料，交易就會告吹，你無法拿回這筆挖礦費。跟油箱燃料不足，還想開完全程道理相同：你會耗盡燃油，又無法抵達終點。

### ▶ 以太幣的單位

一美元等於一百美分，一比特幣等於一億聰（Satoshi），以太坊為錢幣命名，也有一套慣用單位。

以太幣的最小單位稱為「維」（Wei），一以太幣等於一百京維 *。中間還有其他單位稱呼，有芬尼（Finney）、薩博（Szabo）、夏農（Shannon）、洛夫萊斯（Lovelace）、巴貝奇（Babbage）和艾達（Ada）──全都來自對加密貨幣或網絡領域有重大貢獻的人物。

維（Wei）和以太幣（Ether）是最常見的單位名稱。燃料價格通常用 GWei **（Giga-Wei）來表示（每一單位燃料價格通常在二到五十 GWei）。

---

* 譯按：一京等於十的十六次方。
** 譯按：一個單位的 GWei 等於十億維。

| 以太坊貨幣單位 | | |
| --- | --- | --- |
| 單位 | 每以太幣等於 | 適用場合 |
| 以太幣（ETH） | 1 | 目前用於計算交易金額（如 20 以太幣）以及挖礦獎勵（5 以太幣） |
| 芬尼（finney） | 1,000 | |
| 薩博（szabo） | 1,000,000 | 目前最適合用來標示基本交易成本的單位，例如：500 薩博。 |
| 十億維（Gwei） | 1,000,000,000 | 目前最適合用來標示燃料價格的單位，例如：兩百二十億維（22 Gwei）。 |
| 百萬維（Mwei） | 1,000,000,000,000 | |
| 千維（Kwei） | 1,000,000,000,000,000 | |
| 維（wei） | 1,000,000,000,000,000,000 | 程式設計師所使用不可分割的最小基礎單位 |

## ▶ 以太坊的區塊時間比較短

以太坊的區塊時間大約十四秒，比特幣則是十分鐘。這就表示，如果你進行一回比特幣交易和一回以太幣交易，平均而言，以太坊區塊鏈記錄這筆以太幣交易的時間，會比比特幣區塊鏈記錄比特幣交易的時間短。我們可以這樣說：比特幣大約每十分鐘將資料寫入資料庫一次，而以太坊大約每十四秒寫入一次。以太坊區塊時間的歷史很有趣，可至 bitinfocharts.com 網站瀏覽：

## 平均交易確認時間圖

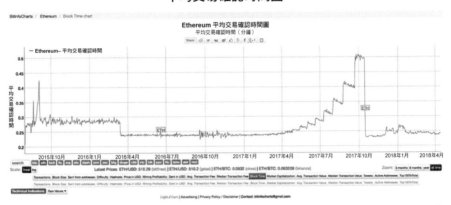

資料來源：Bitinfocharts[99]

　　但相較之下，比特幣的區塊時間比較穩定（注意，比特幣的歷史比以太坊長很多）：

## 平均交易確認時間圖

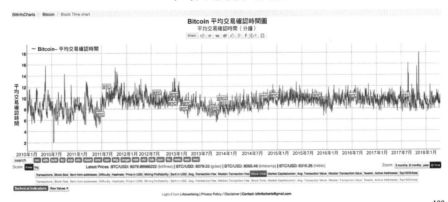

資料來源：Bitinfocharts[100]

---

99 https://bitinfocharts.com/comparison/Ethereum-confirmationtime.html

100 https://bitinfocharts.com/comparison/Bitcoin-confirmationtime.html

### ▶ 以太坊的區塊比較小

目前比特幣的區塊大小接近一百萬位元組（1MB），大多數的以太坊區塊大小約在一萬五千到兩萬位元組（15-20 kb）。但我們不該用資料多寡來當區塊的比較基準，因為比特幣系統明確規定一個區塊多少位元組，而以太坊的合約複雜度會影響區塊大小——稱為區塊的燃料上限；區塊之間，最高限度可有些微之差。可知，比特幣系統是用資料多寡訂立大小限制，而以太坊的區塊大小，取決於電腦運算的複雜程度。

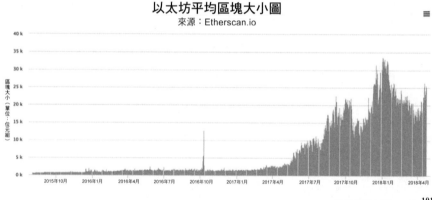

以太坊平均區塊大小圖
來源：Etherscan.io

資料來源：Etherscan[101]

目前以太坊的最大區塊約為八百萬單位的燃料。從一個帳戶匯以太幣到另一個帳戶的基本交易（也就是上傳或啟動智慧合約），這樣的複雜程度要消耗兩萬一千單位的燃料，所以你可以將大約三百八十筆基本交易（八百萬除以兩萬一千）寫入一個區塊。在比特幣系

---

101 https://etherscan.io/chart/blocksize

統，目前可將大約一千五百至兩千筆基本交易，寫入一個一百萬位元組（1MB）的區塊。

## ▶ 叔塊：未成功區塊

由於以太坊的區塊產生率比比特幣高出許多（以太坊每小時兩百五十個區塊，比特幣每小時六個區塊），因此區塊對撞的機率比較高。可能會有好幾個有效區塊幾乎在同一時間建立，但只有一個區塊能寫入主鏈。其他區塊「輸了」──儘管就技術而言是有效交易，這些交易的資料並不會納入主帳本。

在比特幣系統，這些非主鏈區塊稱為孤塊，無論如何不會納入主鏈，後續區塊也不會參照這些區塊。在以太坊，這類區塊稱為叔塊，會有少數後續區塊參照叔塊。叔塊內的資料雖然未採用，挖掘叔塊的礦工仍然可以得到獎勵，金額略低於一般的挖礦獎勵。

這麼做有兩個重要目的：

一、鼓勵礦工在很有可能建立非主鏈區塊的情況下積極挖掘（區塊建立速度快，所以會有較多孤塊或叔塊）。

二、透過承認叔塊建立過程消耗的能源，來提升區塊鏈的安全度。

之後主鏈會重新挖掘變成孤塊的交易。使用者不需另外支付燃料費，因為孤塊內的交易視同未處理交易。

## ▶ 帳戶

比特幣用「地址」（address）來表示帳戶。以太坊直接使用「帳戶」（account），但嚴格來說意思也是地址。在以太坊系統，兩種說法似乎可以替換使用。問別人「你的以太坊帳戶，地址是什麼？」應該也沒什麼關係。[102]

以太坊帳戶分成兩種：

一、只用來儲存以太幣的帳戶

二、包含智慧合約的帳戶

只用來儲存以太幣的帳戶和比特幣地址類似，有時稱為「外部帳戶」（Externally Owned Account）。你用對的私密金鑰簽署交易，就可以從這類帳戶支付款項。儲存以太幣的帳戶例子：0x2d-7c76202834a11a99576acf2ca95a7e66928ba0。[103]

傳送以太幣的交易可啟動智慧合約帳戶。智慧合約上傳之後，會形成一個地址，供人使用。智慧合約帳戶的例子：0xcbe1060ee-

---

102 在許多人使用的以太坊區塊鏈搜尋網站 Etherscan 兩種稱呼都有，參見：https://etherscan.io/accounts。

103 https://etherscan.io/address/0x2d7c76202834a11a99576acf2ca95a7e66928ba0

68bc0fed3c00f13d6f110b7eb6434f6[104]。

### ▶ 發行以太幣

以太幣的發行比比特幣複雜一些。現有以太幣數量包含：預挖礦＋區塊獎勵＋叔塊獎勵等三階段產生的以太幣。

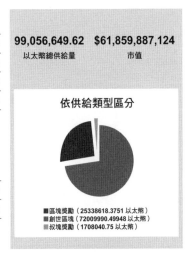

| 以太幣總供給量與市值圖 | 首頁／圖表清單／以太幣供給量 |
| --- | --- |

**🏠 以太幣分布摘要**

| | |
| --- | --- |
| 創世區塊（6000萬眾籌銷售＋1200萬其他部分）： | 72,009,990.50以太幣 |
| ＋挖礦獎勵： | 25,338,618.38以太幣 |
| ＋叔塊獎勵 | 1,708,040.75以太幣 |
| ＝目前總供給量 | 99,056,649.62以太幣 |

資料來源：以太幣總供給量API

**99,056,649.62** 以太幣總供給量　　**$61,859,887,124** 市值

**$ 每顆以太幣價格**

| | |
| --- | --- |
| 美元計價： | $624.49 |
| 比特幣計價： | 0.07138 |

資料來源：CryptoCompare

#### 依供給類型區分

■區塊獎勵（25338618.3751 以太幣）
■創世區塊（72009990.49948 以太幣）
■叔塊獎勵（1708040.75 以太幣）

資料來源：Etherscan[105]

### ▶ 預挖礦

約莫七千兩百萬顆以太幣，在二〇一四年七月和八月眾籌銷售（crowdsale）階段創立，有時稱為「預挖礦」——因為這些以太幣

---

104 https://etherscan.io/address/0xcbe1060ee68bc0fed3c00f13d6f110b7eb6434f6#code

105 https://etherscan.io/stat/supply

事先寫在程式裡，不是透過工作量證明雜湊演算挖掘出來的以太幣。這些錢幣會分給計畫的早期支持者以及計畫開發團隊。系統設定在初次眾籌銷售後，將來發行的以太幣，數量上限為預挖礦的百分之二十五，也就是說，每一年挖掘出的以太幣，不會超過一千八百萬顆。

### ▶區塊獎勵

最初，每挖掘一個區塊會產生五個新的以太幣，作為區塊獎勵。後來因為擔心貨幣供給量太大，以太坊在二〇一七年十月，第四三七〇〇〇〇塊的地方，進行一系列稱為「拜占庭更新」的協定變更，將區塊獎勵縮減到三顆以太幣。

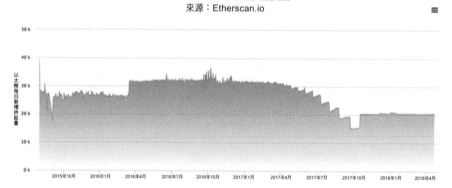

以太坊每日區塊獎勵圖
來源：Etherscan.io

資料來源：Etherscan[106]

---

106 https://etherscan.io/chart/blocksize

### ▶ 叔塊獎勵

有些區塊雖然被挖掘出來，卻不會納入主鏈。在比特幣系統，這些區塊是會被完全丟棄的「孤塊」。挖掘孤塊的礦工不會拿到獎勵。在以太坊，丟棄區塊稱為「叔塊」，後面產生的區塊可以參照叔塊。如果後面的區塊參照叔塊的資訊，挖掘叔塊的礦工可獲得一些以太幣，稱為「叔塊獎勵」。參照叔塊來挖掘後續區塊的礦工，也會額外獲得少許獎勵，稱為「叔塊參照獎勵」。

以前叔塊獎勵是四·三七五顆以太幣（完整五顆以太幣獎勵的八分之七）。拜占庭更新後減少成：〇·六二五到二·六二五顆以太幣。

**以太坊叔塊數量與獎勵圖**
來源：Etherscan.io

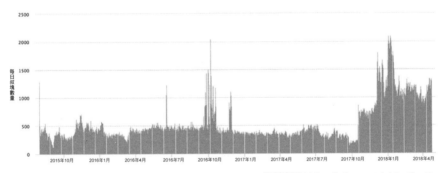

資料來源：https://etherscan.io/chart/uncles

以太幣和比特幣的產生過程，最大差異在於比特幣大約每四年會進行一次減半，而且事先規劃好代幣數量上限，但以太幣這邊沒有限制，每一年產生相同數量的代幣。但就像其他參數或規則，這項規則一直受到討論，如果以太坊網絡的多數成員同意，是可以改變的。

比特幣與以太幣發行量比較模型

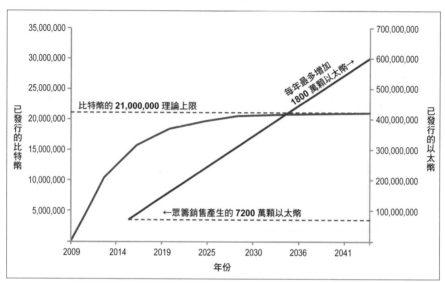

### ▶ 改變以太幣的產生速度？

關於以太坊從工作量證明轉換到權益證明機制後，是否該調整代幣發行率，這一點以太坊社群尚未達成共識。有人主張減緩以太幣產生的速度，因為產生速度太快、錢幣價值太低，會無法補貼爭相挖礦的電力消耗成本。

### ▶ 挖礦獎勵

在比特幣系統裡，區塊礦工會收到區塊獎勵（新的比特幣），以及挖掘交易區塊的手續費（現有比特幣）。在以太坊，區塊礦工會收到區塊獎勵和叔塊的參照獎勵（新的以太幣），以及在區塊上執行交易和智慧合約的挖掘費（燃料數量乘以燃料價格）。

## ▶ 以太坊的其他要素：Swarm（蜂群）和 Whisper（耳語）

電腦的功用在計算、儲存資料和通訊。若以太坊想要實現願景，打造無法阻擋、抗審查、自給自足、去中心化的「世界」電腦，必須要能有效率又能穩健地滿足這三項功能。以太坊虛擬機只是整體藍圖中的一項元素，作用在實現去中心化計算。

這張藍圖還有一項元素，稱為 Swarm（蜂群），可執行點對點檔案共享。與 BitTorrent 類似，不同之處在於 Swarm 以少量以太幣，作為檔案分享的激勵機制。這些檔案分割成區段，分散儲存於自願參與者的設備。負責儲存和提供區段的節點，可向要求儲存和擷取資料的節點收取以太幣。

另一項元素是加密傳訊協定 Whisper（耳語），可讓節點安全地將訊息直接傳送給其他節點，傳送者和接收者的資訊被隱藏起來，防止第三方偷窺。

## ▶ 治理

比特幣和以太坊都是開放原始碼計畫，以及非許可制的公開網絡，兩者最大的差別在於，以太坊有一個眾所周知的活躍領袖，而比特幣沒有。以太坊創辦人維塔利克‧布特林（Vitalik Buterin）深具影響力，一言九鼎。雖然他不能阻擋自己創造的網絡繼續發展，也不能審查交易或參與者，但他心中的願景和抱持的意見，足以左右以太坊的技術走向。舉例來說，當初維塔利克支持透過硬分叉，取回 DAO 駭客事件遭竊的資金（後面再詳述），也提出了更改協議規則和網絡

經濟的建議。而在比特幣系統這邊，幾位具影響力的開發者，都不若維塔利克對以太坊那般舉足輕重。尼克・托梅諾（Nick Tomaino）在部落格文章指出 [107]，區塊鏈治理「可能與區塊鏈電腦科學和區塊鏈經濟同等重要」。網絡裡只有一位深具影響力的人物，對加密貨幣網絡去中心化是好是壞，仍有待商榷。

## 智慧合約

智慧合約 [108] 在不同區塊鏈平臺上有不同的意思。以太坊智慧合約是簡短的電腦程式，經過複製並發送給以太坊的各個節點，儲存於以太坊的區塊鏈，任何人都可以檢查。合約運作分成兩個步驟：

一、將智慧合約上傳至以太坊區塊鏈

二、執行智慧合約

首先你在特別交易中，將程式碼傳送給礦工，完成智慧合約上傳。交易成功處理後，智慧合約存放在以太坊區塊鏈的某個地址 [109]。你再建立一筆「請執行地址 × 之智慧合約」的交易，啟動智慧合約。

舉個例子，下面這份基本智慧合約會建立名為「GavCoin」的代幣，最初發行一百萬顆給智慧合約的建立者，之後合約建立者可將代

---

107 https://thecontrol.co/the-governance-of-blockchains-5ba17a4f5da6

108 審定註：智慧合約亦可譯為智能合約。最初的概念是於一九九四年由尼克・薩博所提出。

109 根據建立者位址和建立者發送多少筆交易所計算而出，是具確定性的地址，並非隨機地址。

幣傳送給其他使用者 [110]：

```
contract GavCoin
{
  mapping(address=>uint) balances;
  uint constant totalCoins = 100000000000;

  /// 給合約建立者 100 萬 GAV
  function GavCoin(){
      balances[msg.sender] = totalCoins;
  }

  /// 自帳戶 $(message.caller.address()) 發送 $((valueInmGAV / 1000).fixed(0,3)) 至僅 $(to.address()) 可存取的帳戶
  function send(address to, uint256 valueInmGAV) {
    if (balances[msg.sender] >= valueInmGAV) {
      balances[to] += valueInmGAV;
      balances[msg.sender] -= valueInmGAV;
    }
  }

  /// 餘額 getter 函數
  function balance(address who) constant returns (uint256 balanceInmGAV) {
    balanceInmGAV = balances[who];
  }
}
```

　　若你想看智慧合約的真實範例，有一份首次發行背書代幣餘額的智慧合約，在地址：0xf8e386eda857484f5a12e4b5daa9984e06e73705[111]。

　　上傳之後，合約的運作方式有一點類似自動點唱機。想要執行合約時，只需要建立一筆指明合約的交易，並提供合約的必要資訊。你要付燃料費給執行合約的礦工，礦工會在挖礦過程執行交易，同時執行智慧合約。

　　成功贏得工作量證明挑戰的礦工，將勝出區塊發布給網絡的其他成員。其他節點會驗證區塊、將區塊加入自己的區塊鏈，並處理這些交易，包括執行智慧合約。以太坊區塊鏈隨之更新，每個節點的

---

110　https://en.wikipedia.org/wiki/Solidity

111　想要瀏覽那份智慧合約的內容，請至：https://etherscan.io/token/0xf8e386eda857484f5a12e4b5daa9984e06e73705

EVM，同步到一致狀態。以太坊智慧合約具有「圖靈完備性」（Turing complete）。意思是，以太坊智慧合約功能完整，能夠執行其他程式語言可執行的運算式。[112]

## ▶ 智慧合約程式語言：Solidity、Serpent、LLL

以太坊智慧合約最常使用的語言是 Solidity，也可用 Serpent 和 LLL（Lisp Like Language，類 Lisp 語言）來撰寫。以太坊虛擬機會編譯和執行用這些語言編寫的智慧合約。

- Solidity 和 JavaScript 類似，是目前最受歡迎、功能最多的智慧合約指令碼語言。
- Serpent 和 Python 類似，是在以太坊早期受到歡迎的語言。
- LLL 和 Lisp 類似，主要只在以太坊最初階段使用，可能是目前最難寫的程式語言。

## ▶ 以太坊軟體：geth、eth、pyethapp

以太坊的三款客戶端全節點軟體，都是開放原始碼軟體。可以檢視軟體的程式碼，也可以修改成自己的版本。這三款軟體分別是：

- geth[113]（以 Go 語言寫成）
- eth[114]（以 C++ 寫成）

---

112 審定註：凡具有儲存（Storage）、運算（Arithmetic）、條件判斷以及重複（Repetition）指令的語言即稱為圖靈完備的程式語言；現今大部分的程式語言皆具圖靈完備性，但 HTML 與 XML 語言則不滿足此性質。

• pyethapp[115]（以 Python 寫成）

這些都是命令列程式（請想像有綠色文字和黑色背景的程式），可以另外使用軟體，打造更有親和力的圖形化介面。Mist 是近期最受歡迎的圖形化介面（網址：https://github.com/Ethereum/mist），可以配合 geth 或 eth 使用；由 geth 或 eth 在背景執行程式，將美觀的 Mist 顯示於前端。

近來人氣最高的以太坊客戶端軟體是 geth 和 Parity[116]。Parity 科技公司（Parity Technologies）打造的 Parity，是使用 Rust 程式語言的開放程式碼軟體[117]。

## 以太坊的歷史

以太坊是非常成功的公開區塊鏈，不僅受到很多人採用和關注，也有許多開發者努力開發以太坊的智慧合約和去中心化應用程式。以下列出以太坊的簡史，其中包含以太坊走過的艱難時期。

---

113 https://github.com/Ethereum/go-Ethereum
114 https://github.com/Ethereum/cpp-Ethereum
115 https://github.com/Ethereum/pyethapp
116 https://www.parity.io/
117 https://github.com/paritytech/parity/

## ▶ 二〇一三年

　　二〇一三年底，維塔利克‧布特林在白皮書描述以太坊的概念。二〇一四年四月，蓋文‧伍德（Gavin Wood）博士發表技術黃皮書，將此概念發揚光大。從那時起，由開發者社群管理以太坊的軟體發展。二〇一四年七月和八月，以太坊發起眾籌銷售，籌措開發資金。以太坊的真實區塊鏈（live blockchain）在二〇一五年七月三十日上線。你可以到這個網址，查看以太坊的第一個區塊：https://etherscan.io/block/0。

## ▶ 以太坊眾籌銷售

　　二〇一四年七月到八月，開發團隊線上發售以太幣籌措資金，讓大家用比特幣來買以太幣。早期投資人可用一顆比特幣換兩千顆以太幣，接下來約莫一個月，兌換率逐步調漲到一顆比特幣換一千三百三十七顆以太幣[118]，鼓勵投資人儘早投資。

　　參與眾籌銷售的人將比特幣傳送到比特幣地址，並收到一個以太坊錢包，裡頭裝了他們購入的以太幣。詳細技術可參見以太坊的部落格[119]。

　　募資大約售出六千萬顆多一點的以太幣，換得超過三萬一千五百顆比特幣，在當時約等於一千八百萬美元的價值。另外，以太坊發

---

118 阿拉伯數字「1337」字形很像「leet」，這個英文字音近「elite」（菁英），用來指優秀的駭客技巧；「1337」是電腦怪客圈流行的玩笑。

119 https://blog.Ethereum.org/2014/07/22/launching-the-ether-sale/

、

行募資數量百分之二十的以太幣（一千兩百萬顆），用以促進以太坊開發，並且提供給以太坊基金會（Ethereum Foundation）使用。

### ▶ 軟體發布代號

邊境（Frontier）、家園（Homestead）、大都會（Metropolis）和寧靜（Serenity）是親民的以太坊核心軟體版本名稱。有一點類似蘋果電腦作業系統 OS X 的版本名稱：衝浪灣（Mavericks）、酋長岩（El Capitan）、內華達山脈（Sierra）。

| 版本名稱 | 詳情 |
|---|---|
| 奧林匹克（測試網路） | 二〇一五年五月上線——此測試版本發行的代幣無法與「真正」的以太幣相容。目前測試網路和真實網絡仍在同時運行當中，開發者可在測試網路上測試程式碼。測試網路的運作方式與真實網絡相同，只不過挖掘過程競爭沒那麼激烈，因為這裡的代幣不能在交易所裡交易，是零價值的代幣。 |
| 邊境 | 二〇一五年七月三十日上線——首次推出真實區塊鏈，參與者可實際挖掘以太幣，以及建立和執行合約。 |
| 家園 | 二〇一六年三月十四日上線——變更協定的某些內容，使區塊鏈更趨穩定。 |
| 大都會 | 準備將以太坊從工作量證明轉換成權益證明。大都會階段包含兩次更新：拜占庭更新和君士坦丁堡更新。拜占庭更新發生在二〇一七年十月，第四三七〇〇〇〇塊，目的在為私密交易鋪路、提升交易處理速度（對擴大規模很重要）、改良智慧合約功能。最顯而易見的改變是將挖礦獎勵從每區塊五顆以太幣，調降成三顆以太幣。君士坦丁堡更新也是為了替轉換到權益證明（Casper）鋪路。 |
| 寧靜 | 將於日後上線——從工作量證明轉換到權益證明（Casper）。 |

### ▶ The DAO 駭客事件

去中心化自治組織（Decentralised Autonomous Organisation，簡稱 DAO）的概念在於，公司或機構根據編入程式碼的規章自動運作，不需人力介入或管理，自己按照預定目標持續經營。自動駕駛計

程車就是一個常見例子。這種計程車會自己載客賺錢，還會自己開去維修和加油。你可以說我老派，在我聽來，沒有人類替這種計程車的營運擔負最終責任，實在是天方夜譚。

總之，有些人似乎很熱中這自動營運的概念。二〇一六年，德國公司「Slock-it」的團隊從原本的智慧鎖核心業務（可用區塊鏈代幣打開的鎖頭）轉換跑道，改在以太坊公開區塊鏈部署智慧合約，打造出一種自動營運的創業投資公司，並將公司命名為「The DAO」（注意，後三個字母要大寫）。這個名稱實在容易令人產生混淆，好比將銀行命名為「銀行」，公司命名為「公司」。總之呢，The DAO公司是DAO組織的其中一個例子。

The DAO的背後概念是為新創公司提供加密貨幣資金。想要投資相關新創公司的投資人，透過以太幣的形式，將錢匯入智慧合約，智慧合約再依照投資金額比例，發給投資人DAO代幣。這份智慧合約是為新創公司提供資金的存錢筒，類似傳統的創業投資基金。

以尋常的創業投資基金來說，投資人是有限合夥人（Limited Partner），他們把錢投入基金，交給創投公司管理，期望從成功的投資案獲得報酬。但在DAO的運作模式，投資人扮演比較積極的角色。他們投入資金以後會收到DAO代幣，可以用這些代幣投票，選出獲得資金挹注的新創公司。如此一來，投資人可以直接影響資金流向，而不是將挑選新創公司的重責大任交給管理團隊。投票過程由智慧合約管理，投票結束後，會將加密貨幣發送給得票數最高的新創公司。這就是The DAO公司背後的理念。

　　但實際運作當然有人為干預。必須要有一組管理團隊（某人）擬出一份供投資人投票的具潛力新創公司名單，實際上這並不是完全的 DAO 組織，只是將提供資金的流程自動化。總而言之，這些都不是很重要，因為這間 DAO 組織還沒完成任何一筆投資就倒了。

　　二〇一六年五月，募資的那一個月，The DAO 希望從超過一萬一千個地址，募得價值超過一億五千萬美元的以太幣。代表應該有很多投資人參與其中，但我們很難確認，因為一名投資人可以有數個以太幣地址。當時市面上的以太幣價格大約落在每顆十到二十美元。The DAO 持有約市面百分之十五的以太幣。

　　六月時，有個駭客想出辦法入侵 The DAO，將三百六十四萬一千六百九十四顆以太幣（當時市值約五千到六千萬美元），匯入駭客持有的另一個帳戶。這起事件導致以太幣價值幾乎砍半。後來駭客入侵事件被揭發，調查過程中，有一些白帽駭客（有道德的駭客）複製攻擊手法，將剩下的以太幣統統匯進他們的帳戶。就像好人先將錢從被破壞的金庫偷走，讓壞蛋沒辦法偷錢。現在，可別忘了，智慧合約只做原本設定該做的事，所以 DAO 組織只是在執行設定好的程式。用戶協議就寫在程式碼裡頭。如果你能找出辦法，讓智慧合約去做它該做的事，智慧合約照做了，這樣算駭客攻擊，還是只是讓合約依照大家簽署的規則行動？[120]

---

120 審定註：電腦系統安全方面的缺陷，一般稱之為漏洞（vulnerability），會危及系統的保密性、完整性、可用性與存取控制等。商業邏輯漏洞（business logic flaw）是最難防止的風險，因為是來自設計師在商業流程設計上的邏輯疏漏，而非資安檢測工具可解的問題；上述 The DAO 的事件應歸於駭客針對系統邏輯所發動的攻擊事件。

　　總之後來這件事被視為一起駭客攻擊事件，以太坊基金會向所有以太坊參與者建議更新區塊鏈，以便查出黑名單，有效凍結被偷光的以太幣，讓企圖花用被竊帳戶代幣的交易變成無效交易。這麼做違背了打造抗審查的世界電腦的初衷，但許多以太坊早期支持者遭遇錢被偷走的危機，這可是緊急狀況。此時此刻，損失金錢的嚴重性逾越價值觀。一定有龐大的壓力要求以太坊基金會想辦法將這筆交易「平倉」。就在以太坊區塊鏈要實施以太坊基金會的建議前，有人發現更新程式有錯，並沒有採取黑名單的做法。於是後來，以太坊基金會提議對竊盜事件有關的那幾筆交易進行平倉，並准許 DAO 投資人取回以太幣資金。

　　這麼做，同樣正巧違背了打造抗審查世界電腦的種種原則。顯然，加密貨幣圈的人總是高呼抗審查，但損失金錢以後，那又是另一回事了。

　　二〇一六年，以太坊社群投票決定遭竊的以太幣的命運，結果是以太坊社群要進行一次區塊鏈版本更新，透過硬分叉的方式，將遭竊的以太幣傳送到新的智慧合約，歸還給原本的投資人。

　　可是這麼做代表不可阻擋、不可竄改的世界電腦，終究可以為了迎合一小部分在智慧合約執行過程損失大筆金錢的人，而停止運作和被竄改──這份智慧合約的運作，完全沒有違背它該執行的內容。這種做法爭議很大。

## ▶ 以太坊經典

　　少數直言不諱的以太坊成員認為，將交易平倉違背以太坊的價值觀，堅持繼續使用舊的以太坊軟體；以太坊區塊鏈因此分成兩條，一條將遭竊的資金退還給 DAO 投資人，另一條則不退還金錢，稱為「以太坊經典」。以太坊和以太坊經典在第一九二〇〇〇〇塊（二〇一六年七月）之前擁有共同的歷史，之後兩條區塊鏈分道揚鑣。在這次分叉前持有以太幣的人，現在擁有數量相同的以太幣（ETH；記錄於以太坊區塊鏈的代幣）和以太坊經典（ETC；記錄於以太坊經典區塊鏈的代幣）。對在硬分叉前就擁有以太坊的人來說，實際上是收到了免費的以太坊經典，所以很棒。[121]

## ▶ Parity 程式錯誤

　　Parity 是 Parity 科技公司撰寫的全節點以太坊軟體，可在網絡中儲存區塊鏈、執行合約、傳送交易等。在撰寫本書的時候，約有三分之一的以太坊節點使用 Parity 軟體。

---

121 你或許以為，增加了多少以太坊經典，以太幣就會貶值多少。哎，加密貨幣市場並不依照傳統的邏輯來運作。

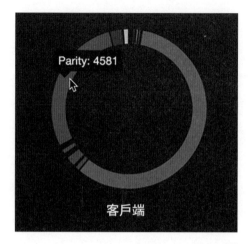

資料來源：Ethernodes[122]

　　Parity 也提供一些先進的錢包軟體，你可以用來儲存以太幣。這
款錢包曾經有過幾次重大的程式錯誤。其中一項程式錯誤，導致 Par-
ity 多重簽章錢包被駭客偷走價值三千兩百萬美元的以太幣。Parity 科
技公司在二〇一七年七月二十日，為了修正這個錯誤，進行程式碼更
新。但新版本本身包含另一項錯誤：某份維持錢包功能的已部署智慧
合約有漏洞。任何人都可以將這份智慧合約轉換成多重簽章錢包，成
為智慧合約的所屬人，並且要求智慧合約「自殺」，摧毀七月二十日
後用來建立多重簽章錢包的程式碼，凍結錢包內的資產。

　　某個暱稱「devops199」的 Github 用戶「在二〇一七年十一月六
日這麼做了」[123]：

---

122　https://www.ethernodes.org/network/1

123　https://www.comae.com/posts/the-280m-ethereums-parity-bug./

### 任何人都可以殺死你的合約 #6995

ⓘ 開啟　devops199 一天前開啟這個話題・12 則留言

**devops199** 一天前留言・已編輯

我不小心殺死合約了。

https://etherscan.io/address/0x863df6bfa4469f3ead0be8f9f2aae51c91a907b4

　　近六百個錢包受影響，總額超過五十萬顆以太幣，當時市值約一億五千萬美元。諷刺的是，Parity 科技公司創辦人蓋文・伍德在一次命名為「Polkadot」的首次代幣發行計畫中，募得約三十萬顆以太幣，連他放在 Parity 錢包裡的這三十萬顆以太幣都遭到凍結。

　　這些以太幣還在錢包裡，但目前並不能傳送給別人。截至二〇一八年初，開發者還在研究如何修正錯誤。

## 在以太坊生態系活動的組織

### ▶ 以太坊基金會

　　以太坊基金會是在瑞士註冊的非營利組織，登記名稱「Stiftung Ethereum」（以太坊基金會），成立宗旨為：

　　促進及支持以太坊平臺以及相關的基礎研究、發展與教育，為世人帶來去中心化的協定與工具，讓開發者有能力打造下一世代的去中心化應用程式（decentralized applications，簡稱 dapp），同時打造

有益世界各地存取、更自由、更值得信賴的網際網路。[124]

為了推動以太坊發展，預售以太幣所募得的資金，由以太坊基金會負責管理。這筆資金主要用來支付核心開發團隊的薪資。此外基金會也用這筆錢，發獎金給解決特定問題的開發者。例如二〇一八年三月，以太坊基金會把補助獎金發給幫助以太坊擴大規模和提高安全度的解決方案。[125] 人稱以太坊之父的維塔利克・布特林是以太坊基金會委員，基金會對以太坊的未來發展舉足輕重。理論上，以太坊參與者（礦工、簿記員）並不需要執行基金會發布的變更內容，但實際上這些參與者會照做。

## ▶ 以太坊企業聯盟

以太坊企業聯盟（Ethereum Enterprise Alliance，簡稱 EEA）是二〇一七年三月成立的非營利業界團體，目標似乎是讓以太坊適合業界使用。但從他們公布的資料，看不出意思是幫助公司行號使用公開的以太坊區塊鏈，還是調整以太坊程式碼，讓程式碼符合業界用途。[126]

EEA 網站[127] 上寫道：

---

124 https://Ethereum.org/foundation

125 https://blog.Ethereum.org/2018/03/07/announcing-beneficiaries-Ethereum-foundation-grants/

126 審定註：EEA 是因應企業需求而成立，例如基於商業機密、不容許在區塊鏈上公開交易內容的加密需求等。EEA 為以太坊提供標準化規格，旨在讓同業大眾可依循該規格開發應用服務；摩根大通 J. P. Morgan 的私有鏈平台 Quorum 就是一項為企業級應用需求而生的典型範例。

127 https://entethalliance.org/

　　以太坊企業聯盟讓財星五百大企業、新創公司、學術界和科技廠商，與以太坊主題專家連結。我們共同學習，對象是獨一無二的智慧合約。全世界，只有這份智慧合約支援實際生產的區塊鏈——「以太坊」。我們以此智慧合約為基礎打造企業級軟體，以符合業界標準的速度，應用於複雜至極、要求極高的場合。

　　從官網可知 EEA 的願景是：
- 建立一套開放原始碼標準，並非推出產品。
- 解決企業部署需求
- 隨以太坊公開區塊鏈一同發展
- 運用現有標準

　　可惜我查不到相關細節，無法得知願景背後的深刻意涵。

　　EEA 的使命宣言：
- EEA 是 501(c)(6) 非營利法人
- 明確擘劃企業功能與需求藍圖
- 打造健全的治理模型，並在開放原始碼技術方面，建立有課責制度、公開透明的網路通訊協定（IP）與授權模型。
- 為企業提供以太坊學習資源，以及運用這項劃時代技術的資源，以利處理具體的業界議題。

　　EEA 的成員有大型知名企業，也有剛成立的新創公司，名單非常傲人。創始成員包括：

創始成員

資料來源：https://entethalliance.org/

成員每年繳交三千至兩萬五千美元，可享以下福利：

### 會員福利

| 福利矩陣 | 級別 B | 級別 C |
|---|---|---|
| 參與人員 | 一般會員 | 法律業者 |
| EEA 董事席次 | | |
| 指定為投票會員 | | |
| 可主持委員會 | | |
| 可主持工作小組 | × | × |
| 可設立及參與工作小組 | × | × |
| 存取開放程式碼 | × | × |
| 受邀參加所有成員會議 | × | × |
| 可主持 EEA 大會 | × | × |
| 公司標誌顯示於 EEA 網站 | × | × |
| 納入會員新聞稿 | × | × |

| 福利矩陣 | 級別 B | 級別 C |
|---|---|---|
| 將公司活動張貼於 EEA 線上行事曆 | × | × |
| EEA 贊助折扣 | × | × |
| 年費 | 50 名員工以下｜每年 $3,000<br>51–500 名員工｜每年 $10,000<br>501–5,000 名員工｜每年 $25,000 | 50 名員工以下｜每年 $3,000<br>51–500 名員工｜每年 $10,000<br>501–5,000 名員工｜每年 $25,000 |

EEA 網站上也寫出潛在成員應該加入的理由：

### 為何加入 EEA？

EEA 是由工商界贊助的非營利組織，旨在打造、促進並全面支持以太坊科技的最佳實務做法、公開標準與開放原始碼參照架構。EEA 協助以太坊壯大為企業級科技，在各式領域從事研究及取得發展，包括隱私、機密、規模、安全等。EEA 也研究橫跨許可制與公開以太坊網絡的混合式架構，以及針對業界需求的應用層工作小組。

**Coindesk** 的文章指出，二〇一八年初 **EEA** 有四百五十名成員 [128]。

# 以太幣的價格

以太幣和比特幣一樣，價格上下波動。以太坊發起眾籌銷售時，兩千顆以太幣兌換一顆比特幣，當時（二〇一四年七月到八月）一顆比特幣價值約五百美元。換算下來，一顆以太幣等於〇·二五美元。以太幣的價格高點出現在二〇一八年初，差一點要來到每顆一千五百美元。目前為止從價格來看，以太幣是極具價值的成功加密貨幣。

---

128 https://www.coindesk.com/enterprise-ethereum-alliance-pledges-2018-blockchain-standards-release/

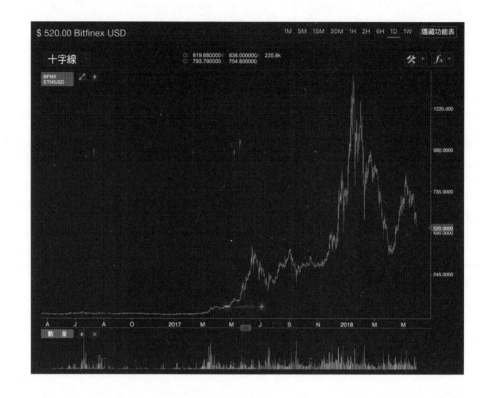

　　以太坊提供另外一項比特幣系統所沒有的用途，就是以太幣經常用於首次代幣發行計畫。執行首次代幣發行計畫的公司會建立一份以太坊智慧合約，讓合約自動建立代幣，並在參與者將以太幣發送到相關智慧合約時，將新建立的代幣傳送到參與者的以太坊地址。代表你可以在以太坊執行自動化的首次代幣發行計畫。只要投資人把以太幣或以太坊記錄的代幣付過來，計畫就會自動運作。

# 分叉

　　什麼是加密貨幣分叉？當人們講到分叉的時候，這個字可以有兩種不同，卻相關的意思：

　　一、程式碼基底分叉

　　二、真實區塊鏈分叉（**區塊鏈分裂**）

　　差別在於，程式碼基底分叉（節點軟體背後的程式碼分叉）會產生一套全新帳本，區塊鏈分叉則會在既有幣種之外，創造與該幣種共享一段歷史的新幣種。

## 程式碼基底分叉

　　程式碼基底分叉一般而言是指複製特定程式的程式碼，接著為程式碼做出貢獻或改寫程式碼。由於開放原始碼軟體鼓勵參與者這麼做，所以這類軟體會刻意分享程式碼，讓每個人都能修改程式碼。

　　以加密貨幣來說，你可以複製受人歡迎的節點軟體（如比特幣核心）的程式碼，調整一下或改變幾項參數，再執行改過的程式碼，創造一條從空白帳本開始的全新區塊鏈。此時你會說，你將比特幣程式碼分叉，創造新幣種。二〇一三到二〇一四年間有許多山寨幣（alt-coin/alternative coin）都是這樣來的。例如，萊特幣是複製比特

幣程式碼，再修改一些參數而產生的山寨幣。萊特幣改變區塊產生速度，以及工作量證明挑戰中的計算工作。

重點是執行新節點之後你會從零開始，產生新的「空白」區塊鏈帳本，以及全新的創世區塊。

你可以到很受歡迎的公開原始程式碼共享平臺 GitHub，用滑鼠點幾下，就能輕鬆對計畫的程式碼進行分叉（複製程式碼）。接著你會拿到可自行編輯的程式碼。程式碼基底分叉是創新的源頭，在開放原始碼技術發展過程很常見，也是受到鼓勵的做法。

## 真實區塊鏈分叉：區塊鏈分裂

真實區塊鏈分叉有一個更恰當的說法，叫作**區塊鏈分裂**。這種分叉比程式碼基底分叉更有意思，它有可能意外發生，也有可能是刻意進行的活動。

**意外的**區塊鏈分裂是指無爭議的區塊鏈軟體升級，發生在一部分網絡成員疏忽或忘紀升級軟體，導致他們製造的區塊有些無法與網絡中的其他區塊相容。根據比特幣商業交易所（Bitcoin Mercantile Exchange，簡稱 BitMEX）的研究 [129]，比特幣史上有過幾次區塊鏈意外分裂，已知的區塊鏈意外分裂共三次，分別發生在二〇一〇年、二〇一三年、二〇一五年，約莫各自延續了五十一、二十四和六個區

---

129 https://blog.bitmex.com/bitcoins-consensus-forks/

塊。由此可知，即使網絡成員對規則變更沒有異議，區塊鏈也會發生分叉，此時出現不只一條候選區塊鏈，使大家暫時無法分辨區塊鏈的「真實」狀態。

只要一小部分參與者升級軟體，丟棄不相容的區塊，通常就能快速解決區塊鏈意外分叉的問題。

**刻意的**區塊鏈分裂，則是發生在真實網絡的一群參與者認為，應該要採取和其他成員不同的做法；他們會執行協議規則經過變更的新軟體，製造與舊幣種共享一段相同歷史的新幣種。因此，區塊鏈會在某一個區塊，根據成員事先溝通好的計畫刻意分裂。如果新舊幣種都能繼續存在和發展下去，這就是一次成功的區塊鏈刻意分裂；如果沒有什麼人願意參與，代幣價值跌到零，再也沒有礦工挖掘新區塊，那麼這就是一次失敗的區塊鏈刻意分裂。

想要成功刻意分裂區塊鏈，你必須集結眾人，說服一群礦工、簿記員、交易所和錢包供應商相信你的新規則優於現行規則。他們要同意支持你的新錢幣，形成一個支持新幣種的社群，還要有人交易、儲存和使用新的幣種。區塊鏈分裂以後，你創造出遵循不同協議規則，但與原始錢幣擁有相同歷史的新幣種。區塊鏈分裂前，帳戶內有餘額的人，現在會有兩種幣種的餘額。

所以，決定協定升級和分叉成敗的關鍵因素，在於選擇採納新規則的人：

- 若採納新協定的是絕大多數的社群成員，稱為協定升級，未升級的成員可選擇維持舊規則（試圖分叉區塊鏈），或加入多數

成員的行列。

- 若採納新協定的成員人數少之又少，可能會變成胎死腹中的失敗分叉。

- 若採納協議規則的成員人數足以維持社群運作，且願意參與的人數夠多，那麼這就是一次成功的分叉。

### ▶ 成功地刻意分叉會帶來何種結果？

結果就是，擁有原始加密貨幣的人除了保有原本的加密貨幣，還能獲得相同數量的新分叉加密貨幣。

快速用比喻解釋一下：請想像，你通常搭乘「加密航空公司」的班機，並從中賺取忠誠點數。假設你已經在那裡累積了五百點的忠誠點數。現在，有一些加密航空的員工對公司不滿，離開東家自己創立一間航空公司，取名為「新加密航空」。他們帶走一份顧客名單，上面記載每一名顧客擁有的忠誠點數。於是現在，你有五百點的加密航空點數和五百點的新加密航空點數，但新加密航空和加密航空的點數不能替換使用，兩者並不相容；如果你把其中一間公司的點數花掉，這麼做並不影響你在另一間公司的點數。加密航空的舊點數價值維持不變，不過新加密航空的新點數必須自己建立價值。我知道這不是完全吻合的比喻，但應該對理解有所幫助。

假設錢幣持有者在加密貨幣成功分叉前擁有一百枚代幣，現在他們的錢「翻倍」了嗎？就某方面來說，是的，現在他們擁有一百單位的舊錢幣和一百單位的新錢幣，可以分開花用，他們的代幣數量多了一倍。但他們的**金錢**其實沒有增加一倍，因為兩種錢幣（原始錢幣

和新錢幣）換算成法定貨幣的價值不同。在實際情況中，舊貨幣原本的法幣價值通常會繼續維持，而搭配新貨幣代碼的新貨幣，其價值則在交易所上下浮動，通常會從低於舊貨幣的價格開始交易。

### ▶ 如何刻意分裂區塊鏈？

　　區塊鏈刻意分裂發生時，分叉參與者改變協議規則，向一大群礦工、錢包軟體供應商、交易所、商家和使用者推銷理念，並在預先定好的時間一起轉換到新的規則。這個預定好的轉換時間會以「某一個區塊的排序號碼」來表示，稱為**區塊高度**（block height）。

　　預定時間一到，會有兩群礦工挖掘兩個不相容的區塊，一群是既有礦工，另一群是使用新協議的礦工，各自認定一個有效區塊。原始區塊鏈從此一分為二，成為接受不同協議的兩條區塊鏈，而分裂後產生的第一筆交易，可視為一筆打破舊規則並遵循新規則的交易。舊制參與者拒絕認可這筆使用新協議的交易，不會加以傳播或挖掘，也不會將交易納入區塊鏈。但使用新協議的區塊鏈驗證節點將此視為有效交易，該節點的礦工會對此區塊進行挖掘，而且符合新協議的區塊會納入新的區塊鏈。

　　於是，現在有兩條區塊鏈，分別記錄兩種貨幣的交易情形。這兩種貨幣在區塊鏈分裂前擁有共同歷史，分裂後為了區別，使用不同的貨幣代碼和名稱。新幣種必須被配置過的錢包接受，待新錢幣在交易所掛牌，就有新錢幣的交易市場了。此外，必須要有商家和其他參與者接受這款新的加密貨幣。

## ▶ 媒體的形容

　　媒體經常將分叉（確切來說是區塊鏈分裂）描述成「股票分割」（stock split）。這是一種糟糕的比喻，因為股票分割所產生的股份會分派給股東，但新舊股份代表相同的東西，與加密貨幣區塊鏈分裂情況有別。用「分拆」（spinoff）來形容比較恰當，因為分拆後，舊公司的股東拿到新公司的股票，與原始錢幣持有者在分叉後獲得新錢幣雷同——新錢幣遵循的規定，與舊錢幣有別。

# 硬分叉與軟分叉

　　有時候人們會提到硬分叉和軟分叉，這兩個詞是指形成有效交易和有效區塊的規則發生改變。

　　軟分叉的規則變更可以往前相容，對未更新軟體的參與者而言，依循新規則建立的區塊仍是有效區塊。硬分叉的規則變更無法往前相容，當參與者未成功更新軟體，會形成區塊鏈分裂。

　　實務中，協議規則緊縮會形成軟分叉，共識規則放寬則會形成硬分叉。

## ▶ 案例研究一：比特幣現金

　　比特幣現金（Bitcoin Cash）[130] 是一次成功的比特幣硬分叉——

---

130　https://www.bitcoincash.org

目前來說很成功。有時為了避免混淆，我們會稱比特幣為比特幣核心；比特幣現金和比特幣在第四七八五五八塊發生區塊鏈分裂。在那之前，兩者擁有相同的歷史。

比特幣現金的理念是正確反映原始的中本聰白皮書闡述的願景：發明快速、便宜、去中心化、抗審查的數位現金。比特幣現金擁護者認為，比特幣核心沒有朝這個方向發展。

目前為止，比特幣現金不僅有受歡迎的錢包軟體支援、可在受歡迎的加密貨幣交易所交易（貨幣代碼 BCH），也有商家接受比特幣現金。這是一款受到認可的成功幣種。[131]

## ▶ 案例研究二：以太坊經典

以太坊經典是一次成功的以太坊分叉（目前為止）。我們先前提過，這是 The DAO 駭客事件發生後產生的錢幣，當時有超過五千萬美元的以太幣被偷。我們知道，以太坊社群在慎重討論因應對策後，由多數成員決定，在第一九二〇〇〇〇塊進行硬分叉，將被駭客竊走的以太幣交還給原本的持有者。

---

131 審定註：比特幣核心開發者 Pieter Wuille 在二〇一五年底提出了隔離見證（Segregated Witness；Seg Wit）的想法。簡而言之，SegWit 旨在減少每筆比特幣交易的規模，進而滿足擴容的目的，允許更多的交易同時進行，以期降低交易費。從技術上來說，它實為軟分叉，卻又以硬分叉的方式推行。於是在社群最終決議下，二〇一七年八月一日開始推動基於 SegWit 的硬分岔，Bitcoin Cash（BCH）就此誕生。直到二〇二一年十一月二十一日，BCH 依然是位居世界第二十二名的加密貨幣，價格維持在五百八十二‧六七美元左右。在 SegWit 之後，包括 SegWit2X 在內，陸陸續還有多次的分叉，但結果都不是很成功。

但有少數社群成員認為，歸還以太幣是陷於修正主義又不道德的做法，所以他們拒絕進行硬分叉，繼續使用原本的區塊鏈，即使錢幣遭竊也概括承受。從某個角度看，以太坊本身是分叉，它用額外的程式碼，去抵銷 The DAO 駭客事件造成的損失，而以太坊經典才是原始的以太坊。但由於以太坊經典的成員占少數，所以人們將以太坊經典視為分叉。以太坊經典在加密貨幣交易所的貨幣代碼是 ETC，多款錢包支援使用。

## ▶ 其他分叉

分叉是一種趨勢。以證實可行的事物為基礎，比從頭打造新事物來得簡單。而且加密貨幣通常使用開放原始碼軟體，複製、修改、執行程式碼都是合法行為。透過分叉區塊鏈來創建社群，也比建立新區塊鏈社群容易。在原始區塊鏈持有代幣的人，也會擁有新區塊鏈的代幣，所以對於可拿代幣的分叉，人們的支持意願，高於沒有東西可拿的新區塊鏈。

比特幣現金成功分叉並保有一定的貨幣價值，鼓勵許多學人精仿效。但加密貨幣圈的動能有限，似乎因此產生「分叉疲乏」（fork fatigue）的現象。有評論家預言，往後一定會見到許多失敗分叉。

BitMEX 的研究中 [132]，列出一份清單，囊括自比特幣現金分叉後的數次分叉 [133]：

---

132 https://blog.bitmex.com/44-bitcoin-fork-coins/

133 審定註：比特幣在達到七十萬九千六百三十二區塊高度時，於二〇二一年十一月十四日觸發 Taproot
升級，再度吸引世人對於加密貨幣分叉的注意。許多新聞媒體將 Taproot 升級與 SegWit 的硬分叉相
提並論；但事實上 Taproot 升級只能算是軟分叉。這次 Taproot 升級乃是根據比特幣區塊鏈改進議案
（Bitcoin Improvement Proposals; BIPs）；此次同時導入三個需求，包括編號 340、341 和 342。
BIP 340：導入 Schnorr 多重簽名的方式，與目前的橢圓曲線數位簽名（ECDSA）相容。所帶來的好
處是，當以多個私鑰分別簽名時，Schnorr 可以將這些簽名聚合成一個，進而得到以一個私鑰簽名
的效果，不但提高速度，也加強對隱私的保護。
BIP 341：此提案利用 Schnorr 多重簽名的特點，定義了 Pay-to-Taproot（P2TR）發送比特幣的新方
式，並且在實作 MAST（Merklized Alternative Script Trees）之後，可以將複雜的比特幣交易壓縮在
一個 Hash 之中；如此一來不但可以降低交易費，還能減少使用記憶體，並且增加比特幣的擴展性。
雖然提升了對匿名與隱私的保護，但也可能增加了一些利用比特幣逃稅、洗錢等非法活動的隱憂。
BIP 342：此提案定義 Tapscript，亦即對比特幣腳本語言的更新，可協助驗證 Schnorr 多重簽名和
P2TR 的支付路徑；在提升 P2TR 相容性和靈活性的同時，也能提供未來智慧合約的升級空間。
綜合以上所述，Taproot 升級的核心即在於 Schnorr 多重簽名，它被譽為是繼 SegWit 之後，比特幣
最大的技術更新。但其實三個 BIP 的結合是相輔相成的，Taproot 升級將擴展比特幣在支援智慧合
約的靈活度，並據此提供更多的隱私保護。
比特幣雖然長久以來穩坐加密貨幣市場第一名的龍頭地位，相較於第二名的以太幣，不論在價格與
市場規模都領先一段不小的距離。但由於比特幣的初始定位僅僅在於支付系統，和以太坊所能提供
的智慧合約相比，比特幣可以應用的範圍便受到諸多的限制。當前火紅的去中心化金融（DeFi）、
去中心化應用程式（DApp）與非同質化代幣（NFT）等，都是以以太坊為基礎所建構的商業模式與
生態圈。比特幣在 Taproot 升級之後，可以看到對支援智慧合約的發展趨勢。雖然短時間內還缺乏
運行智慧合約的成熟環境，使得比特幣無法像以太坊般的靈活應用，但在對智慧合約的隱私性、安
全性提升之後，應可以縮小彼此之間應用的差距，使得利用比特幣建構 DeFi 變得更具吸引力，進
而增加使用者對比特幣的需求。眾多比特幣的信徒都認為 Taproot 升級是比特幣的及時雨。

## 比特幣現金後的比特幣分叉幣種清單

| 名稱 | 網址／來源 | 分叉高度 |
|---|---|---|
| 比特幣現金（Cash） | https://www.bitcoincash.org | 478,558 |
| 比特幣現金原鏈（Bitcoin Clashic） | http://bitcoinclashic.org | 由比特幣現金分叉 |
| 比特幣糖果（Bitcoin Candy） | http://cdy.one | 由比特幣現金分叉 |
| 比特幣黃金（Bitcoin Gold） | https://bitcoingold.org | 491,407 |
| 比特核心（Bitcore） | https://bitcore.cc | 492,820 |
| 比特幣鑽石（Bitcoin Diamond） | http://btcd.io | 495,866 |
| 比特幣白金（Bitcoin Platinum） | Bitcointalk | 498,533 |
| 比特幣熱點（Bitcoin Hot） | https://bithot.org | 498,777 |
| 聯合比特幣（United Bitcoin） | https://www.ub.com | 498,777 |
| 比特幣 X（BitcoinX） | https://bcx.org | 498,888 |
| 超級比特幣（Super Bitcoin） | http://supersmartbitcoin.com | 498,888 |
| 石油比特幣（Oil Bitcoin） | http://oilbtc.io | 498,888 |
| 比特幣支付（Bitcoin Pay） | http://www.btceasypay.com | 499,345 |
| 比特幣世界（Bitcoin World） | https://btw.one | 499,777 |
| 比特經典幣（Bitclassic Coin） | http://bicc.io | 499,888 |
| 閃電比特幣（Lightning Bitcoin） | https://lightningbitcoin.io | 499,999 |
| 比特寶（Bitcoin Stake） | https://bitcoinstake.net | 499,999 |
| 比特幣信仰（Bitcoin Faith） | http://bitcoinfaith.org | 500,000 |
| 比特幣生態（Bitcoin Eco） | http://biteco.io | 500,000 |
| 新比特幣（Bitcoin New） | https://www.btn.org | 500,100 |
| 比特幣至尊（Bitcoin Top） | https://www.bitcointop.org | 501,118 |
| 比特幣上帝（Bitcoin God） | https://www.bitcoingod.org | 501,225 |
| 快速比特幣（Fast Bitcoin） | https://fbtc.pro | 501,225 |
| 比特檔（Bitcoin File） | https://www.bitcoinfile.org | 501,225 |
| 比特幣現金＋（Bitcoin Cash Plus） | https://www.bitcoincashplus.org | 501,407 |
| 比特幣隔離見證 2x（Bitcoin Segwit2x） | https://b2x-segwit.io | 501,451 |
| 比特幣披薩（Bitcoin Pizza） | http://p.top | 501,888 |
| 比特幣礦（Bitcoin Ore） | http://www.bitcoinore.org | 501,949 |
| 世界比特幣（World Bitcoin） | http://www.wbtcteam.org | 503,888 |
| 比特幣智慧（Bitcoin Smart） | https://bcs.info | 505,050 |
| 比特票（BitVote） | https://bitvote.one | 505,050 |
| 比特幣利息（Bitcoin Interest） | https://bitcoininterest.io | 505,083 |
| 比特幣原子（Bitcoin Atom） | https://bitcoinatom.io | 505,888 |
| 比特幣社群（Bitcoin Community） | http://btsq.top/ | 506,066 |
| 大比特幣（Big Bitcoin） | http://bigbitcoins.org | 508,888 |
| 比特幣私密（Bitcoin Private） | https://btcprivate.org | 511,346 |
| 經典比特幣（Classic Bitcoin） | https://https://bitclassic.info | 516,095 |
| 比特幣乾淨（Bitcoin Clean） | https://www.bitcoinclean.org | 518,800 |
| 比特幣哈許（Bitcoin Hush） | https://btchush.org | 2018 年 2 月 1 日 |
| 比特幣銠（Bitcoin Rhodium） | https://www.bitcoinrh.org | 未知 |
| 輕比特幣（Bitcoin LITE） | https://www.bitcoinlite.net | 未知 |
| 比特幣月亮（Bitcoin Lunar） | https://www.bitcoinlunar.org | 未知 |
| 比特幣綠色（Bitcoin Green） | https://www.savebitcoin.io | 未知 |
| 比特幣六角（Bitcoin Hex） | http://bitcoinhex.com | 未知 |

資料來源：BitMEX 研究、分叉幣種網站、findmycoins.ninja

Digital Tokens

# 數位代幣

# 數位代幣是什麼？

　　這個圈子的術語發展很快。以前比特幣和其他加密貨幣一律通稱「數位代幣」（例如，大家會說「比特幣是數位代幣」），現在似乎則會加以區分，用**加密貨幣**來指稱比特幣和以太幣這類記錄於各自區塊鏈的錢幣，並用**代幣**來指稱發行人進行首次代幣發行、記錄於以太坊區塊鏈智慧合約的錢幣。「代幣」一詞可視上下文，指涉不同的對象[1]。

## 代幣是什麼？數位代幣是什麼？有何重要性？

　　實體世界的代幣很容易理解。你可以想像：類似賭場籌碼的塑膠圓片、啤酒兌換券、露天遊樂設施代幣。代幣基本上由發行人（賭場、啤酒節主辦單位、露天遊樂場）發行，可在特定場合或特定市集使用，可能會設有使用條件或截止日期。代幣的價值來自使用場合，超出使用範圍，代幣的價值會下降或貶到毫無價值。一枚五元的賭場籌碼，在賭場裡價值五元，到了外面的世界，就沒有這樣的價值。露天遊樂設施代幣在市集外，就算還有價值，價值也不高。

---

1 我現在對字典編者又多了一層佩服，他們每天都要在語言演進和守舊迂腐之間求取平衡。

　　那大家口中的**數位代幣**是什麼意思？把啤酒兌換券或賭場籌碼數位化，兌換券或籌碼會變成數位代幣嗎？PayPal 錢包餘額是數位代幣嗎？銀行帳戶餘額是數位代幣嗎？比特幣又有何獨特之處？

　　這些不同類型的代幣，特色差異頗大，一言以蔽之會令人混淆。我希望在這個章節，藉由區分**區塊鏈原生代幣**（如比特幣和以太幣）、**資產支撐代幣**（如借條），以及可於日後購買商品服務、通常記錄於以太坊區塊鏈智慧合約或其他區塊鏈的**功能型代幣**（如「ERC-20」標準代幣）[2]，來釐清各種代幣類型和代幣的特色。


## 持有代幣

　　我們可以用**加密資產**來具體稱呼這些代幣。不論加密貨幣或代幣，任何加密資產都有一個連動地址，持有與地址對應的私密金鑰的人，即是加密資產的持有者。持有者用私密金鑰建立和簽署送出代幣的交易，將代幣讓與他人。加密資產某方面與不記名資產類似——持有私密金鑰，資產就是你的。[3]

---

2　ERC-20 是用來設計以太坊同質化代幣智慧合約的一套技術標準。符合 ERC-20 標準的代幣有一般人普遍認識的介面和屬性，所以可輕鬆加入交易所和錢包。另外也有一些與 ERC-20 相容的優秀標準。邦廷克斯（JP Buntinx）在資訊科技網站默克爾（The Merkle）敘述這個概念：https://themerkle.com/what-is-the-erc20-ethereum-token-standard/。

3　從另一方面來看，加密資產並非不記名資產，因為加密資產記錄於登記簿——也就是區塊鏈上！依照傳統分法，由持有者擁有的資產屬於不記名資產，名字記在清單上的資產則是登記資產，加密資產介於兩者之間。

　　根據區塊鏈規則，發送代幣（也就是付款）時，交易必須包含與代幣當前地址相關的數位簽章。數位簽章必須通過區塊鏈網絡所有參與者的驗證。系統裡只有數位簽章這個單一認證點，負責顯示確實是地址所有人下付款指令。

　　相對地，使用網路銀行時，你要先證明這個使用者是你本人，並指示銀行替你完成某件事。你要提供使用者名稱及密碼，通常還要輸入其他裝置產生的一次性 PIN 碼——也就是所謂的「第二要素」（second factor）。但透過使用者名稱與密碼進行認證也有好處，就是當你忘記或遺失密碼，你可以提供身為帳號持有者的其他證明來重設密碼。

　　在加密資產這邊，交易必須提供有效的數位簽章。倘若遺失私密金鑰，你就不能存取資產，也不能重設金鑰。假使私密金鑰被小偷複製，小偷可以用你的名義進行交易，你無力阻止。加密貨幣在數位簽章這一方面，比銀行嚴格多了，即便是帳本管理者，要是拿不出必要的數位簽章，也無法修改餘額。銀行負責維護的傳統帳本，由於銀行並未採用任何密碼學證明機制，所以銀行帳戶裡的餘額可以人為地更動。

　　有些人說，在比特幣系統裡，你就是自己的銀行。你不必指示哪間機構代為付款：由你負責替自己付款。

　　幾乎每天都有新代幣產生，每一種特性都不一樣，分門別類相當困難。目前，我將代幣分成以下三種：

### ▶ 原生區塊鏈代幣：

這是基礎區塊鏈維持運作或提供獎勵的重要元素。原生代幣通常是吸引區塊建立者執行工作的獎勵。加密貨幣一般都是原生代幣。

### ▶ 資產支撐代幣：

某一樣真實世界裡的資產，由託管代理人保管，你擁有這項資產的運用權利或所有權。

### ▶ 功能型代幣：

代表你有權使用代幣發行人提供的服務。

資料網站 onchainfx.com 則將數位代幣分成以下幾種[4]：

### ▶ 貨幣代幣：

貨幣代幣是當作金錢使用的原生區塊鏈資產。這些歸類為貨幣的網絡，除了定義及轉讓原生區塊鏈資產的必備「特色」，一般而言不會具備太多其他特色。

### ▶ 平臺代幣：

使用者必須透過平臺代幣，才能使用可支援各式各樣潛在用途的去中心化通用網絡。平臺代幣通常專門負責用於協調平臺的使用

---

4　https://onchainfx.com/ 授權使用。

（亦即以代幣支付存取平臺功能所需的「燃料費」）。

### ▶ 功能型代幣：

功能型代幣是符合特定運用類型的去中心化網絡的原生代幣。換言之，這是預先指定用於特定使用目的的公開網絡。舉例來說，去中心化儲存和去中心化資產交易，都是打造目標網絡（以及網絡對應代幣）的運用類型。「功能型代幣」和「協定代幣」指的通常是一樣的代幣。

### ▶ 品牌代幣：

品牌代幣是可交易的數位資產，多半用於某間公司／機構的平臺。有些品牌代幣會在一段時間過後，發展成通用的功能型代幣。

### ▶ 證券代幣：

證券代幣代表索取特定現金流或鏈外資產的權利。當網絡向代幣持有人收取服務費、明確賦予代幣持有者投票權，或表示代幣由其他資產「支撐」（例如黃金或公司股權），即為證券代幣。

我們將在首次代幣發行的章節，討論主管機關為何有可能將代幣歸類為金融證券。現在，我要先依照我自己的分類，分別介紹原生代幣、資產支撐代幣和功能型代幣。

# 原生區塊鏈代幣

「代幣」一詞在這裡普遍指稱各種記錄於區塊鏈的錢幣。

比特幣和以太坊是加密貨幣系統，各自使用稱為比特幣和以太幣的原生代幣。這是在沒有外部人士資助參與者的情況之下，用來吸引礦工建立有效區塊的錢幣。以太幣也被用來支付執行智慧合約的礦工的酬勞。這類代幣又稱「內生代幣」（intrinsic token）或是「內建代幣」（built-in token），與代幣所屬的區塊鏈系統不可劃分，當作激勵參與者維持區塊鏈運作的誘因，以及參與者使用區塊鏈功能時的付款機制。

## ▶ 為何會出現原生代幣？

內生代幣是由相同區塊鏈軟體創造出來的代幣，區塊鏈軟體會記錄這些錢幣的所有權，並在挖礦過程中，根據區塊鏈協定的預計時程，公開透明地製造這些錢幣。所有參與者都同意遵守協議規則。

## ▶ 是什麼支撐原生代幣？

原生代幣沒有「支撐」資產，存在就是存在，而且自有價值。用黃金來比喻可幫助我們理解這一點。當你手中擁有實體黃金，這塊黃金沒有任何「支撐」資產，黃金本身即具價值。世界上沒有發行人讓你用原生代幣贖回標的資產，好比你不能去找「黃金發行人」（大自然？），要求用黃金贖回其他東西。

中本聰發明了比特幣的**概念**，但他不是比特幣的發行人。比特幣礦工遵守某種達成共識的限制，依此**製造**比特幣，但他們不是比特幣的**發行人**；正如淘金者發現黃金，但淘金者並非黃金**發行人**。

### ▶ 原生代幣的價值從何而來？

原生代幣的價值有一部分來自代幣的實用性，有一部分來自投機價值。這回我們同樣用黃金來比喻。黃金的價值來源有二。首先，黃金很實用，可以用於補牙和在特定的科技或工業用途派上用場，而且黃金漂亮、不會失去光澤，所以黃金也能當成首飾來配戴。其次，黃金具有投機價值，這是因為黃金很稀少、大家都想擁有，而且黃金價格具有悠久的歷史。

原生代幣可以用於特定場合，所以具有實用性。比特幣可用於比特幣區塊鏈，以太幣則可用於以太坊區塊鏈。比特幣和黃金一樣並**不代表任何資產**，它們**本身就是**資產。我們先前討論過金錢的種類，按照同樣一套分析方式，比特幣屬於代表貨幣。原生代幣也有投機價值，有些人會想購入和持有原生代幣，如同投機者可購入及持有的其他資產。

### ▶ 原生代幣的例子

比較知名的內生代幣例子有：

- 比特幣區塊鏈的比特幣
- 以太坊的以太幣
- 未來幣交易平臺的未來幣（NXT）

・瑞波網絡使用的瑞波幣（XRP）

內生代幣的例子還有許多，各有些許不同特色。從二〇一八年開始，沒有發行人或支撐資產提供者的原生代幣，逐漸有了「加密貨幣」的稱呼。「代幣」一詞則是開始專指由特定計畫發行的代幣，這些代幣可以在日後贖回產品或服務。但是定義劃分很模糊。舉例來說，雖然大家都說以太幣是加密貨幣，但以太幣是以太坊基金會在眾籌銷售階段發行的代幣，而比特幣沒有發行人。柚子幣（EOS）在區塊鏈上線前發行，那些代幣可以轉換成真實區塊鏈使用的原生代幣。根據我的預料，相關術語還會繼續演變。

## ▶ 內生代幣的用途？

如前文討論，內生代幣是激勵礦工執行工作的誘因，但區塊鏈之間存在細微差異。我們已經詳細分析過比特幣和以太幣。瑞波幣和未來幣則是具有趣變化特色的另外兩種加密貨幣。

瑞波網絡使用稱為「瑞波幣」的代幣，貨幣代碼依照國際標準化組織貨幣代碼準則定為 XRP。瑞波網絡上的瑞波幣都是初始**預挖礦**就創造的錢幣，由關鍵參與者分配出去，每一筆交易都要包含小額瑞波幣作為交易手續費。瑞波幣與比特幣以及以太坊的不同之處，在於比特幣和以太坊的區塊建立者獲得比特幣或以太幣，瑞波幣的區塊建立者則是負責銷毀瑞波幣，所以瑞波幣的流通總數會日漸減少。隨著每一筆交易銷毀的瑞波幣，可確保交易消耗微小成本，防止交易浮濫（不耗成本的交易容易浮濫）。

未來幣交易網絡使用預先挖掘的未來幣，使用者必須加入一點費用才能完成交易。這是一筆繳給區塊建立者的費用（在未來幣網絡中，區塊建立者稱為「鍛工」〔forger〕，而非礦工）。由此可知，未來幣的總數始終維持不變。

# 資產支撐代幣

所有金融資產都可以用代幣形式加以記錄，直接記錄為代幣的是**金融資產**，以存託憑證形式記錄的則是金融資產的**託管物索取權**。你或許認為股票或債券是實體物品，但金融資產只是兩方之間的**協議**，通常是資產的發行人和持有者。舉例來說，公司股票是發行公司和股東之間的法律協議；債券是發行人和債券持有人之間的法律協議；貸款是借貸雙方之間的法律協議；貨幣本身即為兩方協議；銀行帳戶存款是銀行和存款戶之間的協議，其中包含許多但書，如每日交易限制、每日提款限制和利息等；鈔票則是中央銀行和持有人之間的協議。

這些協議都能用記錄在區塊鏈或分散式帳本的代幣來表示。

資產支撐數位代幣有幾種形式：
**一、存託憑證代幣**
**二、產權代幣**
**三、合約代幣**

### ▶ 存託憑證代幣

存託憑證代幣是可以向特定機構索取標的物的代幣。你可以想成金匠給的數位憑據，用來領取金匠放在金庫的黃金；也可以想成數位衣帽寄放存根聯或行李寄放存根聯。持有這些代幣，代表你擁有由託管代理人保管的標的物，憑據可用來領取真實世界的實體物品（如黃金）或是金融資產（如公司股份）。代幣持有人想要兌換代幣時會去找發行人，憑代幣取回標的資產。發行人會在退還標的資產後銷毀代幣。

### ▶ 產權代幣

產權代幣是稍微有點不一樣的概念。這是一種證明資產所有權的數位文件，例如汽車或房屋的數位產權證明文件。與存託憑證代幣的不同在於，產權代幣代表的物品不一定是託管物品。

### ▶ 資產支撐數位代幣如何運作？

讓我們以虛構的「黃金鏈公司」為例，來解釋資產支撐數位代幣的運作方式。黃金鏈公司替自己和購買部分黃金的帳戶持有人，將實體金塊存放在金庫裡，向購買黃金的帳戶持有人發行一種稱為「黃金鏈盎司」的數位代幣，一枚代幣代表金庫裡的一盎司黃金。這些黃金代幣如同其他公開區塊鏈或私人區塊鏈（如 Corda）的資產，記錄在區塊鏈上，可能是以太坊公開區塊鏈的智慧合約，或以太坊私人區塊鏈。究竟是公開或私人區塊鏈，在這個說明例子中並不重要。重點在黃金鏈公司的客戶可以領出代幣，將代幣存放在錢包裡，這個錢包

對應到僅客戶本人持有的私密金鑰。

假設你想從黃金鏈公司購入一盎司金塊，於是你這麼做：

一、你到黃金鏈公司的網站去建立一個帳戶。

二、你從銀行戶頭將法幣匯入黃金鏈公司的銀行戶頭，替帳戶儲值。

三、一陣子之後（數小時或數日，取決於銀行匯款到黃金鏈公司銀行的時間），黃金鏈公司發電子郵件給你，表示他們查過銀行戶頭，確認收到你的匯入款。你現在可以購買黃金代幣了。

四、你再次登入帳戶，點選「購買」，用每盎司一千五百美元的價格購入一盎司黃金。

五、你存放在黃金鏈帳戶的錢減少了一千五百美元，而你看見帳戶裡有一枚「黃金鏈盎司」代幣。黃金鏈公司的後臺會在帳本上，將一盎司黃金從「黃金鏈公司持有黃金」欄位，重新歸類至「客戶資產」欄位。黃金鏈將一部分黃金賣給你，但他們不會把實體黃金運送到你家，而是發給你一枚代表黃金的代幣。由於你還沒有將代幣提領到完全由你掌控的錢包裡，所以目前這枚黃金代幣還在黃金鏈公司的掌控中。

六、如果你想完全掌控這枚黃金代幣，你可以將黃金鏈盎司代幣提領到自己的獨立地址。黃金鏈會將交易傳送到區塊鏈上，以便將黃金鏈盎司代幣從他們的地址轉移到你的地址。

七、你可以保留代幣、把代幣給朋友、賣掉代幣，想用代幣做什麼都行。在這裡，我們假設你把代幣轉移給愛麗絲。

八、最後，愛麗絲想用代幣贖回實體黃金（若這是可行選項）或用代幣換美元。她可以在黃金鏈公司建立帳戶，將黃金代幣從她的區塊鏈地址轉移到黃金鏈公司的區塊鏈地址，要求黃金鏈公司寄送黃金，或是把代幣賣給黃金鏈公司（前提是，這些是可行選項）。

假如掌控倉庫的黃金鏈公司是中央控制點或者中央故障點，使用代幣能夠提供什麼樣的價值呢？黃金鏈公司為什麼不用 Excel 表單記錄就好？

首先，區塊鏈加密技術使代幣非常難以偽造，而且代幣的發行和持有數量會更加透明。倉庫可以證明代幣數量不超過金庫裡的黃金數量。可由一名稽核員定期核對實體黃金數量是否等於在外流通的代幣數量。

其次，轉移產權文件或憑據的現有流程可能需要人力、耗費時間或運作困難。數位代幣的轉移可能較有效率，而且隨著新的數位資產管理軟硬體發展，效率會愈來愈高。

最後，在點對點系統裡，倉庫本身不必連上網路，也不必涉足客戶之間的交易。倉庫只需要發行和贖回數位代幣。代幣交易可以在倉庫挑選的任何一間或幾間數位資產交易所進行，不是倉庫本身集中管理的交易所。代幣的結算也是由倉庫挑選的區塊鏈來記錄。

如此可實現責任區分，而且端到端「交易生命週期」的每一個

環節，都開啟了競爭的可能性。倉庫的工作是儲存黃金、發行代表黃金的代幣，並將黃金轉移給以代幣合法贖回黃金的對象，就像從前紙本系統的做法。交易、結算、流動、抵押等與儲存無關的功能，可交由其他環節處理。如此一來，倉庫就不必更新紀錄或管理那些功能。區塊鏈讓我們相信，這些是無法偽造的真實產權文件或憑據，而且金塊的所有權或留置權因此更加地公開透明，有助於釐清誰有權索取哪塊黃金。

轉移資產支撐代幣很容易。區塊鏈讓可預測的安全記錄得以實現。最大的風險在於發行人必須維持清償能力。若金庫裡的黃金遭竊，或發行人被詐騙或受其他因素影響導致破產，資產支撐代幣可能變得毫無價值。

### ▶ 合約代幣

合約代幣代表代幣發行人和持有人，或達成代幣持有共識的雙方之間，存在合約義務關係。舉例來說，一枚代幣可以代表公司的股份，也可以代表雙方之間的利率交換交易（interest rate swap）。若公司以代幣的形式發行股票，代幣的持有人就是股東；達成利率交換交易的雙方，則是用代幣來表示他們有共識。

合約代幣和信託憑證不太一樣。在合約代幣的情況中，代幣本身就是股票，而在信託憑證的例子，代幣是一種索取權，可**對股票的託管代理人提出索取要求**。

# 功能型代幣

功能型代幣的持有人可以向特定機構，用代幣換取某樣**產品或服務**，但不能換取**資產**。出售功能型代幣是很受歡迎的首次代幣發行策略。

功能型代幣代表發行公司的負債。最後，當產品或服務可以提供的時候，代幣持有人可以用代幣兌換產品或服務。從這個角度看，推出功能型代幣的首次代幣發行計畫是在預售某樣產品或商品。

# 交易

交易只是改變帳本狀態的一筆帳本紀錄。我們先前討論過改變代幣所有權的交易。但交易也可以代表，在特定代幣的協議規則允許下，代幣本身發生變化。例如，由適當參與者簽章、支付股利後，代表股份的代幣狀態從「未除息」變成「已除息」。相同代幣也可以在股東投票後，將狀態改成「已投票」。代表債券的代幣，在支付息票的交易完成時，狀態可從「應付票息」變成「已付票息」。若為代表服務的功能型代幣，當服務包含數個階段，可將代幣狀態標示為「部分贖回」，以此類推。加密資產發展到目前，人們所能運用的還只是一點皮毛而已。

# 追蹤實體物的歷程

　　當每一樣東西都可以記錄在區塊鏈上、所有環節都數位化，區塊鏈和分散式帳本就能運作得非常順暢。因此區塊鏈技術非常適合運用於加密貨幣，以及代表法律協議的代幣（對象可以是股份、債券、債務，甚至是對某間機構的未來索取權）。這些代幣可用數位方式記錄，過程不需要任何實體物件。但是當你想要追蹤實體物品的歷程，例如：手提包、食物、藝術品或一頭大象，問題就出現了。

　　人們之所以想用數位代幣來記錄實體物品的所有權，似乎是因為我們可以追蹤比特幣的歷程。這麼講，狹義上頗有道理。你可以透過比特幣的所有過往地址，追蹤某一顆比特幣的來源，一路追蹤到最初被挖掘出來。能做到這點是因為，每一筆交易都記錄於比特幣區塊鏈、每一個人都可以下載和查詢完整的區塊鏈。比特幣的來源可以追蹤，就是比特幣的運作方式。你不能把比特幣交易從區塊鏈**踢除**，根據定義，比特幣交易必須**記錄在**區塊鏈上，未花費交易輸出模型規定你指明哪幾顆比特幣流向哪裡，在區塊鏈上形成一條完整的來源鏈。

　　可以把那樣的概念輕鬆延伸到真實世界的物品嗎？二〇一六年十月，《財星》雜誌在網站刊登一篇文章，標題為〈沃爾瑪與 IBM 攜手將中國豬肉放到區塊鏈上〉（Walmart and IBM Are Partnering to Put Chinese Pork on a Blockchain）[5]。可知，區塊鏈或許能夠用於追蹤豬肉來源、防止可能有害的食品流入消費者手中。

　　但是等一等，讓我們想一下，這究竟要如何運作？我不太懂豬肉供應鏈，但我猜想，應該是由一群公司包辦養豬的各個環節：繁殖幼豬、餵養、屠宰、切割、運輸、包裝、配送。最後豬肉塊在超級市場上架供消費者選購，或出現在餐廳的盤子裡。所以說……這豬肉供應鏈的每一名參與者，都要有一個區塊鏈地址，所有人使用由豬農發行的「豬幣」（PigCoin），這些豬幣來代表豬隻。豬幣的流通記錄於不可竄改的「豬鏈」（PigChain）。在豬農交易豬隻的場合，賣方會說：「嘿，你的豬鏈地址是什麼？我把豬幣傳給你。」然後在豬鏈上完成一筆代表豬隻流動的豬幣交易。之後，在最關鍵的那一天，買下豬隻的屠宰場將豬隻切成一小塊、一小塊的豬肉，並將豬肉運送給不同的對象。喔！幸好豬幣就像比特幣可以分割，於是屠宰場將豬幣拆成小單位，分別傳送給不同的買家。但哪一部分的錢幣代表哪一塊豬肉呢？需不需要另外發明豬腳幣（TrotterCoin）和左後腹脅幣（LeftRearFlankCoin）？如果其中一方沒有豬鏈地址會如何？如果其中一方私密金鑰不見了，導致帳戶內的豬鼻幣（SnoutCoin）不能使用，真正的豬鼻子卻配送出去了呢？要是（發生糟糕透頂的狀況）有壞人在真實世界把優質豬隻和劣質豬隻調包以後，卻仍然把原本的豬幣傳給買家，說：「看豬鏈上的豬幣來源，你買的這頭豬品質棒得沒話說，你要不要下載豬鏈自己看一看？」再說了，當豬肉被做成香腸，這個系統又要如何運作？我們也會需要麵包屑幣（Breadcrumb-Coin）、香草幣（HerbCoin）、豬雜幣（NastyBitsOfPigCoin），還要有維也納香腸幣（WienerCoin）的交易造市商。而且偶然看到生肉

---

5　http://fortune.com/2016/10/19/walmart-ibm-blockchain-china-pork/

塊的餐廳或超市顧客，要如何在看到香腸的時候驗證交易內容真偽？要拍下香腸的照片，到豬鏈上檢查嗎？要掃描網址 QR 碼，從 QR 碼進入網站，看是不是有大字寫著「絕對是真正的香腸」嗎？還是拿出 DNA 快速檢驗包，到豬鏈追查香腸的 DNA？要如何防範野心勃勃的主廚把優質肉塊調包成便宜貨？這都是荒謬的事。

那篇《財星》文章裡頭寫：「資訊儲存在區塊鏈上，詐欺和不正確的資訊很難不被發現，包括來源養殖場、工廠資料、保存期限、儲存溫度和運送資訊等細節。」還真是好。所以資訊存入豬鏈之前，一定都不會被造假囉？[6]

嘲笑別人是很容易，但話說回來，用數位覆蓋（digital overlay）追蹤真實世界的物品實在很難。區塊鏈非常適合追蹤只存在於區塊鏈、獨一無二的數位物件，但當數位和實體世界碰在一起就沒那麼好用了。區塊鏈只負責記錄別人告訴他們的事，不會一五一十描述真相。或許在區塊鏈上，供應鏈的透明度可有所提升，但區塊鏈並非萬無一失，而且絕對不能只用「供應鏈」裡有個「鏈」字，當作應該使用區塊鏈的理由。

儘管如此，我可以想像出幾個可供發展的有趣例子，雖然這些地方不見得非得用上區塊鏈不可，但某些相同概念可以運用進去。高價設計師手提包可以嵌入防竄改晶片，讓消費者在購入之前掃描包

6　審定註：區塊鏈的實用性十分仰賴受信任的中介者，作者提到的問題就是所謂「區塊鏈的最後一哩」，亦即資訊界「garbage in, garbage out」的問題。以區塊鏈儲存資料原是安全無虞，然倘若在寫入紀錄之際，資料早已被竄改或造假，則區塊鏈所保存的就是毫無價值的資料。

包，確認不是仿冒品。晶片裡有私密金鑰，可在掃描時產生數位簽章。數位簽章可以用製造商的公開金鑰清單來驗證。晶片鑲嵌在手提包裡，如果被移除或被造假，很容易被人發現。

這套系統使用公開和私密金鑰，但不需要區塊鏈。它可以解決壞份子以假亂真供應假手提包的問題。但是，有很多人明知是仿冒品，仍然買下假的設計師包款；他們會買假手提包是因為包包看起來很像真的，價格卻很便宜。可知系統有其極限，我們必須深入了解，它究竟解決了哪些基本問題。

# 知名的加密貨幣與代幣

世界上還有許多其他加密貨幣，有的存在於自己的區塊鏈上，有的以代幣的形式記錄在其他區塊鏈的智慧合約裡——通常是以太坊的公開鏈智慧合約。

網站 onchainfx.com 和 coinmarketcap.com 詳細登錄了每日交易到達一定數量的加密貨幣。以下是撰寫本書時 onchainfx[7] 記錄的前幾名 [8] 加密貨幣，以及我的意見：

## ▶ 貨幣代幣（主要用於當作金錢／價值儲存工具）

- 比特幣（Bitcoin；BTC）——原始加密貨幣、可儲存價值，由化名為中本聰的人發明，於二〇〇九年上線。

- 瑞波幣（Ripple；XRP）——用於在瑞波網絡轉移價值的代幣，最初設計用意是要和銀行競爭，後來銀行業者用來改善外匯和國際付款業務。由 OpenCoin 公司在二〇一二年創立（二〇一五年 OpenCoin 更名為瑞波公司 [9]）。

---

7　https://onchainfx.com/

8　注意，「前幾名」大致由「市值」來決定，等於代幣價格乘以在外流通的代幣數量。前幾名不代表很好。我並沒有推薦這些加密貨幣，也不認為這些都是合法的加密貨幣。等你讀到這些文字時，數據就過時了。

9　http://www.businessinsider.com/ripple-link-xrp-explained-2018-3

- 萊特幣（Litecoin；LTC）──比特幣的早期山寨幣，區塊時間較短、採用不同的挖掘工作量證明機制。創辦人李查理曾說，比特幣是黃金，萊特幣就是白銀。李查理在二〇一七年十二月宣布賣出手中所有萊特幣。

- 大零幣（Zcash；ZEC）──焦點放在隱私保護的幣種，以先進的密碼學技術「零知識證明」（zero knowledge proof）保護交易資料。由祖科・威爾考克斯－歐亨於二〇一六年打造。

- 達世幣（Dash；DASH）──也是焦點放在隱私保護的幣種。二〇一四年，伊凡・杜菲德（Evan Duffield）創立時被稱為 X 幣（XCoin），之後更名為暗黑幣（Darkcoin），再更名為達世幣。

- 門羅幣（Monero；XMR）──同樣是焦點放在隱私保護的幣種，以環狀簽名技術（ring-signature）以達到混淆付款人和收款人地址的目的。二〇一四年上線。

## ▶ 平臺代幣（亦即為智慧合約供應燃料的代幣）

- 以太坊（ETH）──可使用智慧合約的原始區塊鏈平臺，由維塔利克・布特林創建，二〇一五年上線。

- 以太坊經典（ETC）──拒絕將錢退還給 DAO 投資人的以太坊分叉。擁護者堅持區塊鏈不可竄改。於二〇一六年七月，自以太坊分叉而出。

- 新經濟運動（New Economy Movement；NEM）——有「智慧資產」的區塊鏈。

- 柚子幣（EOS）——為了擴大以太坊規模而設計的新區塊鏈架構。

## ▶ 功能型代幣（為特定用途網絡所打造）

- 占卜幣（Augur；REP）——可在「預測市場」（即投注平臺）投注的代幣。二〇一五年在舊金山上線。

- 雲儲幣（Siacoin；SC）——用於支付去中心化加密檔案儲存服務費用的代幣。二〇一五年上線。

- 魔偶幣（Golem；GNT）——用於支付去中心化電腦運算與計算服務費用的代幣。二〇一六年上線。

- 真知幣（Gnosis；GNP）——也是預測市場代幣。二〇一六年在德國上線。

## ▶ 品牌代幣（僅適用單一機構的網絡）

- 基本注意力幣（Basic Attention Token；BAT）——用於在勇敢（Brave）網頁瀏覽器支付小額款項的代幣。二〇一七年上線。

- 公民幣（Civic；CVC）——與區塊鏈身分驗證有關。我個人希望，公民幣能解決密碼太多的問題。二〇一七年上線。

- 斯蒂姆幣（Steem；STEEM）——用於在社群媒體和論壇網支

付小額款項的代幣。二〇一六年上線。

現在世界上有各式各樣的代幣與平臺，這裡只列出了其中少數幾種。除此之外，還有很多正在籌備當中。區塊鏈和加密資產產業吸引了許多人的目光，總共累積了非常高的投資額，我猜有數以萬計的開發者正在努力打造可行平臺。我預估，大部分的平臺和各行各業一樣，將會演變和調整，以求長久經營。我認為會出現少數幾個成功的平臺，但有很多平臺會因為模式不可靠、關注程度不足、網絡規模太小而失敗。成功的平臺將與人類生活密切相關，一如今日的網際網路深刻影響我們的生活。

# 6

## Blockchain Technology

# 區塊鏈技術

# 區塊鏈技術是什麼？

　　你會在各式各樣的場合看見「區塊鏈技術」，或只有常見的「區塊鏈」三個字，不同的人用這個詞指稱不同對象，偶爾使人混淆。支持專詞專用的人和支持詞彙通用的人，對「區塊鏈」的意思看法有別。倫敦大學學院區塊鏈技術中心研究員安潔拉・沃奇（Angela Walch）在二〇一七年的論文〈區塊鏈語彙（及法律）沿革〉（The Path of the Blockchain Lexicon (and the Law)）[1] 提出非常優秀的見解。整體而言，技術人員和電腦科學家在用語上，比為普羅大眾撰寫文章的新聞從業人員精準。我將在這一章先概括介紹區塊鏈技術，再解釋其中的細微差異。

　　現在，你應該已經了解，世界上不是只有「唯一」的一條區塊鏈，就像世界上不是只有一個資料庫或一個網絡。世界上**唯一的**以太坊區塊鏈「ETH」是指公開的以太坊交易資料庫，但你只要用機器設備執行節點軟體、互相連接，也能建立私人的以太坊區塊鏈。你的私人以太坊網絡有自己的區塊鏈，礦工會像在公開網絡那樣挖掘以太幣。你的私人以太幣無法與公開網絡的以太幣相容，這是因為私人以太坊網絡和公開版本的歷程不同。

---

1　https://papers.ssrn.com/sol3/papers.cfm?abstract_id=2940335

當你在印刷品中讀到「區塊鏈」，你可能需要猜一猜作者指的是什麼。在對話中，你很有可能會遇到掉書袋的人，想要聽懂對方究竟說什麼，你可以早一點問他：「是哪一個區塊鏈平臺？」接著再問：「是公開區塊鏈，還是私人區塊鏈？」你知道，世界上有許許多多的區塊鏈，運作方式千百種。

如果你喜歡分層級，區塊鏈列在「分散式帳本」的大項目底下。所有區塊鏈都是分散式帳本，但分散式帳本不見得都有串在一起廣播給全體參與者的資料區塊。有時候，記者和顧問會錯用「區塊鏈」一詞，拿它指稱非區塊鏈分散式帳本。我猜「分散式帳本」可能太拗口，「區塊鏈」則是琅琅上口的流行語。

我們需要分清楚什麼是區塊鏈**技術**，什麼是特定的區塊鏈**帳本**。

**區塊鏈技術**是建立和維護帳本的規則或標準。不同技術有不一樣的參與規則、不一樣的網絡組織規則、不一樣的交易建立規範、不一樣的資料儲存方法，以及不一樣的共識機制。網絡建立之後，剛開始區塊鏈或紀錄帳本上沒有任何一筆交易，就像全新實體皮革帳本的空白頁面。區塊鏈技術的例子有：比特幣、以太坊、未來幣、Corda、Fabric 和 Quorum。

**區塊鏈帳本**則是帳本的具體實例，包含區塊鏈本身的交易或紀錄。可以想像成一般的資料庫。你或許聽過幾種不同類型或是不同風格的資料庫，例如：甲骨文（Oracle）、MySQL 或其他資料庫。雖然每種風格的資料庫其運作方式略有不同，但這些資料庫有類似的目標：使資料的儲存、分類和擷取更有效率。同樣類型的資料庫可以有

數個**實例**，一間公司可能使用不只一個甲骨文資料庫。區塊鏈也是如此。有些區塊鏈技術是以某種方式運作，而別的區塊鏈技術運作方式略有不同，不論你使用哪一種區塊鏈技術，不同的帳本上可以有好幾個實例。

## 公開非許可制區塊鏈

我們介紹過，加密貨幣和有些代幣是以公開區塊鏈當作記錄媒介——也就是這些區塊鏈的交易記錄在複製帳本的區塊上。公開區塊鏈又稱為非許可制區塊鏈，主要是因為誰都可以建立區塊或成為簿記員，不需要管理機構許可。在這些公開網絡中，非許可制還有另外一層涵義——誰都可以建立接收資金的地址以及建立傳送資金的交易。

## 公開區塊鏈的私人實例

先前提過，你可以在私人網絡上執行區塊鏈軟體建立全新的帳本。例如，你可以擷取和執行以太坊程式碼，但你不將自己的節點指向已經在以太坊公開區塊鏈運作的其他電腦，而是指向少數幾臺不在以太坊公開網絡的電腦。

我們可不可以設置一個執行以太坊的小型私人網絡，在上面挖掘以太幣，並將這些以太幣傳送到公開網絡上？答案是不行。雖然這

條私人網絡採用和公開區塊鏈相同的**規則**，但私人網絡的帳戶餘額紀錄與公開網路不同。網絡節點只能驗證在所屬區塊鏈看見的資料，它們無法看見其他區塊鏈上的錢幣。

# 許可制（或許可）區塊鏈

有一些平臺設計成可以讓參與團體建立在私人環境運作的個人區塊鏈。這些平臺沒有公開的全球網絡，稱為「私人區塊鏈」，只有事先取得許可的參與者能夠加入，因此有「許可制」區塊鏈之稱。

受使用者歡迎的許可制區塊鏈有：

- Corda ——由 R3 和銀行聯合組織從零打造的平臺，供受監管的金融機構使用，但應用範圍很廣。

- 超級帳本 Hyperledger Fabric ——由 IBM 打造的平臺，後來捐贈給 Linux 基金會的超級帳本計畫（Hyperledger Project）。最初主要基礎為以太坊，但在第〇·六版到第一·〇版之間大幅重新設計。Fabric 運用「頻道」的概念，限制參與者不能看見全部的交易。

- Quorum ——摩根大通最初根據以太坊所打造的私人區塊鏈系統。Quorum 以先進的密碼架構「**零知識證明**」，混淆資料和地址隱私的問題。

- 由個別企業在以太坊開發的各種私人實例。

比特幣和以太坊屬於非許可制網絡。許可制區塊鏈與這些網絡的不同處在，許可制區塊鏈不需要有自己的原生代幣。它們不必激勵參與者建立區塊，也不需要工作量證明這類在參與者將資料寫入共享帳本時進行調控的因子。公司行號在乎的是能否相信系統傳送最新的交易資料、資料是否由適當參與者認可簽章。在傳統的商業生態系統，所有參與者都要表明身分，做壞事的人會吃上官司。參與者身分明確且彼此簽有法律協議，在這個生態系統中，技術環境不像公開加密貨幣區塊鏈的假名世界充滿敵意──在公開加密貨幣區塊鏈的假名世界，程式碼即法律，沒有服務條款，也沒有法律協議。

有些加密貨幣擁護者主張，許可制私人區塊鏈比不上公開加密貨幣區塊鏈。經常有人這麼比喻：公開、免費、不需許可的公開加密貨幣區塊鏈就像「網際網路」，而封閉的私人業界區塊鏈就像「內部網路」。背後含意當然就是：公開區塊鏈非常成功且深具破壞力，私人區塊鏈既無聊、不成功、不具破壞力，也無法顛覆遊戲規則。[2]

這種說法完全不正確。內部網路和私人的企業網路非常成功，我想不出有哪一間舉足輕重的公司沒有自己的網絡。將網際網路視為公開的非許可制網絡也大錯特錯。提姆・史旺森在部落格〈內部網路與網際網路〉[3]（Intranets and the internet）指出：

---

2 科技與創新中心似乎經常將成功與破壞視為一對攣生兄弟。但是，成功的途徑很多。成功可以是打造漸次提升企業日常作業的科技。

3 http://www.ofnumbers.com/2017/04/10/intranets-and-the-internet/

　　網際網路其實是許多由網路服務供應商（internet service provider，簡稱 ISP）組成的私人網絡，這些網絡與終端使用者之間有法律協議存在，透過「互連」（peering）協議與其他 ISP 合作，並透過常見的標準化路由協定溝通，例如傳播自治號碼（autonomous system number）的邊界閘道協定（Border Gateway Protocol，簡稱 BGP）。

　　加密貨幣和私人區塊鏈實際上是兩種解決不同問題的工具，都很實用，而且可以融洽共存。二〇一五到二〇一八年間的新聞報導，常將區塊鏈技術定義為「支撐加密貨幣比特幣的基礎技術」。這句話同時提到兩種概念，如同將資料庫定義成「推特背後的技術」，引人深思。

　　公開和私人區塊鏈在不同的場合與生態系運作，如我們所說，它們的設計目的在處理不同的問題。所以自然會以不同的方式運作。畢竟，科技是工具，工具的存在是為了滿足需求。當需求不同，工具就有可能不同。

# 區塊鏈技術的常見特色為何？

區塊鏈通常包含以下概念：

一、是記錄資料變化的資料儲存空間（資料庫）。目前最常使用於記錄金融交易，但是你也可以在區塊鏈上儲存、記錄任何一種資料的變化。

二、可即時複製儲存於各個資料儲存系統的資料。比特幣和以太坊這類具「廣播」功能的區塊鏈確定將所有資料傳送給每一名參與者：每個人都能看見全部資料。有些區塊鏈技術對資料傳送對象的篩選比較嚴格。

三、是「點對點」的架構，而非主從網絡。資料可透過「流言形式」傳播給鄰近的節點，並非由身為資料唯一來源的單一協調者廣播至節點。

四、採用某些加密方式，例如：以數位簽章證明所有權和真實性、以雜湊指明來源，有時也以雜湊管理寫入存取。

我常說區塊鏈技術是「集各種技術於一身，有一點像一袋樂高」。你可以從袋子裡取出不同的樂高積木，用不同的方式，拼湊出不一樣的東西。

有時候，我們會在討論區塊鏈某項潛在用途的對話中，聽到兩

個人像這樣一來一往：

「但你不需要**區塊鏈**也能辦到。只要用**傳統**技術就夠了！」

「那你會怎麼做？」

「喔！我會用資料儲存空間、點對點資料共享技術和密碼學，去確保資料的真實性，還會用雜湊技術確保資料竄改無所遁形。」

「但你剛才說的就是區塊鏈的運作方式啊！」

可知，區塊鏈本身並非新發明，而是將現有技術集合在一起，開創出新功能。

## 區塊鏈與資料庫有何區別？

常見的資料庫只是儲存和擷取資料的系統。區塊鏈平臺則提供更多功能。除了和一般資料庫一樣能儲存和擷取現有資料，它還能夠與其他同儕節點相連、關注新資料、根據事先同意的規則驗證新資料，以及儲存和廣播新資料給其他網絡參與者，確保參與者都收到相同的更新資料。而且不需人為介入，區塊鏈平臺可以如此持續運作。

## 分散式資料庫和分散式帳本有何區別？

**複寫**資料庫的資料會即時複製給多臺機器設備，這種為了恢復力和效能而複製資料的資料庫形式並非新技術。**共享**資料庫則是將工

作量和儲存空間分享或散播給多臺機器設備，目的通常是提升速度和儲存容量，這也不是新技術。但有了分散式帳本或區塊鏈系統，參與者就不需做到彼此信任。參與者的運作前提是其他成員不見得會誠實，所以每一名參與者都要自己檢查每項資料。理查‧布朗（Richard Brown）在自己的部落格表示其差別在信任範圍[4]：

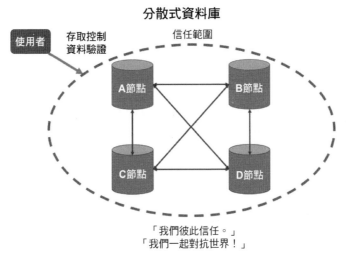

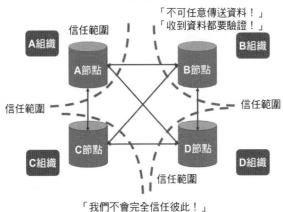

4　https://gendal.me/2016/11/08/on-distributed-databases-and-distributed-ledgers/

# 區塊鏈的優點是什麼？

公開和私人區塊鏈的激勵機制不同。讓我們分別看一看。

## 公開區塊鏈

公開區塊鏈目前在以下領域運用得非常成功：

**一、投機性投資**
**二、暗網市場**
**三、跨境付款**
**四、首次代幣發行**

### ▶ 投機性投資

加密貨幣的主要用途非投機性投資莫屬。加密貨幣價格波動劇烈，加密貨幣交易可使人賺進和損失大筆金錢。

加密貨幣的價值沒有既定的衡量方式，所以價格應該會繼續波動好一陣子。相較之下，傳統金融市場可依靠訂價模型，將價格限制在人們普遍理解的範圍。例如股票的訂價方式由來已久，人們可透過計算貼現未來現金流、帳面價值和企業價值，對某間公司的價值建立起一致的共識；另外，可以利用每股盈餘、本益比、資產報酬率這一

類的比率，來比較相似公司的股價高低。法定貨幣的交易基礎建立在經濟比較數據上，其他傳統金融資產也有標準化的訂價方法，而在加密貨幣和首次發行代幣方面，還沒見到可靠的訂價方式。這樣的情形正在轉變當中，人們會隨著產業逐漸成熟，持續探索訂價模型，只是要花點時間才會出現人們普遍接受的模型。

## ▶ 暗網市場

　　加密貨幣在購買黑市物品這一方面相當有利。

　　但還是有一些人認為，某些加密貨幣具可追蹤性，對非法活動而言是種瑕疵。二〇一五年，有兩名任職於美國緝毒總署和美國特勤局的美國聯邦幹員，在臥底調查絲路毒品市集的過程中飽私囊。他們或許是相信比特幣是無法追蹤的匿名系統。這兩名幹員涉嫌在臥底期間偷竊、賄賂、勒索，並對相關所得進行洗錢，最後被以洗錢和電信詐欺的罪名起訴。以下內容摘錄自美國司法部新聞稿[5]：

　　四十六歲的巴爾的摩市民卡爾‧佛爾斯（Carl M. Force）曾經擔任緝毒總署幹員，三十二歲的馬里蘭州勞雷爾（Laurel）市民尚恩‧布瑞吉斯（Shaun W. Bridges）則是美國特勤局幹員。兩人被分派至調查絲路市集非法活動的巴爾的摩絲路任務小組。臥底幹員佛爾斯負責與別名「恐怖海盜羅伯茲」的調查對象羅斯‧烏布利希聯絡。佛爾斯被以電信詐欺、竊取公有財物、洗錢、利益衝突等罪名起訴。布瑞吉斯被以電信詐欺和洗錢罪名起訴。

---

5　https://www.justice.gov/opa/pr/former-federal-agents-charged-bitcoin-money-laundering-and-wire-fraud

　　起訴書記載，佛爾斯是一名派去調查絲路市集的緝毒總署幹員。調查期間，佛爾斯參與某些經過授權的臥底任務，包括負責在網路上聯絡調查對象「恐怖海盜羅伯茲」（烏布利希）。但起訴書提到佛爾斯後來在未授權下，發展出其他的網路身分，參與各式各樣為他累積個人財富的非法活動。在起訴書中，佛爾斯藉網路假身分之便參與錯綜複雜的比特幣交易，從政府單位和調查對象竊取財物。具體而言，佛爾斯涉嫌在調查過程索求和收受數位貨幣，並未呈報收錢之事，反將貨幣轉入個人帳戶。佛爾斯涉嫌在某一次這樣的交易中，將政府的調查資訊出售給被調查的對象。起訴書也提及，佛爾斯在緝毒署任職期間，投資一間數位貨幣交易公司並替其工作，指示該間公司在沒有法律基礎的情況下凍結客戶帳戶，再將客戶的資金轉移至個人帳戶。此外，佛爾斯疑似將未經授權的司法部傳票發給線上付款服務商，指示對方取消對佛爾斯個人帳戶的凍結處置。

　　據了解，布瑞吉斯涉嫌將在絲路調查期間取得的超過八十萬美元數位貨幣轉入個人帳戶。起訴書中寫道布瑞吉斯將資產存入 Mt. Gox 的帳戶（日本數位貨幣交易商 Mt. Gox 目前已遭廢止）。其後，布瑞吉斯疑似在取得查封令，即將查封市值兩百一十萬美元的 Mt. Gox 帳戶的前幾天，將資金匯入他在美國的一個私人投資帳戶。

　　二〇一五年七月一日，佛爾斯對洗錢的指控表示認罪，同時承認電信詐欺、竊取公有財物、妨礙司法以及勒索等犯罪行徑。後來，在二〇一五年八月三十一日，布瑞吉斯承認在調查案件期間偷竊價值超過八十萬美元的比特幣，並對洗錢和妨礙司法的指控表示認罪。[6]

我們能從這起事件學到什麼教訓？就是不要用比特幣從事或資助非法活動。

### ▶ 跨境付款

目前用加密貨幣跨境移動法定貨幣還算成功，但這種應用方式仍不普遍。我自己曾經在二〇一四年進行一項實驗。當時我透過三種形式，將兩百元新加坡幣匯給在印尼的朋友[7]：一、西聯匯款（Western Union）；二、銀行轉帳；三、比特幣。當時比特幣的使用者體驗最糟糕，又是最花錢的匯款途徑。但在那之後，比特幣的實用性有所提升，我看好比特幣會繼續改良。

核心問題在於，透過金融服務代理商（如西聯匯款）或銀行系統匯款，這些法幣轉法幣的傳統匯款方式，都只需要經過一次貨幣兌換。若是使用加密貨幣匯款，則有兩道兌幣手續：法幣轉成加密貨幣，再將加密貨幣轉成法幣。兌換次數愈多，步驟就愈多，事情也愈複雜、成本愈高。

最初跨境付款被人大肆宣傳成比特幣和加密貨幣的「殺手級應用」，二〇一四到二〇一五年之間，這種說法尤其盛行。但在二〇一八年，媒體對加密貨幣這一項用途的關注衰退了。事實上，二〇一八年六月，西聯匯款曾經宣布，在嘗試使用瑞波幣（XRP）六個月後並

---

6 https://www.justice.gov/usao-ndca/pr/former-secret-service-agent-pleads-guilty-money-laundering-and-obstruction

7 朋友收到的是印尼盾。

未節省成本。[8] 或許，加密貨幣產業正處於賈特納（Gartner）[9] 技術發展週期中的「理想破滅的低谷」（trough of disillusionment）[10]。

## ▶ 首次代幣發行（ICO）

首次代幣發行（ICO）是一種新的募資方式，從二〇一六年開始受人歡迎。發行代幣的公司從投資人那裡取得加密貨幣。代幣通常代表對該公司未來推出的商品或服務的索取權。我們會在下個章節深入討論首次代幣發行。[11]

## ▶ 其他用途

有些商家透過加密貨幣付款處理商，接受客戶以加密貨幣支付的款項。商家在二〇一四和二〇一五年透過這種方式，花點小錢就能在媒體上博版面，並在人們心中留下創新的印象。但之後顧客對此興趣缺缺，許多商家都悄悄移除了這種付款機制。

---

8　http://fortune.com/2018/06/13/ripple-xrp-cryptocurrency-western-union/

9　審定註：Gartner 公司常被譯為「顧能公司」，「理想破滅的低谷」意謂「泡沫化的底谷期」，是該公司知名的技術成熟度曲線（The Hype Cycle）之一個階段。泡沫化並非該技術即將消失，反而可能迎來更務實的轉機；因此，成熟度曲線的下一個階段即為「穩步爬升的光明期」（Slope of Enlightenment）。顧能公司在二〇二一年初發表了對區塊鏈趨勢的看法，提到該年將是企業區塊鏈開始走出低谷的一年。

10　https://www.gartner.com/technology/research/methodologies/hype-cycle.jsp

11　審定註：ICO 精神源於證券市場的 IPO（Initial Public Offering，首次公開募股），兩者的差別在於 IPO 是向公眾籌集資金，所發行之標的物就是證券；ICO 則是向公眾募集加密貨幣。由於曾發生不少 ICO 專案涉及偽造詐欺，故近年各國政府已開始思考較為嚴謹的管控機制；例如在二〇二一年十月法國市場監管機構（Autorité des Marchés Financiers，AMF）曾建議投資者應對一家名為 Air Next 的公司推出的 ICO 發行項目保持謹慎的態度。

　　我見過別人利用公開區塊鏈來達到其他「冷門」目的，例如，將雜湊值儲存在區塊鏈上，證明某項資料在某個時間點確實存在。但我沒有看到顯示這項功能廣為使用的證據。

　　加密貨幣評論家常說，加密貨幣經常被人用來洗錢。雖然一定會有一些非法資金利用加密貨幣當作洗錢管道，但法定貨幣也會被人拿來洗錢，現在這個階段，我們很難分辨究竟加密貨幣交易被用於洗錢的比例有多高，加密貨幣在全球被用於洗錢的比例又有多高。我猜，對重大組織犯罪來說，加密貨幣市場規模太小、流動性太低，無法滿足這類型的犯罪活動。大型企業、高額鈔票，甚至銀行，被當作受青睞的主要洗錢管道，可能性仍然較高。

# 私人區塊鏈

　　儘管公開區塊鏈提供了抗審查的數位現金，但公開區塊鏈的設計目的並非解決傳統公司行號面臨的問題。目前公司行號遇到哪些挑戰？從公開區塊鏈借來的概念，能如何幫助他們經營得更好？

## ▶ 企業間溝通

　　公司行號使用內部系統、工作流程工具、內部網路和資料儲存庫，來使**企業內部**的經營流程更有效率，這種做法由來以久，但**組織與組織之間**的科技應用卻不見提升。人們在先進的機器與機器溝通情境使用應用程式介面（application programming interface，簡稱 API），

多數溝通場合卻仰賴電子郵件和 PDF 檔案。親筆簽名的紙張文件依然經常在世界各地以人力遞送。

## ▶ 複製資料、流程與資料調和

公司行號相信自己的資料，但不相信別人的資料，代表在這個生態系裡會有公司行號複製資料及流程。組織內部和組織之間經常複製數位檔案和紀錄，沒有所謂唯一的檔案或紀錄。除非付錢由第三方確認這是唯一準則，否則公司行號必須費心管控文件和紀錄的版本。但資料調和也只能在某種程度上稍微緩解這些令人頭痛的問題。

試想一下，今天 A 公司開立一張數位發票給 B 公司。這張發票可以是 A 公司內部人員製作的 PDF 檔案，可能要先交給 A 公司的另一名人員簽章，再交由應收帳款部門，將複本傳送給 B 公司的人員。B 公司的某人從電子郵件信箱收到檔案，將檔案儲存在公司的硬碟裡，接著傳送一份檔案交給某人簽章（可能是 B 公司的經理）。另有一份複本傳送給應付帳款部門。等到款項付出去，必須將最新進度告知所有人。同樣一份資產（發票）傳遍公司的電腦，可能多達十份甚至更多，沒有任何一份是同步儲存的檔案。發票狀態從「未付款」變成「已支付」的時候，並非每一份發票複本都會呈現這項變化。

難怪公司行號會對公開區塊鏈帶動的相關概念有興趣，例如：獨一無二的數位資產、受信任的自動化作業、經過加密保護的帳本紀錄。但公司行號必須維護一定程度的商業機密，從這個非常合理的角度思考，公開區塊鏈極致透明的特性並不受企業青睞。

　　私人區塊鏈受公開區塊鏈的啟發，但在設計上符合商業需求。公開區塊鏈的特性，有一些由私人區塊鏈接收，有一些則被私人區塊鏈排除。公開區塊鏈必須符合非許可制和抗審查的要求，而這些條件在私人區塊鏈上放寬了。因此，私人區塊鏈不需沿用公開區塊鏈的某些運作機制，例如能源密集的工作量證明挖礦機制。

　　有一種受公開區塊鏈啟發的技術，完全沒有使用區塊鏈！這種技術有更正確的名稱，它就叫作「分散式帳本」。R3 與數家銀行一起打造的分散式帳本平臺 Corda，即是從公開區塊鏈借來諸多概念的公開原始碼平臺。但 Corda 不會將交易捆綁成區塊，再整批處理和分散至整個網絡。在這種做法下，只有參與交易的公司可檢視交易內容，能夠解決某些隱私問題。[12]

　　運用區塊鏈和其他類似的雜湊鏈資料架構，最大的優點在於，參與者自己就能夠知道某一份報表完整無缺，而且報表本身內容完整、未遭竄改。每一方都能自行驗證，並不需要向別人核對。除了銀行需要知道交易清單內容完整、交易資料與對應方相符，在其他商業情境中，知道報表完整無缺也很重要。

　　私人區塊鏈旨在加強企業間溝通的技術品質與安全性。有了私人區塊鏈，公司行號不需仰賴第三方記錄資訊，就能讓獨一無二的數位資產在公司之間自由、可靠地流通。私人區塊鏈的智慧合約可提供公開透明的雙向工作流程，並且能證明雙方同意的工作流程如實進

---

12 審定註：R3 官網將區塊鏈定義為一種分散式帳本技術，Corda 即屬於這種特殊的區塊鏈，因 Corda 雖不會定期將需要確認的交易打包成區塊，但還是會以加密的方式鏈接交易。

行。「受信任的自動化作業」就是這個意思。公司行號不必信賴對方會依照議定內容行事，而是透過智慧合約確保如事先撰寫好的程式執行工作。

私人區塊鏈可運用於企業與企業的各種互動情境，包括工作流程共享、流程共享、資產共享。這些情境何時發生？可說是無時無刻不在進行當中！大部分企業無法閉門造車，他們需要與其他公司行號互動。目前金融服務業已率先投資、了解和使用私人區塊鏈技術，特別將這項技術用於臺售銀行業務和金融市場。這是合理的行動，因為企業間工作流程、中介機構和數位資產，在金融服務業舉足輕重。而且，這金融產業的「後臺作業」已有數十年不見大筆投資。或許比特幣被描述成加密貨幣，也是在銀行界引起興趣的因素。

我們再回去看看發票的例子。現在請想像，如果發票記錄在可供兩間公司同步記錄的某種帳本上，雙方都能立刻知道發票通過簽核或已支付，如此一來許多商業流程都可以簡化。我們也能將這個概念延伸到任何文件、紀錄或資料。

當然，只要找到一間機構替你儲存資料和提供唯一準則，公司裡的許多企業間工作流程就能做到數位化和自動進行。在某些情境下，的確可以。SWIFT 和 Bolero 電子商務平臺就是這樣的例子。但在其他場合，可能無法有第三方的存在，原因可能是眾人搶當第三方、無人想當第三方，或受限於法規或地理因素，而不可能有這樣的第三方。企業可能會對單一權力及控制點心生懷疑，擔心發生單一權力控制點常見的壟斷行為。若中央資料儲存庫發生資料外洩或濫用，

可能引發競爭危機。可知，由第三方記錄資料即便是顯而易見的解決方案，卻有可能在若干因素的影響下行不通。

非金融業開始想要了解，這項技術能如何應用於數位身分、供應鏈和貿易融資、健康醫療、採購、房地產和資產登記等多項領域。

# 知名的私人區塊鏈

有些私人或許可制區塊鏈非常引人注目，受歡迎的程度愈來愈高。目前，例子包括：

## ▶ Axoni 的 AxCore 技術

二〇一三年成立的資本市場科技公司 Axoni 專門發展分散式帳本技術和區塊鏈基礎設施。Axoni 的旗艦計畫等方案，旨在透過科技提升美國集中保管結算公司（Depository Trust & Clearing Corporation）的交易資訊庫 [13]。

## ▶ R3 Corda

Corda 是為金融服務業解決頭痛問題的開放原始碼區塊鏈計畫，由銀行聯合組織和我任職的 R3 共同設計而成（特此聲明，我和 Corda 存在利害關係）。引用 R3 科技長理查‧布朗本人的話 [14]：

---

13 http://www.dtcc.com/news/2017/january/09/dtcc-selects-ibm-axoni-and-r3-to-develop-dtccs-distributed-ledger-solution

　　Corda 是從頭設計與打造的開放原始碼企業區塊鏈平臺，旨在幫助各產業無法互信的組織管理及同步法律合約與其他共享資料。Corda 讓各式各樣的應用在單一全球網絡中互相操作，為獨一無二之企業區塊鏈平臺。

　　雖然 Corda 不會定期將無關聯的交易捆綁在一起傳播給所有網絡參與者處理，在這方面與其他區塊鏈背道而馳，但 Corda 從比特幣和公開區塊鏈擷取概念，可保證數位資產獨一無二，而且不同對象所掌控的不同資料庫能做到資料同步。這表示 Corda 可以處理更多交易量和解決公開區塊鏈的隱私問題。儘管 Corda 最初的設計對象是受監管的金融機構，如今其他產業也在積極探索 Corda 的可能性。

　　Corda 的用途包括一籃子金融資產交易 [15]、黃金交易 [16]、聯合貸款 [17]，以及外匯交易配對 [18]。

---

14 https://medium.com/corda/new-to-corda-start-here-8ba9b48ab96c

15 https://www.hqla-x.com/post/hqlax-selects-corda-for-collateral-lending-solution-in-collaboration-with-r3-and-five-banks

16 https://www.bloomberg.com/news/articles/2018-05-07/-cryptolandia-blockchain-pioneers-take-root-in-hipster-brooklyn

17 https://www.finastra.com/news-events/press-releases/finastras-fusion-lendercomm-now-live-based-blockchain-architecture

18 http://www2.calypso.com/Insights/press-releases/calypso-r3-and-five-financial-institutions-develop-trade-matching-application-on-corda-dltplatform

### ▶ 數位資產全球記錄同步系統

　　數位資產控股公司（Digital Asset Holdings，LLC）於二〇一四年成立。維基百科記載 [19]，這間公司「以分散式帳本技術（簡稱 DLT）為基礎，為受監管的金融機構打造產品，例如金融市場基礎設施供應商、集中結算對手、證券集中保管機構、交易所、銀行、託管人及其市場參與者」。技術平臺名稱為全球記錄同步系統（Global Synchronization Log）。

　　數位資產控股公司簽下一份重大合約，要以 DLT 取代澳洲證券交易所（Australian Stock Exchange）的技術系統，並使這套系統現代化 [20]。這份合約是對數位資產控股公司和整個私人區塊鏈產業的一大肯定。

### ▶ 超級帳本 Hyperledger Fabric

　　超級帳本 Hyperledger Fabric 最早由 IBM 和數位資產控股公司所開發，這項區塊鏈技術在 Linux 基金會超級帳本計畫中發展成形，似乎頗受供應鏈和醫療照護產業歡迎。

---

19 https://en.wikipedia.org/wiki/Digital_Asset_Holdings
20 https://treasury.gov.au/media-release

## ▶ 摩根大通 Quorum

Quorum[21]是美國銀行摩根大通發明的區塊鏈技術，基礎為以太坊平臺。有趣之處在於，Quorum 透過先進的加密貨幣技術「**零知識證明**」，達到混淆交易資料的目的。二〇一八年三月，《金融時報》（Financial Times）報導，摩根大通考慮將這項計畫獨立出去。[22]

---

21 審定註：由以太坊（Ethereum）聯合創始人約瑟夫·魯賓（Joseph Lubin）創立的區塊鏈軟體公司 ConsenSys 已於二〇二〇年八月二十五日宣布收購 Quorum。

22 https://www.ft.com/content/3d8627f6-2e10-11e8-a34a-7e7563b0b0f4

# 區塊鏈實驗

　　許多區塊鏈技術相關實驗是由新創公司和現有參與者之類的角色所發起。人們經常稱這些實驗為具有樂觀意涵的「使用案例」（use-case），表示區塊鏈將會成為解決特定問題的優良應用範例。彼得・伯格斯壯（Peter Bergstrom）[23] 將區塊鏈實驗分門別類，帶我們一窺區塊鏈應用的有趣之處：

### 區塊鏈產業應用範例

**金融**
交易
交易發起
新股申購
權益
固定收入
衍生性商品交易
總報酬交換（TRS）
新一代衍生性金融商品
零中臺競賽
擔保品管理
結算
付款
價值轉移
了解你的顧客
洗錢防制
客戶與產品參考資料
群眾募資
點對點借貸
合規報告
交易報告與風險視覺化
投注與預測市場

**電腦科學**
工作細微化（演算法、推文、廣告點擊收費等）
市場擴展
工作費用支付
開發者款項直接撥付
API 平臺運作
公證與認證
點對點儲存與運算共享
網域名稱系統

**資產產權**
鑽石
設計師品牌
汽車租賃與銷售
房屋貸款與付款
土地產權歸屬
數位資產紀錄

**物聯網**
裝置到裝置付款
裝置目錄
作業（例如水流）
電網監控
智慧家居與辦公室管理
跨公司維修市場

**付款**
小額付款（應用程式、402）
企業間跨國匯款
報稅與徵稅
重新構思錢包與銀行

**消費者**
數位獎勵
Uber、AirBNB、Apple Pay
點對點銷售、Craigslist 分類廣告
跨公司、品牌、忠誠度追蹤

---

23 https://www.linkedin.com/feed/update/activity:6257098564841852928/

### 區塊鏈產業應用範例

**保險**
理賠申請
不動產抵押證券／財產款項
理賠處理與行政業務
保險詐欺偵測
車載資訊系統與評等

**媒體**
數位版權管理
遊戲貨幣化
藝術鑑定
購票
粉絲追蹤
打擊廣告點擊詐欺
正版資產轉售
即時競標與廣告置入

**政府**
投票
車輛登記
婦嬰童、退伍軍人、
社會安全福利與分配
授權與認證
著作權

**供應鏈**
農產品動態訂價
即時供貨競標
藥品追蹤與純度
農產食物認證
運輸與物流管理

**身分**
個人
物品
物品譜系
數位資產
多重要素驗證
難民追蹤
教育與授章
採購與審查追蹤
雇主與員工評量

　　右頁則是馬提歐・強皮耶托・札果（Matteo Gianpietro Zago）整理的精彩資訊圖表[24]：

　　我舉這兩張圖表的例子是要說明，主流媒體和社群媒體一致吹捧，免不了造成人們的誤解。這些並非實際應用案例，而是在多元產業和商業工作流程中嘗試運用區塊鏈技術的實驗，不全然是合適的應用方式。

---

24 https://medium.com/@matteozago/50-examples-of-how-blockchains-are-taking-over-the-world-4276bf488a4b

# 五十多個區塊鏈
## 實際運用範例

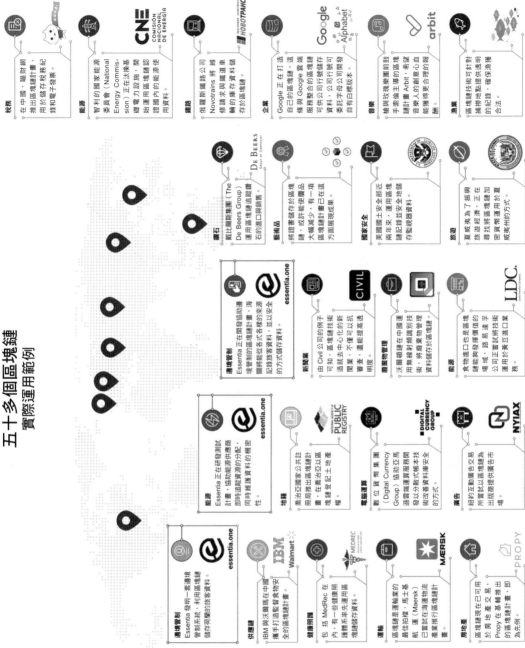

區塊鏈
網際網路
基金會

**政府**
Essentia 與交通實驗室（Traffic Labs）以及芬蘭政府攜手開發全世界第一個管理國際物流中心的區塊鏈方案。

**身分認證**
Uport 率先在瑞士推出政府認證居民登記的區塊鏈計畫。

**行動支付**
瑞波的區塊鏈帳本受到數間日本銀行青睞，將運用於快速行動支付。

**保險**
保險公司美國國際集團（AIG）透過智慧合約區塊鏈節省成本以及提高透明度。

**瀕危物種保育**
一項記錄稀有動物活動的區塊鏈計畫，用於保育有瀕危、滅絕的物種。

**碳補償**
IBM 在中國運用 Hyperledger Fabric 區塊鏈監督碳補償交易。

**企業**
微軟與 Azure 結合以大功告成，提供區塊鏈雲端服務。

**遠境管制**
Essentia 發明一套遠境管制系統，利用區塊鏈儲存有關的旅客資料。

**供應鏈**
IBM 與沃爾瑪在中國攜手打造監督食貨物的安全的區塊鏈計畫。

**健康照護**
包括 MedRec 在內，有一些健康照護運體未來先進用區塊鏈儲存資料。

**運輸**
區塊鏈是運輸業的最佳拍檔，馬士基航運（Maersk）已嘗試在海運物流產業推行區塊鏈計畫。

**房地產**
區塊鏈並用於房地產交易，Propy 在各基輔推出的區塊鏈計畫，即為此例。

**能源**
Essentia 正在研發測試計畫，協助能源供應商即時追蹤能源的分配，同時經過保護資料的機密性。

**能源**
秦治亞國家公共註冊局推出區塊鏈計畫，在秦治亞以區塊鏈登記土地產權。

**電腦計算**
數位貨幣集團（Digital Currency Group）協助亞馬遜雲速運算雲端服務科技改善資料庫安全技術的方式。

**廣告**
紐約互動電算交易，所嘗試以區塊鏈為出版商提供廣告市場。

**遠境管制**
Essentia 正在開發區塊鏈協助海關情境能從各式各樣的來源記錄放客資料，並以安全的方式儲存保護。

**新聞業**
由 Civil 公司的新子可知，區塊鏈技術造就去中心化的新聞業，不僅可以抗審查、還能提高透明度。

**廢棄物管理**
沃爾頓鏈在中國運用無線射頻識別技術，將廢棄物管理資料庫存於區塊鏈。

**能源**
食糧進口也是區塊鏈能夠發揮運彈的場域、路易達孚公司正嘗試用技術運用於黃豆進口業務。

**鑽石**
戴比爾斯集團（The De Beers Group）運用區塊鏈追蹤鑽石的進口與銷售。

**藝術品**
將證據儲存於區塊鏈，或許能使贗品大碼減少。有一項區塊鏈計畫已在這方面展現成果。

**國家安全**
美國國土安全部近兩年來，運用區塊鏈記錄並安全地儲存攝影器資料。

**旅遊**
夏威夷為了振興旅遊旅遊經濟，正在尋找將區塊鏈加密貨幣運用於夏威夷州的方式。

**稅務**
在中國區塊鏈計畫，推出區塊鏈計畫，用於儲存稅務紀錄和電子發票。

**能源**
智利的國家能源委員會（National Commission）正在汰換舊系統，開始運用區塊鏈設施，開證國內的能源使用資料。

**鐵路**
維羅斯鐵路公司 Novotrains 將修護或升級鐵車輛的庫存資料儲存於區塊鏈。

**企業**
Google 正在打造自己的區塊鏈，這樣與 Google 雲端服務整合合區塊鏈儲存資料。公司行號已可供自家行號下開發自有白牌版本。委託字母公司母公司（Alphabet）。

**音樂**
搖與玫瑰樂團財務手素倫主導的區塊鏈計畫 Arbit，希望能獲得更合理的報酬音樂人的創意心血。

**漁業**
區塊鏈技術可以針對捕物地提供透明，確保漁獲來源合法。記錄。

電腦的應用案例：門擋

　　就好比你也可以用表單軟體來撰寫信件，在需要處理資料的商業情境，區塊鏈幾乎都能派上用場。畢竟，區塊鏈是一種多功能的資料庫。在我看來，許多這一類的實驗無法產生預期成果，我們還有其他更恰當的軟體和工具。不過有些實驗可能會開花結果，或是繼續發展並受到關注，逐步邁向成功。

　　我們還不清楚，區塊鏈技術和工作流程數位化可直接大幅改善哪些流程。又如何呢？很多時候，計畫可能並**不需要**運用到區塊鏈，但區塊鏈技術運用可能會引起關注和管理階層的熱心投入，甚至能夠鬆綁預算——要是沒有區塊鏈技術，原本的數位化計畫可能會很無

趣，無法拿到預算。我認為沒關係，在這樣的情境裡，只要能達到目的就行。少了大肆宣傳來點燃人們的想像力，就不會有那麼多資金投入創新，可能會因此抑制創新。

## 必須提出的問題

有這麼多人嘗試運用區塊鏈技術，我們要如何從這些實驗當中，去了解區塊鏈技術的運用與價值？

我們可以提出一些有幫助的問題。先前我們問過「哪一條區塊鏈？」以及「是公開區塊鏈還是私人區塊鏈？」之後，要再視這些問題的答案，提出後續問題。以下是可作為起頭的幾個問題。

關於公開區塊鏈，有必要了解：

- 所有的參與者都會執行節點嗎？或者，是否有一些參與者是彼此信任？
- 當區塊鏈上有累積的未處理區塊，對使用者產生何種影響？
- 計畫如何處理分叉和區塊鏈分裂？
- 如何保護資料隱私？
- 如何使操作者遵循發展規定？

關於私人區塊鏈，有必要了解：

- 誰來執行節點？理由為何？
- 由誰將資料寫入區塊？
- 由誰驗證區塊？理由為何？

• 若重點在於資料共享，為何不使用網頁伺服器？

• 有沒有一個自然形成的集中管理機構受所有人信任？若有，為何不由對方管理入口網站？

任何一種區塊鏈，都要問：

• 區塊鏈呈現哪些資料？哪些是「鏈外」資料？

• 代幣代表什麼？

• 代幣從一方交給一方，在現實生活代表什麼？

• 私密金鑰遺失或遭複製會如何？這是可接受的情況嗎？

• 所有參與者都對網絡中流傳資料感到安心嗎？

• 如何管理更新？

• 區塊內有什麼？！[25]

不同計畫的重點問題或許會有差別。有時，解決方法可能來自於全網絡的創新活動。舉例來說，現在的公開鏈可能會塞車，但支付管道創新或許能提高輸出量。針對不同的計畫，我們還有許多其他問題要問。

重點在於你不能對死板板的媒體報導照單全收，而要試著深入探究這些計畫是否具有價值。在目前的創新週期階段，對其中某幾個問題誠實表示「我不知道」也沒有關係。認識事情的利弊取捨，強過驟下定論。

---

25 在此特別感謝戴夫・伯奇（Dave Birch）在網站 www.dgwbirch.com 帶大家認識這個問題。

Part

# 7

Initial Coin Offerings
## 首次代幣發行

# 什麼是首次代幣發行？

　　首次代幣發行（ICO）有時稱為「代幣銷售」（token sale）或「代幣產生活動」（token generation event），這是公司行號募集資金的新方法，不會稀釋掉公司的所有權，也不需要把錢還給投資人。ICO 在現行募資方式中加入一點變化，「ICO」這個說法被創造出來（哈哈）*，似乎是想讓人聯想到股票的首次公開發行（Initial Public Offerings，簡稱 IPO）。根據 icodata.io 的資料[1]，二〇一四年與二〇一八年中，以某種 ICO 形式募集的資金，金額超過一百一十億美元。早期 ICO 例子有二〇一三年七月的萬事達幣（Mastercoin），以及二〇一四年七月的 Maidsafe。不過，當時是以「眾籌銷售」來稱呼這些募資活動。至於 ICO，則是在二〇一七年流行起來。

　　傳統上，公司行號可透過以下三種方式募資：股票、債券和特定產品的預購活動。他們可以如創業募資活動早期的一般做法，向一小群投資人募集資金；也可以透過一般稱作「群眾募資」的做法，向一大群投資人募集資金。群眾募資目前愈來愈受人們歡迎。

---

\* 譯按：coin 有創造和錢幣的雙重意思。

1　這是募資時募到的美元金額。我們之後會談，募資貨幣一般來說是加密貨幣，通常是比特幣或其他加密貨幣。計畫發起人可選擇如何敘述他們將如何管理收到的資金，大部分會均衡保留一些加密貨幣和一些法幣。

在發行股票募集資金的方式中，投資人付錢給公司，買下公司的所有權份額。投資人會收到股利，這是公司分給投資人的一份利潤，而且投資人可獲得在股東大會上投票的權利以及其他權利；在發行債券募集資金的方式中，投資人將錢借給公司行號，可定期領到支付利息的息票。債券持有人預期在債券到期時領回資金；在預籌資金或預購活動，顧客（注意，這些人是顧客，不是投資人）付錢購買日後才會收到的產品。在預售當時，產品通常還無法配銷。有時候，提早訂購的顧客享有折扣。

採用群眾募資的計畫或公司透過網際網路的力量，向一大群對象的每一個人募集一小筆資金，是近來大受歡迎的募資方式。通常以能聚集計畫案和投資人（或顧客）的網頁或應用程式平臺為募資管道。「群眾」募資形式豐富多元。股權型群眾募資平臺的例子有Seedrs、AngelList、CircleUp 和 Fundable。債權型群眾募資平臺有Prosper、Lending Club 和 Funding Circle（有時稱為「點對點借貸」平臺）。預籌資金平臺則有 Kickstarter 和 Indiegogo，這類平臺上的預籌計畫必須墊付一定金額的押金才能運作，在吸引小眾的利基產品之間頗受歡迎。預購活動則是經常用於書籍銷售和電腦遊戲。

| 募資方式 | 特色 | 潛在優點 | 潛在壞處 | 小團體 | 大團體 |
|---|---|---|---|---|---|
| 股權 | ·投資人成為公司股東<br>·法規最嚴格 | ·公司價值可能翻漲數倍 | ·公司價值可能降至零 | ·種子輪／A輪／B輪 | ·IPO（若為公開上市）<br>·股權式群眾募資（若為私有公司）<br>·例如：Seedrs、AngelList |
| 債券 | ·投資人是公司的債權人 | ·好處僅有債券利率（息票） | ·債券可能違約<br>·若公司破產，債券持有者比股東優先取回資金 | ·發行債券<br>·聯合貸款 | ·債券型群眾募資即「點對點借貸」或「小額信貸」<br>·例如：Lending Club、Funding Circle |
| 預先融資 | ·參與者先付款，日後可取得某物<br>·法規最寬鬆 | ·參與者特別價格，可能有折扣<br>·參與者搶先取得產品 | ·可能無法準時交貨，或品質不如預期 | | ·「回報型群眾募資」<br>·例如：Kickstarter、Indiegogo |
| 預購 | ·參與者先付款，日後可取得某物<br>·不受投資規定約束 | ·參與者搶先取得產品<br>·降低搶不到產品的風險 | ·出貨延遲 | | ·例如：在亞馬遜網站預購書籍或遊戲，會有預計出貨日 |

　　ICO 的特色各自有別，我在這一章概述幾類 ICO 的特色是為了提供概要，當中仍有例外。這是一個發展迅速的產業，主管機關已著手研議，該如何管理這類新的募資形式。

## 首次代幣發行如何運作？

　　公司行號[2] 在稱為白皮書的文件中描述某樣產品或服務，並且宣布開始執行首次代幣發行（ICO）。投資人[3] 將資金（通常是加密貨幣）傳送給公司，換取代幣或於日後取得代幣的承諾。代幣可以代表

---

2　注意，有時沒有所謂的公司行號，只有掌控可接收資金的加密貨幣地址的計畫或投資事業。與銀行往來時你必須表明自己是帳戶持有者，但在公開網絡建立加密貨幣地址沒有這類規定。

任何事物，但通常是與計畫成敗相關的金融證券（稱為證券代幣），或企業推出的產品服務取用權（稱為功能型代幣）。在某個階段，代幣可能會在一至多間加密資產交易所掛牌。最後，若計畫發行的是功能型代幣，當產品或服務打造出來，代幣持有人可用代幣兌換產品或服務。

## ▶ 白皮書

維基百科敘述[4]，白皮書是具權威性的報告或政策文件。這原本是英國政府使用的詞彙，最早使用的知名例子是一九二二年由邱吉爾首相下令編製的文件，標題為〈巴勒斯坦／與巴勒斯坦阿拉伯代表團及世界猶太復國主義組織之通信〉（Palestine. Correspondence with the Palestine Arab Delegation and the Zionist Organisation）。我們將在後文看到，白皮書一詞不再專門指稱這類文件。

中本聰將比特幣的概念記在白皮書上[5]。維塔利克・布特林最初在白皮書[6]裡描述以太坊的概念，之後有蓋文・伍德博士撰寫技術黃皮書[7]。從那時起，大部分的首次代幣發行計畫都有白皮書，只不過白皮書中與技術相關的內容日漸減少，轉變成行銷文件加投資人公開說明書的性質。

---

3　關於貢獻 ICO 的參與者該如何稱呼，可以有不同的看法。我稱他們為投資人，因為他們投入金錢至少是看好計畫會成功，有可能是希望從投資獲得金錢利潤，也有可能是希望使用最終的產品或服務。

4　https://en.wikipedia.org/wiki/White_paper

5　https://bitcoin.org/bitcoin.pdf

6　https://ethereum.org/en/whitepaper/，不過版本會定期更新。

7　https://ethereum.github.io/yellowpaper/paper.pdf

今天的 ICO 白皮書通常會描述計畫的商業、技術和財務細節，包括：

- 計畫目標（包含當前問題與解決方案）
- 產品或服務的發展里程碑
- 計畫團隊的背景與經歷
- 預計募資總額
- 資金的管理與花用方式
- 代幣的目的與用途
- 代幣的發行與後續分配方式

你可以到 whitepaperdatabase.com 網站查詢 ICO 白皮書的例子，不過要注意，網站上列出的不一定都是合法的計畫。我警告過你囉！

## ▶ 代幣銷售

雖然 ICO 計畫的運作方式各自有異，但代幣銷售似乎只有兩種途徑。有一些計畫的代幣可能會被司法管轄區歸類為證券，這些計畫可能採取保守途徑；有一些計畫對代幣有信心，認為代幣不會被當作證券監管，這些計畫則會採取不同途徑。

如果代幣可能受證券法規監管，ICO 計畫會採取傳統的募資方式。這表示他們可能不會大肆宣傳 ICO 發行計畫，只會將代幣賣給有錢人，或對高風險複雜金融工具交易有經驗的人。在美國，這些投資人稱為「合格投資人」（accredited investor），有些司法管轄區則使用「精練投資人」（sophisticated investor）或類似稱呼。[8] 合格投

資人的資格由投資人自行申報，依據的標準通常有：投資淨值、年收入和複雜金融工具的投資經驗。有時候 ICO 也會考量投資人的居住國別或國籍，不將代幣賣給美國公民或住在某些國家的人。這些 ICO 不會公開銷售或預售，只會私下銷售。至少，在可用產品推出、代幣轉為功能型代幣之前，不會公開銷售或預售代幣。

　　至於代幣不太會被歸類為證券的銷售計畫，比較有餘裕選擇將代幣賣到全世界，他們通常會舉辦一場私下銷售活動、一場或多場預售活動，以及一場公開銷售活動。

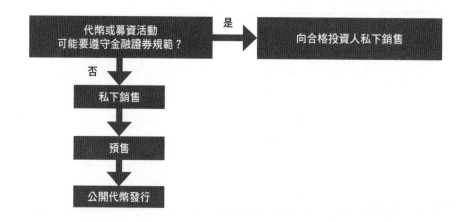

　　這些計畫通常會打折或提供紅利鼓勵投資人參與，透過更優惠的交易條件吸引投資人在早期投入 ICO 計畫。方式包括限制投資機會，例如設下時間限制（愈晚投資，價格愈差），或依達標金額設下限制（達標金額愈高，價格愈差）。舉個例子，在以太坊初次眾籌銷

8　在歐盟地區，散戶可要求成為「選擇性」專業客戶（elective professional client）。

售階段，早期投資人可用一顆比特幣換兩千顆以太幣，後期投資人用一顆比特幣，只能換得一千三百三十七顆以太幣。今時今日，我們也很常見到公開銷售活動甚至給予早期投資人，低至預訂售價兩折的優惠價格。

這與新創公司的募資階段類似。不過，兩者在時間規模上和對投資人的要求條件有所差別。以 ICO 來說，從首次募資到代幣在加密貨幣交易所掛牌，之間可能是幾個月沒有推出產品，或無法引起市場關注；而傳統的新創公司這邊，從天使投資到首次公開發行通常要花好幾年，在這期間，投資人會要求新創公司針對商業成果或潛力提出證明。

# ICO 的募資階段

## ▶ 私下銷售

計畫發起者會在私下的銷售活動中，與每一位投資人商議投資內容、折扣和紅利，過程類似傳統的新創公司進行一輪天使或種子基金募款。

計畫和投資人之間通常會（但並非一定）簽訂合約，在合約上詳載雙方的法律協議事項。數位貨幣律師馬可・桑托里（Marco Santori）[9] 等人為了產業自律而設計推廣的「未來代幣簡單協議」（Sim-

---

9　https://www.marcosantori.com/

ple Agreement for Future Tokens，簡稱 SAFT）[10] 是很受人們歡迎的協議範本。SAFT 的仿效對象是受新創公司歡迎的「未來股權簡單協議」（Simple Agreement for Future Equity）[11]。簽下 SAFT 文件，表示投資人同意先付錢（金錢形式並不重要，法幣或加密貨幣都可以），並在將來收到代幣。SAFT 是一種可轉換票據，籠統來說是一份遠期合約。不論代幣類別為何，SAFT 本身都是一種金融證券。

### ▶ 公開代幣銷售

可能被歸類為證券的代幣愈來愈不喜歡公開代幣銷售。不過公開代幣銷售可將募資觸角伸向世界各地、募資容易，又能引起一股風潮，所以仍然受到一些計畫的歡迎。

這些計畫通常會在以太坊建立一份接收資金的智慧合約，[12] 並將地址張貼在網站上。投資人將錢傳送到智慧合約後，會從這一份或一套自動執行的智慧合約收到代幣。

---

10 https://saftproject.com/

11 https://en.wikipedia.org/wiki/Simple_agreement_for_future_equity_(SAFE)

12 有時會使用其他加密貨幣（如比特幣），但以太坊的智慧合約範本眾多，因此成為首選平臺。

　　有些計畫的代幣是記錄於以太坊區塊鏈的 ERC-20 規範代幣，有些計畫的代幣（尤其是建立新區塊鏈平臺的計畫）起初會採取 ERC-20 規範代幣的形式，先記錄於以太坊，等新區塊鏈上線運作後，再換成新區塊鏈的代幣。[13]

　　以太坊在自己的眾籌銷售階段，則是接收比特幣作為募集的資金，所使用的比特幣地址為：36PrZ1KHYMpqSyAQXSG8VwbUiq2EogxLo2。

　　公開銷售計畫一般都會大力宣傳，喜歡在官網即時倒數和透過小工具顯示募集金額；也會在社群媒體、聊天室和電子布告欄上宣傳接下來的公開銷售活動。

## ▶ 代幣預售

　　預售是指「在公開銷售之前銷售代幣」，通常會給代幣下折扣，或依投資金額給予紅利。這麼做可鼓勵投資人早一點用便宜的價格買進，同時為 ICO 營造一部分的宣傳效果。超額認購會在進入主要公開銷售階段時，在投資人的心目中形成一股強大的吸引力。

## ▶ 白名單

　　公開銷售和預售都有可能將某些地址列入「白名單」（whitelist），用來辨識計畫投資人的身分資格。在代幣銷售前，潛在投

---

13 例如，柚子幣起初記錄於以太坊，後來，這些代幣可到柚子幣平臺兌換柚子幣。

資人要到一系列的網站頁面上點選事項聲明身分資訊，可能會要上傳護照照片、表明自己並非居住於某些國家、接受合約條件、提供打算傳送資金的加密貨幣地址。等進入實際銷售代幣的階段，接收資金的智慧合約只會接受來自白名單加密貨幣地址的資金。

## ▶ 募資限額

ICO 會在白皮書標明募資限額，這是計畫在代幣銷售的各個階段所願意接收的金額上下限。軟限制（soft cap）通常是指計畫運作所需要的最低資金（類似 Kickstarter 平臺上的「募資目標」），而硬限制（hard cap）通常是指計畫願意接收的最高金額。不是每個 ICO 計畫都會設立軟限制或硬限制，有一些計畫會根據需求調整限制。

## ▶ 基金

計畫產生的代幣數量通常會高於所要發售的數量，留下一定比例的備用代幣。這些儲備代幣可以用來獎勵創始人、支付員工或承包商的薪水，或是用來穩定代幣在交易所的價格。計畫可以自己限制儲備代幣的花用速度，等於是安排好代幣的歸屬日程，好讓投資人放心，相信計畫不會在代幣銷售以後，立刻大量出售基金代幣，形成貶值壓力。

代幣在交易所掛牌後，計畫發起者可大致了解基金所含代幣的價值多寡。用會計術語來說，這些代幣顯示在公司的資產負債表上，影響公司的股權評價。股東們（尤其是創投業者）應該很喜歡 ICO，因為 ICO 可以在公司的資產負債表上憑空增加價值！

## ▶ 交易所掛牌

有些投資人在 ICO 階段購入代幣可能是為了使用最終產品、服務或區塊鏈，但投資人往往是想加價賣掉代幣，從中賺一筆。

所以容易脫手對投資人來說很重要。雖然代幣只要分配給投資人就能立刻轉手，代表投資人可以進行「場外交易」，但交易所能提高代幣的流動性，所以代幣在加密資產交易所掛牌，可是 ICO 生命週期裡的關鍵階段。此外，由於代幣可以轉手，這些代幣與獎勵型群眾募資計畫（如 Kickstarter）不一樣，獎勵型群眾募資的參與者無法輕易將獎勵轉賣給別人。

在交易所掛牌對代幣價格的影響有好有壞，掛牌前幾天的價格波動可能會很劇烈。如果計畫很受歡迎，掛牌會是吸引新投資人收購代幣的好機會，可以帶動價格迅速上漲。如果計畫不受歡迎，早期投資人可能會利用代幣在交易所掛牌的機會出售代幣，導致代幣的價格迅速下跌。

代幣在交易所掛牌是計畫中非常重要的環節，交易所可以向計畫收取高額的掛牌費用，超過一百萬美元的掛牌費並不罕見。交易所也有可能提供為貨幣造市的流動性服務（liquidity service）。掛牌後，計畫發起者會仔細監督價格變化，有些計畫會在價格偏低時執行代幣買回策略。這麼做是否道德？是否合法？成為大家經常討論的議題。傳統公司可在股市高點發行股票，並在來到好價格的時候買回股票，但這和 ICO 的情境並非全然相等，而且傳統公司比 ICO 花費更多精力，去符合資訊揭露和交易活動的法規。

　　掛牌交易所的家數、交易所聲譽、交易所的流動性，這幾點對計畫和投資人來說很重要。投資人喜歡看到代幣在好幾個聲譽卓著的交易所掛牌，這些交易所要有很多客戶和很高的流動性。

　　儘管在交易所掛牌是大事，但計畫發起者通常不太會去討論預定的掛牌時程，尤其是要避免代幣被歸類為證券的發起者。這是因為，討論在交易所掛牌容易使人認為投資人可以獲利，導致代幣被歸類為證券的機率增加。

　　值得注意的是，雖然傳統股票交易所會對掛牌公司設下條件限制，例如定期公開揭露財報，但加密資產交易所通常不會有這類掛牌限制，加密資產交易所也不負有對掛牌代幣計畫發起者進行盡職調查的責任。有些加密貨幣交易所歡迎各種代幣掛牌，連俗稱「垃圾幣」（shitcoin）、成功機率很低的代幣都不介意，因為交易所可以抽交易手續費，並不在意計畫的素質或掛牌代幣的絕對價值。價格會上下波動，交易所就能賺錢。

## 代幣何時會和證券畫上等號？

　　先前我們討論過，計畫發起者認為代幣是金融證券或有可能被歸類為金融證券，會影響計畫發起者採取的行動。由於大部分的國家都對金融證券相關活動設下限制，代幣是否歸類為證券是件大事，這會影響那些對象能對代幣採取什麼樣的行動。注意，受管制的不是代幣，而是相關活動。

　　既然如此，人們如何決定哪些代幣屬於金融證券？在美國，有一套知名的測試方法，就是美國最高法院在一九四六年美國證券交易委員會訴豪威案（SEC vs. Howey），所開創的「豪威測試」（Howey Test）。法律網站 FindLaw 寫道[14]：

　　在豪威一案，有兩間列為被告的佛羅里達公司欲以不動產合約出售數片長有柑橘樹叢的土地。被告讓買家選擇是否願意出租向被告承購的土地，交由被告維護土地以及採摘、收集和販售柑橘。大部分的買家都不是農夫，不具備農耕專業知識，欣然接受將土地回租予被告的提議。

　　美國證券交易委員會就這幾筆交易對兩間公司提出告訴，主張被告因未提交證券登記聲明而違法。最高法院在判決過程中發展出一套劃時代的測試方法，可用於判斷交易是否為投資契約（從而必須遵守證券登記規範），並且認定被告的回租協議屬於證券形式。根據豪威測試，交易若符合以下條件，即為投資契約：

一、為金錢投資
二、投資可望獲利
三、金錢投資於一共同事業（common enterprise）
四、利潤之有無取決於發起人或第三方的努力

　　雖然豪威測試對條件的描述使用「金錢」（money）一詞，但後來投資標的範圍擴大到金錢以外的資產。

---

14 https://consumer.findlaw.com/securities-law/what-is-the-howey-test.html

　　所以，可以用豪威測試來判斷發行計畫中的代幣是否為「投資契約」。假如代幣屬於投資契約，根據《一九三三年證券法》（Securities Act of 1933）以及《一九三四年證券交易法》（Securities Exchange Act of 1934），這些代幣屬於證券，必須遵守美國對於相關活動的規定。

　　二〇一八年二月，瑞士金融市場監督管理局（Eidgenössische Finanzmarktaufsicht，簡稱 FINMA）發布準則[15]，表示代幣可能屬於下列其中一項至多項類別：

　　一、**支付型代幣**是加密貨幣的同義詞，不具其他功能，亦無連結至其他開發計畫。在某些情境，代幣可能僅具必要功能，在一定期間內成為可接受的付款工具。

　　二、**功能型代幣**是存取某種用途或服務的數位管道。

　　三、**資產型代幣**代表資產，例如作為參與實體標的物、公司或利潤流的證明，或是代表有權領取股息或利息。就經濟功能而言，這些代幣與證券、債券和衍生性金融商品類似。

　　FINMA 建議參照以下架構[16]，來判斷代幣是不是金融證券。依照目前的產業發展階段，分法頗為合理：

---

15 https://www.finma.ch/en/news/2018/02/20180216-mm-ico-wegleitung/

16 https://www.finma.ch/en/news/2018/02/20180216-mm-ico-wegleitung/

| | 預先融資和預售／代幣還不存在，但索取權可以交易 | 存在代幣 |
|---|---|---|
| 支付型代幣 ICO | ＝　證券<br>≠　受洗錢防制法規範 | ≠　證券<br>＝　受洗錢防制法規範的付款方式 |
| 功能型代幣 ICO | | ≠　證券（若僅作功能型代幣使用）<br>＝　證券（若同時或僅具投資功能）<br>≠　受洗錢防制法規範的付款方式（若為附屬代幣） |
| 資產型代幣 ICO | | ＝　證券<br>≠　受洗錢防制法規範的付款方式 |

　　二〇一八年六月，美國證券交易委員會企業融資處處長威廉・辛曼（William Hinman）在演講中表示[17]：

　　「根據我對以太幣、以太坊網絡和以太坊去中心化架構現行狀態的了解，目前提供和銷售以太幣並不屬於證券交易。將聯邦證券法規中的揭露制度套用於以太幣的現行交易似乎沒有太大價值，比特幣也是如此。」

　　他將某物（代幣）販售後再使用及銷售的方式區別出來。代幣可以具備功能，也可以符合投資契約的形式，也就是屬於金融證券的範疇。他解釋：

　　「豪威一案土地上的柳橙具有功能性。或用我最喜歡的例子來說，證交會曾在一九六〇年代晚期，對威士忌倉庫領據形式的投資契約提出警告。當時發起人將憑據賣給美國投資人，替蘇格蘭威士忌的熟成與調和工序募集資金。威士忌是實體物，而且對某些人來說功能

---

17 https://www.sec.gov/news/speech/speech-hinman-061418

極高。但豪威案不是販賣柳橙，倉庫領據發行者也不是販賣供飲用的威士忌酒。他們是販賣投資方法，購買人預期可從發起人投入的努力賺得利潤。」

這就表示，不論代幣的代表對象為何，代幣供給方式與供給之時代幣具備的功能才是重點。我們將會看到，這場重要演講影響了往後數年 ICO 的進行方式。

## 小結

雖然目前代幣產業還在發展初期，可以看出，這個產業正在逐漸成熟。

早期的 ICO 計畫會用細小的文字撰寫免責聲明，表示代幣並非投資工具或證券，希望藉此保護 ICO 計畫。有時候計畫發起者會以「捐贈」或「貢獻階段」來稱呼投資活動，設法不觸及法律敏感用語。投資人文件裡絕對不會有隻字片語，提及投資人對代幣的期望獲利。可惜，從這個角度著手的計畫發起人逐漸發現，用語為何並不重要，經濟現實才是關鍵。[18]

---

18 審定註：對投資人來說，ICO 存在不少風險，再加上新創公司的產品項目本身就有風險。我國金管會對此之態度明確，若 ICO 涉及有價證券之募集與發行，即須依證券交易法相關規定辦理。金管會在二〇一九年六月公布證券型代幣（Security Token Offering，STO）的研擬重點，並於二〇二〇年元月正式將之納入規範。

　　二〇一七年出現一股嘗試自律與建立業界標準的風潮。計畫發起人希望做對的事情,尋求監管明確化。今天,代幣發行產業涉及的金額非常可觀,監管機構和政策制訂者正在想辦法追上代幣銷售的腳步。這對產業成熟來說是好事,因為監管明確化能吸引資金,讓計畫有機會專心在商業活動上,而非把精力投注於法律不確定性。

　　監管機構正在釐清它們能接受和不能接受的情形,按照分類計畫發起者開始想辦法遵守或規避監管。不同的監管機構可能會有不同做法,給了計畫發起者一個機會,可以選擇最有利於運作的司法管轄區。我期待在接下來幾年看到更多計畫推出產品。我們已經知道如何量化代幣的價值了。但**代幣經濟**(tokenomic)是什麼,人們尚未完全描述清楚,也還了解不清。

Investing

投資

　　我要在這個章節提出幾點，幫助你思考加密資產是不是適合你的投資工具。這是一個刺激的市場，有人在加密資產市場裡賺大錢，也有人慘賠，當中存在許多風險。

# 訂價

　　我們能如何替加密貨幣或加密資產訂出價值？如果代幣可以索取標的資產（例如一盎司黃金），這些代幣的價格應該或多或少會跟著標的資產走。但是如先前討論，加密貨幣並非索取資產的代幣，背後也沒有支撐的機構。有沒有一種方法，能計算出加密貨幣的合理價值呢？

　　我們可以提出三個獨立問題：

　　**一、加密資產的當前價格為何？**

　　**二、是什麼因素影響價格變化？**

　　**三、價格應該是多少？**

# 加密資產的當前價格為何？

資產的當前價格取決於市場。加密資產會在一至多間交易所交易，每間交易所的價格和流動性可能不一樣。公告交易量最大的幾間交易所是判斷價格的好地方，因為這些交易所的交易最熱絡，流動性應該最高。在其他交易所，價格可能較高，也可能較低。

有許多網站會提供代幣當前價格和掛牌交易所的資料，coinmarketcap.com 是其中一個網站。進入 coinmarketcap.com 以後，先點選代幣名稱，再點選「市場」，你會看到代幣在哪些地方交易，以及交易所公告的交易量。注意，有些交易所曾經被抓到用假造的交易量吸引生意上門，我不確定這種做法是否已經絕跡……要小心！

# 是什麼因素影響價格變化？

加密貨幣與代幣價格像其他金融資產一樣會波動，因為買方和賣方的交易決定會受許多因素影響：[1]

一、心情——交易者對資產的感覺。

二、論壇和社群媒體網站上的流言和聊天內容。

三、技術進展——例如：區塊鏈成功執行技術升級，進而提升

---

1 審定註：除了作者所提的八種影響交易的決定因素外，金融界重要人士的態度亦有其影響力，例如股神巴菲特（Warren Buffett）就曾抨擊比特幣沒有任何實際價值。

實用性，或是 ICO 達成藍圖上的進度。

四、技術失敗──例如：交易速度趨緩，或是區塊鏈運作過程出現漏洞。

五、名人加持──例如：芭黎絲・希爾頓（Paris Hilton）在二〇一七年九月替 LydianCoin 背書，或是約翰・麥克菲（John Mcafee）偶爾會在推特上宣傳加密貨幣。

六、創辦人被逮捕──例如：Centra 代幣創辦人在美國被逮捕，代幣價格下跌六成。[2]

七、精心策劃的拉高倒貨手法──一群人先說好一起買進一種貨幣拉抬價格，說服別人跳進來用較高的價格入手，接著將貨幣賣給沒有警覺心的新買家。[3]

八、被持有特定代幣的大戶操弄。

---

2　http://www.coinfox.info/news/9186-centra-founders-arrested-in-us-token-dips-by-60

3　審定註：雖然掌握全世界百分之五十一的算力並不是件簡單的事，還有竄改區塊鏈資料的情事也不易發生；但根據二〇二一年十月 bitinfocharts.com 的資料指出，有百分之八十五・八八的比特幣是歸戶在百分之〇・三八的位址上，因此這些關鍵少數依然可能為了本身利益，透過倒貨或放送不實消息等方式影響市場價格。

 **Paris Hilton** ✓
@ParisHilton

跟隨 ⌄

期待參與新的 **@LydianCoinLtd** 代幣！
＃ 這不是廣告 ＃ 加密貨幣 ＃ 比特幣 **#ETH**
＃ 區塊鏈

2017年9月3日－下午2:28

819 轉推　　2,183 喜歡　

名人加持的例子 [4]

---

4　https://www.forexlive.com/news/!/china-gets-it-right-on-the-ico-market-20170904

# 價格應該是多少？

有一些人嘗試建立模型，希望能藉此算出加密貨幣和代幣的合理價格。其中有一種常見（但有瑕疵）的模型是用「黃金有多少金錢價值流入比特幣」，來估算比特幣的價值：

「若黃金（或其他類資產）的金錢價值有 x% 流入比特幣，則一顆比特幣的價值等於 $y。」

論點如下：在市面上流通的黃金總金額大約為八兆美元。若一小部分的黃金持有者，假設有百分之五（其實〇到百分之百，任何數字都行），出售黃金換美元，就會釋出大量金錢（在這裡是四千億美元）。若這些美元被用來購買比特幣，在市面流通的比特幣總金額——通常稱為市值（英文為 market capitalisation 或 market cap）——會同樣增加四千億美元。我們知道，在市面流通的比特幣約一千七百萬顆，算下來**每一顆**比特幣的價值增加兩萬三千五百美元（四千億除以一千七百萬顆）。

但邏輯錯了，金融市場完全不是那樣運作。「流入比特幣的金錢」不會直接轉換成比特幣的「市值」，理由很簡單：你購買一萬美元的比特幣，就會有別人賣出一萬美元的比特幣，因此「流入」金額正好等於「流出」金額（為了簡單化，這裡並不考慮交易手續費）。你購入比特幣時唯一發生的事，就是比特幣的所有權易主和某些現金的所有權易主。你花多少錢向別人買比特幣和比特幣的市值，兩者之間不具數學關聯性。

讓我們用反例和數字來證明這個邏輯的瑕疵……假設最近一筆交易的比特幣購買價格為一萬美元，市面上流通的比特幣共一千七百萬顆，所以比特幣的「市值」為：$10,000×17,000,000 = $170,000,000,000（一千七百億美元）。

現在，假設你想買下價值為十美元的少許比特幣，你能入手的最佳價格是每顆一萬零二美元。因此，你支付十美元，購入○‧○○○九九九八顆比特幣（$10 除以每顆 $10,002）。「市值」會有什麼變化？這樣算下來，市值為：$10,002×17,000,000 = $170,034,000,000。

買進少得可憐的十美元比特幣，卻讓市值增加三千四百萬！你並沒有「投入」三千四百萬美元，卻讓市值增加如此之多。顯然前面那是錯誤的論調。

儘管如此……如果有更多意願強烈的買家，不計成本高低都要購入比特幣，那麼比特幣的價格必然上升。同樣地，如果賣家願意以任何價格出售比特幣，價格會下跌。

我也聽過用「產生成本」來計算價格的論點：比特幣價格最少應該等於挖掘成本，因此挖掘成本會為比特幣訂出地板價，挖掘難度提高，比特幣的挖掘成本隨之提高，比特幣的價格也會隨之上揚。糟糕，這個說法也不對。一名礦工的成本（甚至所有礦工的總成本）與比特幣的市場價格並無關聯。比特幣價格會影響礦工的**利潤**，但沒有人規定礦工非拿到利潤不可。礦工收不到利潤終究會停止挖掘，但這並不會影響比特幣的價格。假設挖掘一盎司的黃金，花了我五千美元

的成本，這並不表示，黃金價格絕對從每盎司五千起跳。二〇一〇年，有一名暱稱為 ihrhase 的論壇用戶在貼文裡[5]，用鮭魚與德式酸菜奶昔的例子說明了這個道理：

| Ihrhase<br>初階成員<br><br><br><br>活動：42<br>積分：0 | 回覆：新交易所（比特幣市場）　　　　　　　#18<br>2010年3月3日，下午11:02:18<br><br>我得同意MH在另一串討論裡的意見，除非人們使用比特幣交易，否則比特幣不會具有真正的價值，如果你是想用比特幣和美元交易來衡量比特幣的價值，別人只要拋售比特幣、專買美元，市場就會被破壞殆盡。<br><br>如果比特幣市場無法提供用比特幣交換的實際商品和服務，比特幣注定失敗……<br><br>有些人對比特幣的價值取決於比特幣生產開支的概念深深著迷……<br><br>可是……<br><br>問題在於，如果沒有人們想要的商品，不管生產比特幣要花費多少成本，你都無法期望別人會用美元換比特幣……<br><br>這就像是在說，我花了\$X去製作鮭魚與德式酸菜奶昔，別人就該用\$X買下來。但是沒有人想喝鮭魚與德式酸菜奶昔，所以沒有人會買，連免費贈送都很有可能不要。 |
|---|---|

可惜，我到現在都還沒見過有哪個模型能適當解釋加密貨幣的合理價值。

要替 ICO 代幣訂價，**應該**比較容易吧。這類代幣將來可交換特定商品或服務，所以只要釐清商品或服務的價值，應該就能替代幣訂出價格了，對吧？

糟糕，事情永遠沒那麼簡單。發行代幣的 ICO 計畫會希望代幣

---

5　https://bitcointalk.org/index.php?topic=20.0

價格上漲，投資人也抱持這樣的心理。所以贖回方案永遠描述得很籠統，方案裡不會把**數量**講明。舉個例子，他們會說：「你將來可以用代幣存取雲端儲存服務。」不會說：「一枚代幣可讓你使用一百億位元組（10 GB）的雲端儲存空間一年，時間從二〇二〇年起算。」這是刻意採行的模糊策略。若發行者把商品或服務的**數量**描述得很明確，你就可以大致估算代幣的合理價格。但這麼做會使價格漲幅受限，導致代幣無法大幅飆漲（ICO 發行人和投資人真正想達成的目標）。我從沒見過有哪一份 ICO 白皮書，將代幣兌換標的的**數量**講得一清二楚。

## 功能型代幣的價格由誰掌控？

關於這個問題，我們似乎不需多想，就能給出「市場」或「買賣雙方」的答案，但既然發行人可以動點手腳去影響代幣價值，那就表示，這麼回答無法刻劃事情的全貌。代幣可購買的商品或服務數量在 ICO 初期不會講明，因此代幣價格會受到一般的加密貨幣市場力量影響，而且此時我們無法對合理市場價格進行基本分析（缺少「雲端儲存空間」的容量和使用時間，你無法訂價）。有些 ICO 計畫會在這段期間對自家代幣的價格施加影響，透過購入代幣的方式在下跌時拉抬價格。有些 ICO 計畫甚至會在白皮書提及這項策略。ICO 計畫通常會保留一定數量的代幣，以便在價格拉抬得太誇張時出售一些。基本上，他們就像自家代幣的中央銀行，會出手操控代幣價格。

之後，來到某個時間點，計畫必須決定：要用法幣或代幣訂價？

是一百億位元組（10 GB）的雲端儲存空間使用一年支付十美元，可依市場匯率，透過代幣支付？還是一百億位元組（10 GB）的雲端儲存空間，一年支付一枚代幣？

讓我們來分析一下這兩種選項。

## ▶ 以法幣訂價，代幣支付

採用這種算法，你的第一個念頭應該是代幣價格無關緊要。客戶持有的是法幣，當他們要使用服務時，會買進代幣並立刻兌換服務。由於過程可以自動進行，所以客戶不會知道背後還有這道程序。抱持這樣的論點，就好比比特幣匯款公司主張，公司的業務與比特幣價格並無關聯。

如果是這樣，代幣是好的投資工具嗎？或許是。代幣持有者向發行人兌換商品或服務，只要計畫發起者沒有重新發行代幣，也沒有用代幣兌換法幣，去支付員工薪資，那麼在外流通的代幣就會愈來愈少。數量減少可能會使代幣稀有，拉高代幣價格。若計畫的財務體質良好（不以轉售贖回代幣來償付成本），代幣會隨時間的推移愈來愈稀有，有機會進一步推升代幣價格。或許是這樣，但財務體質差勁的計畫必須不斷轉售代幣來彌補成本。所以實際上，公司的財務健康會對代幣的價格產生壓力。

## ▶ 以代幣訂價，代幣支付

這就太棒了：如果公司以代幣來替商品或服務訂價，公司就能掌控代幣的價值，就像航空公司掌控自家航班的飛航里程價值。怎麼

說呢？除了獨一無二的產品或服務，客戶都會對自己願意為產品或服務付出多少錢，或多或少有一些概念。想像一下，有一個競爭者以十美元販售類似產品。如果計畫發起者希望代幣有十美元價值，就會將產品訂價設為一枚代幣；如果他們希望代幣有二十美元的價值，就會將產品訂價設為〇・五枚代幣！競爭者的價格可幫助發起者為代幣訂立價格，只要產品之間或多或少可以替代，計畫發起者就能隨意掌控自家代幣的價值。不過他們應該要了解，這麼做會影響計畫的負債。在外流通的代幣是計畫的負債，產品價格從一枚代幣變成〇・五枚代幣，現有代幣持有者可兌換的產品數量就會翻倍。

當公司決定用代幣替產品訂價，此時代幣是一種好的投資工具嗎？可能是吧。在計畫創辦人無法快速退場的前提下，由於創辦人手中也持有代幣，所以他們有讓代幣價格保持在高檔和相對穩定位階的金錢誘因。

可知用代幣來替服務訂價，計畫發起者更能掌控代幣的價格。我預估，只要計畫沒有先因為違反證券法規而被關閉，我們就會看見，逐漸邁向成熟的計畫開始用代幣來訂價。

安舒曼・梅塔（Anshuman Mehta）曾經嘗試在自己的部落格上[6]，替虛構的功能性代幣訂價，他的結論是：「在法幣的世界裡，代幣的市場或代幣交易價格，與代幣的用途和流通速度完全脫鉤。」

---

6　https://medium.com/@anshumanmehta/futility-tokens-6b8283c977a9

# 風險與減輕措施

## 市場風險

　　加密資產的價格波動劇烈，有許多已經降到零。在撰寫本書時，deadcoins.com[7] 列出超過八百種價格跌至零的貨幣。我預估數字會繼續上升。加密資產的價格有可能跌至零或接近零。受歡迎的加密貨幣比較不會落入這種處境；時間、重大駭客事件或是漏洞遭到利用，都有可能隨時導致人們對資產信心全無。

## 流動性風險

　　流動性風險是市場無法支持以預期價格交易的風險。不管什麼市場，流動性來來去去。比較不受歡迎的貨幣流動性較低，表示大單買進或賣出會讓市場朝你希望的相反方向發展，力道比你預期的還要強勁。

　　比較不受歡迎或具監管不確定性的幣種，也會有被交易所下架的風險，導致貨幣流動性下降。例如，Poloniex 交易所（Poloniex

---

7　https://deadcoins.com/

Exchange）就曾經在二〇一八年五月，宣布下架十七款代幣：

## 交易所風險

將資產放在交易所裡是很便利的做法，因為你不需要處理私密金鑰，而且可以快速交易資產。但交易所替客戶保管資產的安全性紀錄很差，幾乎所有交易所都曾經被駭客入侵過。麥可・馬修斯（Michael Matthews）以一份清單[8]，列出二〇一二到二〇一六年間加密貨幣交易所遭駭的事件：

| 日期 | 被鎖定的比特幣服務 | 遭駭情形 | 遭竊比特幣 | 美元價值 |
|---|---|---|---|---|
| 二〇一六年八月 | Bitfinex（交易所） | 用戶錢包／監守自盜 | 119,756 | $66,000,000 |
| 二〇一六年五月 | Gatecoin（交易所） | 熱錢包 | 多種貨幣 | $2,000,000 |

8　https://steemit.com/bitcoin/@michaelmatthews/list-of-bitcoin-hacks-2012-2016

| 日期 | 被鎖定的比特幣服務 | 遭駭情形 | 遭竊比特幣 | 美元價值 |
|---|---|---|---|---|
| 二〇一六年三月 | ShapeShift（交易所） | 監守自盜 | 多種貨幣 | $230,000 |
| 二〇一六年三月 | Cointrader | 熱錢包 | 81 | $33,600 |
| 二〇一六年一月 | Bitstamp（交易所） | 熱錢包 | 18,866 | $5,263,614 |
| 二〇一五年二月 | Bter（交易所） | 冷錢包／監守自盜 | 7,000 | $1,750,000 |
| 二〇一五年二月 | Exco.in（交易所） | 冷錢包／監守自盜 | 無資料 | 無資料 |
| 二〇一五年二月 | Kipcoin（交易所） | 冷錢包／監守自盜 | 3,000 | $690,000 |
| 二〇一五年二月 | 796（交易所） | 冷錢包／監守自盜 | 1,000 | $230,000 |
| 二〇一五年一月 | Bitstamp（交易所） | 熱錢包 | 19,000 | $5,100,000 |
| 二〇一五年一月 | Cavirtex（交易所） | 用戶資料庫遭竊 | 無資料 | 無資料 |
| 二〇一四年十二月 | Blockchain.info（錢包） | 用戶錢包（程式錯誤、R值） | 267 | $101,000 |
| 二〇一四年十二月 | Mintpal（交易所） | 監守自盜 | 3,700 | $3,208,412 |
| 二〇一四年八月 | Cryptsy（交易所） | 監守自盜 | 多種貨幣 | $6,000,000 |
| 二〇一四年三月 | Flexcoin（錢包） | 熱錢包 | 1,000 | $738,240 |
| 二〇一四年三月 | CryptoRush（交易所） | 冷錢包／監守自盜 | 950 | $782,641 |
| 二〇一四年一月 | Mt.gox（交易所） | 熱錢包及冷錢包／監守自盜 | 850,000 | $700,258,171 |
| 二〇一三年十二月 | Blockchain.info（錢包） | 雙因素驗證漏洞 | 800 | $800,000 |
| 二〇一三年十一月 | Inputs.io（錢包） | 冷錢包／監守自盜 | 4,100 | $4,370,000 |
| 二〇一三年十一月 | BIPS（錢包） | 冷錢包／監守自盜 | 1,200 | $1,200,000 |
| 二〇一三年十一月 | PicoStocks（交易所） | 冷錢包／監守自盜 | 6,000 | $6,009,397 |
| 二〇一二年三月 | Linode（網頁代管服務） | 監守自盜 | 46,703 | $228,845 |

從這份分析表可以看見交易所會被外來駭客入侵，但交易所員工偷竊客戶的加密貨幣也時有所聞。

萊恩‧麥吉漢（Ryan McGeehan）在他的網站「區塊鏈墳場」（Blockchain Graveyard）[9]，根據公開資訊，列出安全漏洞與偷竊事件的起因。

根本原因分析顯示，交易所遭駭可分成幾種情況：

### 根本原因推估

以下資料約來自五十六起事件的公開資料，有助於風險模型的估算。

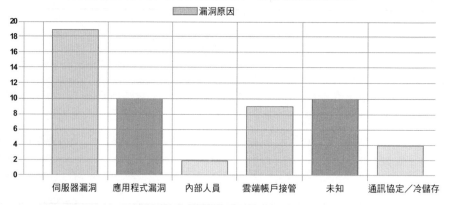

遭駭是會影響交易所存亡的嚴重威脅。因此一流的交易所對安全性非常看重。儘管如此，從謹慎角度來看，你最好只在必要時使用交易所的服務，而且要在交易過後，立刻把款項提領出來。建議你，只在交易所存放遺失也無妨的金額。

---

9 https://magoo.github.io/Blockchain-Graveyard/

交易所和交易所用戶也有可能涉足非法或不道德的活動。這些從量售金融市場產業學來的把戲包括：

- **粉飾行情**：指交易所利用不同對象間反覆交易，以人為方式使交易活動更熱絡。這種「虛假的交易量」會吸引其他客戶投入交易。

- **誆騙**：這是掛假的委託單並在配對成功前撤單的招數，可用來哄抬或拉低價格。

- **搶先交易**：交易所可以看到客戶的掛單，並利用這份資訊，在客戶的委託單被接受前搶先交易。

- **執行停損**：有一些客戶會掛「停損單」，這是其他客戶看不見，但交易所看得見的委託單。可以看見客戶停損單的內部人員，可以利用這項資訊和客戶對做。這種操弄手法，常見於外匯市場。

- **假造流動性**：交易所可以掛出「無法成交」的委託單，這種委託單會在客戶嘗試配對時消失，或只能成交一部分的交易，讓交易所的流動性看起來比實際高。

交易所或客戶有可能在交易所管理階層未留意時使出許多其他的招數。不同交易所的專業程度有別，有很多是狡猾的交易所，你要自己做好功課！

## 錢包風險

　　使用錢包可以享受方便性，卻有可能降低安全性。透過電腦或智慧型手機運作的線上加密貨幣錢包很方便，因為付款很容易。但我不建議你把私密金鑰儲存在會接觸網際網路的裝置上。有些人會把小額加密貨幣存放在手機錢包，方便立即付款，但我要再次提出建議，手機錢包最好只存放遺失也無妨的金額。[10]

　　以前人們經常採行冷儲存的做法，把私密金鑰印在紙張上（前面介紹過），但這樣付款很麻煩。現在則有在安全性和便利性之間取得最佳平衡的硬體錢包。但軟體會有可能被利用的程式錯誤或漏洞，不管哪種錢包，還是存在風險。許多錢包採取開放原始碼的做法，讓開發者和安全性專家了解錢包的運作方式，對錢包沒有弱點感到安心。可是這麼做，駭客也會對錢包的運作方式瞭若指掌。

## 監管風險

　　加密貨幣和代幣的監管作業正在逐步地演進。想要投資一項資產，我們有必要盡可能地詳加了解這項資產的本質。ICO 在許多司法管轄區都屬於灰色地帶，有些計畫可能會被視為從事非法管制活動，有其風險。

---

10 注意：我在表達時誤寫成「將一點點代幣存放在錢包」，不是寫「只管一點點代幣的私密金鑰」，但我想現在大家應該都懂我的意思。

　　司法管轄區和加密資產的所屬類別、你要對加密資產採取的行動，這些差異也會影響你要考量的稅務問題。資產記錄在區塊鏈上，並不代表你不必遵守稅法規範！

## 詐騙

　　最後，受加密貨幣產業的本質影響，詐騙相當猖獗。大肆吹捧、技術複雜、監管不確定性，加上天真的投資人妄想快速致富，營造出讓詐騙份子橫行的環境。一些常見的詐騙手法包括：

- **龐氏騙局**：承諾投資人可獲得豐厚報酬，拿新投資人的錢付給舊投資人。

- **捲款潛逃 [11]**：計畫創辦人、錢包、交易所或投資計畫拿了客戶的錢就跑了。

- **假駭客**：計畫團隊找人發起駭客攻擊並與對方共享利益。

- **拉高倒貨**：詐騙份子用便宜價格買進流動性不佳的貨幣，然後在社群媒體上大肆吹捧，以拉高的價格賣給新的投資人。

---

11 審定註：隨著 Netflix 韓國原創劇「魷魚遊戲」（Squid Game）在全球爆紅，有些加密貨幣的專案發起人看準這波熱潮，順勢推出同名的「魷魚遊戲代幣」（SQUID）。SQUID 遊戲代幣從二〇二一年十月二十八日低點〇・〇八五美元，僅以一天的時間爆漲三千二百％，來到二・七七美元，更在一星期內狂漲逾二萬七千八百％。豈料情況急轉直下，突然崩跌九十九・九九％，從歷史高點兩千八百五十六・六四美元跌至幾乎歸零的程度。全球最大的加密貨幣交易所「幣安」更認定 SQUID 是惡意詐騙，在專案發起人疑似捲款潛逃之後，對司法管轄機構提供調查資料。

- **ICO 詐騙** [12]：用 ICO 募集資金卻無意推出產品。有時，ICO 會把知名業界專家列為計畫顧問或團隊成員，來增加可信度，但該名專家並不知情，或掛名一事未獲專家同意。

- **移花接木**：複製真的 ICO 網站，拿掉真正的匯款地址，擺上詐騙份子的匯款地址。

- **挖礦機制詐騙**：聲稱投資人能賺進大量加密貨幣，卻未揭露難度提高這類的關鍵資訊。

- **假錢包**：詐騙份子透過錢包軟體去存取私密金鑰，藉此竊取用戶的錢幣。

詐騙手法不只這些，而且還有許多變化版本，詐騙份子已經愈來愈有創意了！

希望這一章能帶你好好深思。加密貨幣交易和 ICO 投資能讓人賺大錢，也能讓人慘賠，當中存在許多風險。如果你真的決定參與，一定要謹慎，多做研究才投入金錢。

---

12 審定註：目前火紅的各種遊戲代幣，其實就是當年 ICO 的翻版；投資人可以利用以太幣購買各種代幣做為日後的其它用途。根據當年 Bitcoin.com 的網路統計，在二○一七年共有九百零二件 ICO 專案，其中的一百四十二件專案在募資開始前就宣告失敗；一百一十三件專案的狀態久未更新，恐將面臨失敗；兩百七十六件專案在完募資金後，完全沒有推出任何產品就消聲匿跡。這些被列為失敗的專案佔整體 ICO 比例約五十九 %，總投入金額共計二・三三億美元。ICO 失敗的比例其實不比傳統創業投資（venture capital）失敗的比例高，但因不少 ICO 專案一開始就不打算真正開發產品或服務，只想惡意吸金，因此導致 ICO 投資人紛紛走避，逐漸將 ICO 視為洪水猛獸。

時空來到二○二一年，各種遊戲代幣也讓人懷疑其單純炒作的目的。隨著比特幣開發出支付功能之外，伴隨更多應用方式的可能性，歷史是否會不斷的重演？答案應該是顯而易見的。各位對於加密貨幣投資有興趣的讀者，都應該多花一些時間去細讀各項加密貨幣的白皮書、代幣經濟學、或是治理框架，以降低投資伴隨的風險。

Part

# 9

Conclusion

# 總結

# 總結

　　我在這本書裡嘗試說明比特幣和區塊鏈的基本原理，希望各位讀者都輕鬆跟上書中內容。我想，至少給予讀者能進一步探索的概念和術語，或許在你心中，點燃了從來沒有的好奇心。

　　雖然眾人極力吹捧，但我們必須了解，包括加密貨幣、商業區塊鏈和資產代幣化在內，區塊鏈產業的發展都還處於非常早的階段。這個產業似乎已有兩項重大成就：

　　一、新的抗審查金融資產、價值轉移方式和透明的自動化作業。
　　二、新的企業間資料與資產轉移技術。

　　我們可以分別將這兩項成就看成是「加密技術」和「區塊鏈」的故事。

　　公開區塊鏈正在營造一股新的風潮，帶動抗審查的數位資產和無法阻擋的自動化運算方式。史上第一次，人們不需要特定第三方的允許，就可以透過電子化的方式讓價值在世界各地流通。款項可以匯入保證產生特定結果、公開透明的智慧合約，不需要人工操作，也不需要相信第三方會依承諾行動。從線上小額付款到匯款、募資和記錄，人們正在探索公開區塊鏈的各種用途。

　　公司行號投資私人區塊鏈和公開區塊鏈，想要了解能否透過這些技術降低成本和風險、提高收益或建立新商業模式。相較於公開區塊鏈，私人區塊鏈是較為近期的概念，正在快速發展和改良。這些多方資料庫系統可望去除重複程序，使數位資產和紀錄在公司行號間自由移動，降低人們對收費昂貴的中介機構的依賴。

# 未來

這些區塊鏈是泡沫或一時風潮嗎？在我看來並非如此。公開和私人區塊鏈各自扮演不同角色，將會繼續演進，並以今時今日的人們或許根本無法想像的方式帶來價值。

在公開加密貨幣產業，隨著代幣創造吸引開發者和其他工作人員的金錢誘因，創新活動的腳步會繼續加快。受歡迎的加密資產價格上漲，創新的速度和強度也會提高。許多開發者本身也持有加密貨幣和代幣，所以他們有促使計畫成功的直接金錢誘因。比起傳統新創公司裡通常僅持有少許股權的員工，這些開發者的動力甚至更強。

我們將會繼續看見資產、產品和服務的代幣化。電腦遊戲是代幣化的好對象。想像一下，你可以擁有知名玩家用來打敗對手的獨特寶劍。想像一下，你可以擁有世界盃電競足球決賽踢過的簽名數位足球，或擁有高人氣角色在比賽中穿過的數位球衣。一個廣大的數位收藏品市場將會成形。當電玩遊戲和加密資產匯聚一堂，將會打造令人興奮不已的好機會和新市場。電競和加密資產是一種趨勢，並非一時興起的風潮，與之抗衡非明智之舉。[1]

---

1 在電競議題上，有些人會嘲笑或霸凌喜歡看別人打電玩或把最愛的角色穿上身找樂子的人。這群嘲笑或霸凌別人的人，也只會看著別人在草地上踢球、看著別人精心打扮成最愛的足球員、看著別人唱歌，假裝自己是別人。

　　ICO 會繼續受到人們歡迎，最佳的實務做法和投資人常見的期待會開始為這個產業形塑標準。或許有一天，我們可能會想出評估代幣價值的方法，法規會愈來愈明確，進而帶動目前還在場邊觀望的人們投入參與。

　　不論日後比特幣、以太幣和其他加密貨幣的價格是否趨於穩定，世界上總會出現與法定貨幣兌換價格穩定的加密資產[2]。我們可以稱這些加密資產為**穩定幣**（stablecoin）[3] 或**加密法幣**（crypto-fiat）[4]。法定貨幣（或幾乎等於法幣的貨幣）將會代幣化和記錄於區塊鏈。至於這些代幣化的**加密法幣**應由中央銀行、銀行、電子貨幣商發行，或透過某種方式由智慧合約管理，尚無定論。有一些計畫正嘗試在公開和私人區塊鏈上，打造這類價格穩定的代幣。穩定的加密資產將會開啟另一輪創新週期。

　　但是，交易量和吞吐量增加使公開區塊鏈遇上蛻變的陣痛。最近這幾年，比特幣和以太坊都曾有過礦工處理交易速度不夠快，導致交易累積消化不了而承受壓力的時期。工程師正在想辦法解決這些問

---

2　例如，一枚代幣的交易價格接近一美元。

3　審定註：穩定幣（stablecoin）為錨定法幣的加密貨幣。法幣儲備支持的穩定幣在發行時，背後必須有一比一的法幣作為擔保。由 Tether 公司推出的穩定幣始祖：USDT，至今已發行一百五十五億美元，占比約百分之七十四；Coinbase 與高盛旗下的 Circle 共同發行了 USD Coin（USDC），發行量約二十六億美元。

4　審定註：作者所稱的加密法幣（crypto-fiat）即為近年各國討論的中央銀行數位貨幣（Central Bank Digital Currency，CBDC）。各國尚在討論 CBDC 的具體實現方式，但亦有可能不會採用區塊鏈技術。目前一些人口較少的國家，如巴哈馬、東加勒比等國家的中央銀行研擬發行 CBDC 做為電子支付工具，其目的不外乎是為了促進聯合國倡議的普惠金融（Inclusive Financing）；不過電子支付也有一定的資訊技術門檻，所以 CBDC 是否能在這些國家實驗成功尚存在高度不確定性。

題，加入「分片」和「狀態頻道」（state channels）這一類的概念，有助於公開區塊鏈的擴展。

分叉和區塊鏈分裂會混淆視聽，衍生更多問題（哪一條是「真正的」區塊鏈？哪一條是分叉？）。工作量證明需要消耗大量能源，正在汙染地球。以太坊可能會從工作量證明轉移到權益證明，權益證明是能源消耗較不密集的區塊寫入機制。假如成功了，其他區塊鏈或許會跟進。

隨著區塊鏈上記錄的價值愈來愈高，治理議題的重要性也會攀升。有些使用者可能不會接受缺乏正規管理的平臺。公共帳本「赫德拉雜湊圖」（Hadera Hashgraph）正在嘗試對公開可存取的分散式帳本套用正規管理架構。

公司行號會使用私人區塊鏈，可能先在小團體推動特定用途，然後這些小型私人區塊鏈遲早會集結，形成更大的網絡，就像網際網路從一個一個私人網絡演變而來。

以數位形式呈現的資產和紀錄，將會使所有權的變化速度跟寄電子郵件一樣快，不僅步驟減少，成本也降低了。我們將知道如何用這項技術帶文件跨越組織的藩籬，例如：發票、訂單、裝箱單、來源證明書、保證書、健康紀錄、租賃協議等……族繁不及備載。這些文件都是可以用代幣在分散式帳本上呈現的資產，以數位簽章大幅加強保障文件的真實性。其中，有許多數位文件只能用代幣來代表一次，供適當參與者檢視最新版本。

　　不論組織內，抑或組織間，當資料集需要從一套系統傳送到另外一套系統，接收的系統都必須要能確定自己收到完整資料，而且資料不能在傳送過程損毀。銀行業務經常遇到這種狀況——尤其發生在一長串交易名單要從一套系統傳至另一套系統的時候。銀行通常會有一道稱為控制程序的流程，用來調和傳送系統和接收系統之間的資料。調和也是需要設置及監督的程序。假如資料集前筆交易的參照資料（即雜湊值），可以納入下筆交易的記錄和發送過程，那麼接收系統就能確定接收到的是**完整的**交易**資料集合**，而且**交易資料**不曾被人在無意間變更或惡意竄改。這就表示，接收系統不需與傳送系統調和資料，即可確定資料的完整性和正確性。

　　在未來，透過非區塊鏈技術傳送跨組織的文件或資料，再去管理這些文件或資料，幾乎沒有什麼意義。

　　這些進展會讓國內和跨境業務的進行速度加快。不僅衝擊金融服務業（以資產移動為主要業務），也深刻影響實體經濟。

　　智慧合約將開啟企業間自動化作業，這在從前絕無可能。目前自動化作業通常止步於跨公司文件傳送，因為當文件需要橫跨不同的公司，這些公司行號必須確認對方遵循該筆交易的規範。有了智慧合約，這些規定就可以自動執行和驗證，使重複程序的效率大幅提升，甚至刪除重複程序。

　　區塊鏈可實現多項帳本內容同時變更（否則完全不變）的**原子**交易。原子一詞是指變更內容捆綁在一起、無法分割。當兩間銀行進行交易（或許是一間銀行向另一間購買債券）會發生兩件事：債券所

有權易主、現金所有權易主。目前這些交易內容記錄在不同帳本，不見得兩本帳都有正確的紀錄。如此一來會產生作業風險，可能導致嚴重的金融災難。[5] 區塊鏈上可以建立原子交易，同時記錄現金和債券的所有權變更事項。交易要不整筆完成，要不整筆取消，絕對完整。這個概念在金融圈稱為「銀貨兩訖」（delivery vs payment）。古往今來，人們之所以付錢請代理人辦事，為的就是確保銀貨兩訖。現在區塊鏈技術提供辦到這點的**高科技**方法。除了降低整個商業生態體系的風險，使其運作更為順暢，採用這套方法以後，也不再需要付錢請第三方提供信託付款服務。

「特殊目的貨幣」可開發潛在用途，例如，確定捐款或慈善捐贈合法匯入事先約定的帳戶。這將對社會和經濟產生影響，我們有必要了解如何以合乎道德的方式運用這些工具。

起初，私人區塊鏈會像今天一樣運用於某些業務，創造更好的效果、更快的速度、更低廉的成本，改善公司行號的**互動方式**。之後方向轉變，公司行號會開始發展自己的流程。私人區塊鏈會改變公司行號的**行動**。從前不可或缺的中介機構將會退場，他們的商業模式將無足輕重。交易成本因此降低，價值回歸實體經濟，發展曲線會與一九八〇年代，桌上型電腦運用於商業的情形相似。起初，桌上型電腦

---

5 知名案例有涉足外匯交易的德國銀行「赫斯特銀行」（Bank Herstatt）。一九七四年六月二十六日，赫斯特銀行從若干交易對手收到德國馬克，這些交易對手預期會在當天的美國市場營業時間收到對應的美元款項。但赫斯特銀行在匯出美元之前破產了，因此匯出德國馬克的交易對手並未收到美元款項。這起事件催生了巴塞爾銀行監理委員會（Basel Committee on Banking Supervision；以巴塞爾最低資本要求聞名）以及外匯連續聯結清算系統（CLS）。

的用途是將個人的現有工作流程自動化，爾後人們開始看見，桌上型電腦為不同的可能性開啟嶄新世界。

區塊鏈技術最有可能瓦解金融服務業。在區塊鏈誕生之前，人們仰賴第三方中介機構記錄數位資產。記載金錢事項的帳本被銀行掌控，記錄股票的帳本被股票託管機構掌控；資產永遠在第三方手裡──你永遠無法真正以數位的方式持有和直接掌控自己的金融資產。金融服務業有各式各樣的中介機構，他們掌握了你的資產。他們記錄誰持有什麼資產、負責預防雙重支付。這些工作為中介機構帶來豐厚報酬，成為你必須負擔的成本。在加密資產這邊，雖然有風險，但你可以真正持有和控制自己的資產。區塊鏈就是帳本。可知區塊鏈技術的運用一定會使中介機構減少，整體而言應是好事一椿。金融中介機構減少，代表對實體經濟抽成的公司減少。

公開和私人區塊鏈的分野可能會逐漸模糊，資產也有可能在兩條區塊鏈之間輕易來去，彷彿選擇哪條區塊鏈只是偏好問題，跟你用什麼裝置查看電子郵件一樣不重要。

我們已經看見去中介化踏出第一步。ICO 在沒有銀行的介入下，讓龐大金額在世界各地流通。我個人曾在二〇一六年六月，替遭到查封的兩萬五千顆比特幣犯罪利得安排保管事宜。當時這些比特幣總值一千六百萬澳幣[6]，由專門託管公司 EY 負責保管一個月，之後轉移給國際競標中勝出的買家。過程中並未付款給銀行，也不需要收費銀行存在。

6　https://www.ft.com/content/7353e8a0-2638-11e6-83e4-abc22d5d108c

　　金融中介機構連忙採用區塊鏈技術，希望了解如何發展適合新環境的商業模式。身處瓦解風險卻深具遠見的公司早已卡好位，在新生態體系有了新角色。

　　不論你支持的是公開區塊鏈，還是私人區塊鏈，不論你是否相信特定加密貨幣能否長久發展，不論你認為去中心化是好是壞，這個產業絕對會為社會帶來非常有意思的元素，或許會徹底改變一個社會。這些工具的用途好壞，取決於技術如何運用、由誰運用，以及用在何處。

# Appendix
# 附錄

# 美國聯準會

　　美國聯準會不是一間中央銀行，而是中央銀行**體系**，包含三大部分：十二間地區聯邦準備銀行、聯邦準備理事會和聯邦公開市場委員會（Federal Open Market Committee，簡稱 FOMC）。

　　維基百科的介紹如下 [1]：

　　聯邦準備制度包含不同層級，由總統任命的聯邦準備理事會加以管理，聯邦準備理事會又稱理事會（FRB）。十二間設立於美國各大城市的地區聯邦準備銀行，負責監督美國的私人銀行會員。國家特許商業銀行必須持有各地區聯邦準備銀行的股份，因此這些銀行有權選出董事會成員。FOMC 制訂貨幣政策，成員包含理事會全體七位理事及十二位地區銀行總裁，不過每段任期僅由五位銀行總裁投票——分別是紐約聯邦準備銀行與其他地區聯邦準備銀行的總裁，除了紐約之外，其他地區的銀行總裁任期一年，輪流擔任。

　　我們有時會說「大」聯準會（big Fed）和「小」聯準會（little Fed）。「大」聯準會通常是指**聯邦準備理事會**（簡稱「理事會」）或 FOMC。「小」聯準會是指十二間地區聯邦準備銀行。

---

1　https://en.wikipedia.org/wiki/Federal_Reserve_System

# 大聯準會

## ▶ 理事會

根據聖路易聯邦準備銀行的資料[2]，理事會負責指引聯準會的政策行動，最多由七位理事組成，由美國總統任命、參議院批准。截至二〇一八年六月，僅有三位理事指引聯準會的政策行動[3]。

## ▶ 聯邦公開市場委員會（FOMC）

FOMC 是負責提升或調降利率的機構。聖路易聯邦準備銀行這樣描述 FOMC：

……聯準會的貨幣政策主要負責機構。由七名理事會成員、紐約聯邦準備銀行總裁和其他四名任滿一年輪替一次的聯邦銀行總裁負責投票。

芝加哥聯邦準備銀行的描述[4]：

聯準會的貨幣政策目標是培養同時有益物價穩定和最高持續就業率的經濟條件。

物價穩定是什麼意思？ FOMC 的目標為制訂一套貨幣政策，將年度消費者物價指數維持在百分之二。這個數字看似很低，卻足以對人民的一生產生重大影響。最高穩定就業率目標則是設在：百分之九

---

2　https://www.stlouisfed.org/in-plain-english/federal-reserve-board-of-governors

3　https://www.federalreserve.gov/aboutthefed/bios/board/default.htm，擷取日期二〇一八年六月五日。

4　https://www.chicagofed.org/research/dual-mandate/dual-mandate

十五‧四的就業率，或百分之四‧六的失業率。

　　FOMC 負責監督公開市場的運作和制訂相關政策，這是美國貨幣政策的主要工具。FOMC 每年召開八次委員會，約每六週開會一次。投票成員至多十二名，但截至二〇一八年六月，僅任命八名[5]。

## 小聯準會

　　「小聯準會」是十二間單獨成立的地區聯邦準備銀行（地區聯準會），其總部設在波士頓、紐約、費城、克里夫蘭、里奇蒙、亞特蘭大、芝加哥、聖路易、明尼亞波利斯、堪薩斯、達拉斯以及舊金山等城市。

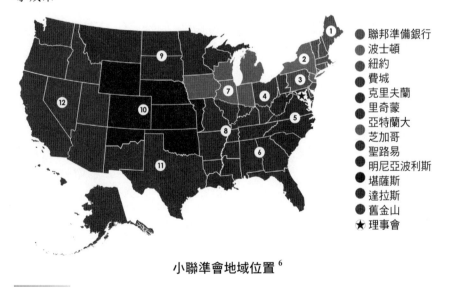

● 聯邦準備銀行
● 波士頓
● 紐約
● 費城
● 克里夫蘭
● 里奇蒙
● 亞特蘭大
● 芝加哥
● 聖路易
● 明尼亞波利斯
● 堪薩斯
● 達拉斯
● 舊金山
★ 理事會

**小聯準會地域位置[6]**

5　https://www.federalreserve.gov/monetarypolicy/fomc.htm，擷取日期二〇一八年六月五日。

6　https://www.federalreserve.gov/aboutthefed/structure-federal-reserve-banks.htm

地區聯準會負責在自己的地區範圍監督和審查會員銀行的狀態、借款給存款貨幣機構、提供關鍵金融服務（例如銀行間付款系統）以及審查特定的金融機構[7]。他們也為美國政府提供現成的貸款來源，而且是聯邦貨幣的安全保管機構[8]。

根據聖路易聯邦準備銀行的資料[9]，地區聯準會不屬於美國聯邦政府，而是以私人企業的形式成立。股東是私人銀行部門的銀行，可在地區聯準會賺錢的年度，從地區聯準會領到百分之六的免稅股利。事實上，國家特許銀行必須依照銀行規模購入一定數量的股票。被迫持有央行股份和領取毫無風險的保證股利，能當這樣的銀行真是不錯！[10]

下方圖表[11]呈現聯準會目前的全貌：

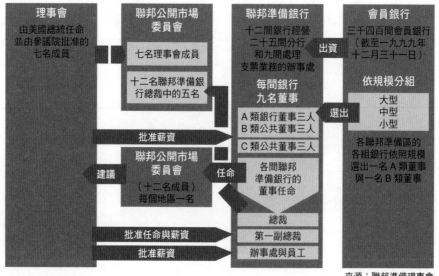

來源：聯邦準備理事會

# 致謝

若非得到許多人的支持，本書無法實現。

在這趟旅程中，無論我是否始終同意對方的看法，我都受到了各種不同觀點的影響，感謝這些人士在網路上無償與全世界分享知識和見解。我尤其喜歡以下諸位人士分享的內容[12]：蓋文·安德列森（Gavin Andresen）、安德烈亞斯·安東諾普洛斯（Andreas Antonopoulos）、理查·甘道爾·布朗、維塔利克·布特林、吉迪恩·格林斯潘（Gideon Greenspan）、伊恩·葛利格（Ian Grigg）、戴夫·哈德森、伊莎貝拉·卡明斯嘉（Izabella Kaminska）、拉斯蒂·羅素（Rusty Russell）、提姆·史旺森[13]、羅伯特·薩姆斯（Robert Sams）、艾明·古恩·席勒（Emin Gun Sirer）、安潔拉·沃奇。

7　https://www.federalreserve.gov/aboutthefed/structure-federal-reserve-banks.htm

8　https://en.wikipedia.org/wiki/Federal_Reserve_Bank

9　https://www.stlouisfed.org/In-Plain-English/Who-Owns-the-Federal-Reserve-Banks

10　https://newrepublic.com/article/116913/federal-reserve-dividends-most-outrageous-handout-banks

11　來源：作者 Kimse84，https://commons.wikimedia.org/w/index.php?curid=25448710

12　我其實注意到這份名單裡只有兩位是女性——反映出早期這門產業性別不均。今天，業界的女性佼佼者愈來愈多，我也期待向這些專家學習。

13　我要特別感謝提姆為本書若干章節提供詳細的意見回饋，以及他在這些年的不吝指教。

還有其他慷慨的朋友為我花費時間和提供專業知識：德姆・葛拉罕（Drew Graham）、瓦倫・米鐸（Varun Mittal）總是在我需要協助和靈感時，從 Whatsapp 通訊程式另一端快速回覆我的訊息；此外，加密資產聊天室裡總有一些業界專家老是馬上跳出來，不假思索地罵我或說些無禮的話，謝謝你們。

由衷感謝芒果出版社（Mango Publishing）的團隊付出心血，使本書成真，我要謝謝：艾許莉（Ashley）、漢娜（Hannah）、瑪利歐（Mario）、米雪兒（Michelle）、娜塔莎（Natasha）、羅伯托（Roberto）、克里斯（Chris）和其他幕後工作人員。雨果（Hugo），謝謝你願意冒險和對我有信心。

莎拉，我在咖啡廳寫書，一坐就是好幾個小時，謝謝你在那些時候照顧孩子們，也謝謝你時不時提醒我真實生活中，為人夫和為人父所必須承擔的責任。

最後，要謝謝我的父親凱文（Kevin）在一開始對加密貨幣沒有太大興趣，也沒有太多專業知識下，願意花許多時間潛心替我編修文稿！老爸，你現在是比特幣專家了。

有這麼一個去中心化聚落的存在，一本討論加密貨幣的書籍才得以付梓。

# 作者介紹

安東尼・路易斯（Antony Lewis）

二〇〇七年，安東尼在巴克萊資本公司（Barclays Capital）擔任即期外匯交易員並開啟了他的銀行業的職業生涯。隨後分別於瑞士信貸（Credit Suisse）倫敦分行和新加坡分行擔任技術專家。

二〇一三年，安東尼受比特幣會議的啟發，醉心比特幣和區塊鏈技術，辭去在新加坡傳統銀行體系的工作，加入一間名為 itBit 的小型新創公司。itBit 網站是供客戶買賣比特幣的比特幣交易所，也是在加密貨幣產業發展初期，第一波獲得創投資金挹注的公司。

二〇一五年，在 itBit 二度獲得創投資金挹注並將總部搬遷至紐約之後，安東尼離開 itBit 為客戶提供私人顧問服務，並且撰寫文章、經營工作坊，向好奇的專業人士解釋這項新技術。

二〇一六年，安東尼加入 R3，一間為了共同探索區塊鏈技術益處所成立的金融業聯合組織。擔任研究總監的安東尼負責研究開發以及向客戶、政策制訂者和社會大眾說明這些與時俱進的概念和技術。

安東尼與妻子莎拉和兩名兒女居住於新加坡。推特帳號為 @antony_btc，部落格網址 www.bitsonblocks.net。

國家圖書館出版品預行編目資料

加密貨幣聖經：數位貨幣、數位資產、加密交易與區塊鏈的過去
與未來／安東尼‧路易斯（Antony Lewis）著；趙盛慈 翻譯
– 初版 . -- 臺北市：三采文化，2022.4
面： 公分 .（TREND 74）
譯自：The Basics of Bitcoins and Blockchains: An Introduction
to Cryptocurrencies and the Technology that Powers Them
(Cryptography, Crypto Trading, Digital Assets, NFT)
ISBN：978-957-658-773-3 （平裝）

1. 商業投資 2. 經濟／趨勢 3. 金融

563.146 111001600

◎封面圖片提供：
beatleoff - stock.adobe.com
Todd Taulman - stock.adobe.com

三采文化集團

Trend 74

# 加密貨幣聖經：
## 數位貨幣、數位資產、加密交易與區塊鏈的過去與未來

作者｜安東尼‧路易斯（Antony Lewis） 翻譯｜趙盛慈
審定｜李昇暾、詹智安 責任編輯｜張凱鈞 專案主編｜戴傳欣
美術主編｜藍秀婷 封面設計｜高郁雯 內頁設計｜高郁雯
內頁排版｜曾瓊慧 校對｜聞若婷

發行人｜張輝明 總編輯｜曾雅青 發行所｜三采文化股份有限公司
地址｜台北市內湖區瑞光路 513 巷 33 號 8 樓
傳訊｜TEL:8797-1234 FAX:8797-1688 網址｜www.suncolor.com.tw
郵政劃撥｜帳號：14319060 戶名：三采文化股份有限公司
初版發行｜2022 年 4 月 1 日 定價｜NT$650
2 刷｜2022 年 7 月 10 日

THE BASICS OF BITCOINS AND BLOCKCHAINS: AN INTRODUCTION TO CRYPTOCURRENCIES
AND THE TECHNOLOGY THAT POWERS THEM by ANTONY LEWIS
Copyright © 2018 by ANTONY LEWIS
Traditional Chinese edition copyright © 2022 Sun Color Culture Co., Ltd
This edition arranged with Mango Publishing through BIG APPLE AGENCY, INC., LABUAN, MALAYSIA.
All rights reserved.